甜樱桃安全生产技术指南

孙玉刚　主编

中 国 农 业 出 版 社

编写人员

主　　编　孙玉刚

副 主 编　张福兴　魏国芹

编 著 者　孙玉刚　张福兴

　　　　　孙瑞红　魏国芹

　　　　　高东升　姜远茂

　　　　　李芳东　吴海斌

　　　　　李宝忠　安　淼

　　　　　秦志华

目录

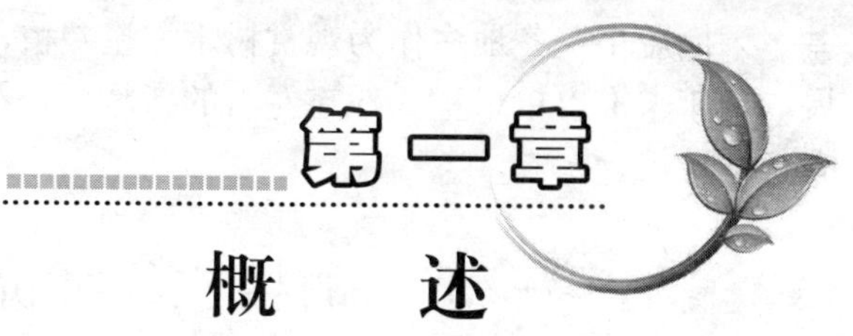

第一章 概　述

樱桃为蔷薇科（Rosaceae）李属（*Prunus* L.）樱桃亚属（*Cerasus* Juss）植物，部分文献中归类为独立的樱桃属（*Cerasus*），世界范围内广泛分布。文献记载约有120个种和亚种，中国约有70个种，其中，作为果树生产栽培的主要有甜樱桃（*Prunus avium* L.）、酸樱桃（*P. cerasus* L.）、中国樱桃（*P. pseudocerasus* Lindl.）、毛樱桃（*P. fomentosa* Thunb.）和草原樱桃（*P. fruticosa* Pall.）等，果实用于鲜食和加工罐头、果酱、果酒等，植株用于绿化、观赏等。

甜樱桃，起源于欧洲东南部和亚洲西部的黑海和里海周边地区，果实单果重一般5～12克，我国各主要产区多称为“大樱桃”，主要用于鲜食，少量加工，因当前种植面积相对较少，市场售价高，各适宜产区正在积极规划发展。

酸樱桃，原产欧洲东南部和亚洲西部，果实汁液丰富，但口感偏酸，主要用于加工，少量鲜食。欧美国家栽培较多，面积和产量仅次于甜樱桃，但我国发展很少，有少量栽培，近年来陕西、山东等科研单位推出新品种，开始试种推广。

中国樱桃，原产长江流域，四川、浙江、陕西、山东等均有传统种植。因果实个小，单果重一般1.0～2.5克，又叫“小樱桃”、“玛瑙”等。果肉软，不耐运输，采收成本高，目前新发展较少，但近年来推出的单果重3克左右的大果类型在云、贵、川及江浙一带等南方适宜地区有较好的发展趋势。

毛樱桃，原产中国，多数单果重仅1克左右，鲜食品质较差，果柄短小，各地多作为观赏树木零星栽植，基本没有生产发展；近年来推出单果重 3.5 克左右的新品种，在寒冷的东北地区有少量种植。

第一节　甜樱桃经济价值

甜樱桃果实外观艳丽，酸甜适口，玲珑可爱，是深受广大消费者喜爱的鲜食水果，是北方落叶果树中成熟期最早的水果之一，素有"春果第一枝"的美誉，在调节鲜果淡季、丰富果品种类、满足市场需求等方面，有着特殊的作用。

甜樱桃栽培经济效益高，是目前果树种植效益最好的树种之一，北方露地矮化栽培，一般 3～4 年结果，5～6 年进入初盛果期，丰产园片每亩①产量可达 1 000～1 500 千克，近几年主产区销售价格一般为 15～30 元/千克，山东泰安、陕西西安等地甜樱桃成熟期较主产区山东烟台、辽宁大连早熟 10～25 天，优质果品销售价格高达 20～40 元/千克。采用大棚和日光温室促成栽培，每年 3 月中旬至 5 月上旬上市，价格更是高达 50～400 元/千克；北京等城郊观光采摘果园，开园价格高达 60～100 元/千克，有"黄金种植业"之美誉，是农民致富、种植结构调整的首选栽培树种。同时，甜樱桃果实发育期短，开花后至采收前基本不喷施农药，是名符其实的绿色果品；栽培管理相对简单，种植成本低；国外甜樱桃生产，劳动力成本高，制约了发展，而我国劳动力资源丰富，国际、国内市场潜力巨大，甜樱桃产业有着广阔的发展前景。

甜樱桃果实营养丰富，含蛋白质、碳水化合物、钾、钙、磷、铁、维生素 A、维生素 C 等多种营养物质。甜樱桃果实含糖量高，可溶性固形物含量在 16%～20%，山东省果树研究所

---

① 亩为非法定计量单位，1 亩≈667 米^2。——编者注

测定早大果、红灯、布鲁克斯、美早、萨蜜脱、拉宾斯等品种，总糖含量255～334毫克/克，可溶性糖主要为葡萄糖和果糖，葡萄糖含量最高；总酸含量3.4～6.1毫克/克，有机酸为苹果酸、柠檬酸、酒石酸、乙酸和琥珀酸，苹果酸含量最高，占总有机酸80%以上，柠檬酸次之。是深受消费者喜爱的高档水果。

甜樱桃除鲜食外，还用于加工、绿化、油用和工业价值。甜樱桃果实可加工果汁、果酱、果酒、罐头、果脯、蜜饯、果酪等多种产品，还可以被用做冰淇淋、酸奶酪和烤制食品的调味料或其他食品的佐料；在甜樱桃生产过剩，鲜食市场不景气，或生产的残次果过多时，开展甜樱桃加工技术，对减少经济损失，确保甜樱桃栽培者的经济效益具有重要意义；甜樱桃开花期早、花色艳丽，树姿挺秀，姿态优美，可用于园林绿化、美化环境、装点城市；另外，甜樱桃木材坚硬，磨光性能好，是制作家具的良好用材。

在药用价值方面，甜樱桃是重要的中药，其果实、根、枝、叶、核皆可入药。中医药学认为，甜樱桃味甘、性温、无毒，具有调中补气、祛风湿的功能。种子油中含亚油酸8%～44%，是治疗冠心病、高血压、四肢瘫痪的药用成分。甜樱桃果实有促进血红蛋白再生及防癌的功效，贫血患者、眼角膜病者，皮肤干燥的人多食有益。种核味苦辛，具有透疹、解毒的功效。因此，也用于治疗咽喉炎、因风湿引起的腰腿痛、关节麻木和瘫痪等。

第二节 世界甜樱桃生产现状

甜樱桃原产亚洲西部和欧洲东南部，从原产地向外扩散是随着移民进行。随着欧洲和北美洲国家在世界的扩张，也把甜樱桃带到世界大部分温带国家。公元前3世纪希腊人首先人工栽植，当时主要用做木材，公元40～60年罗马帝国占领英国期间，英国开始种植樱桃。到 14 世纪樱桃种植扩大到北欧各国。17 世纪，欧洲移民把甜樱桃带到了北美洲。19 世纪 70 年代之后欧洲传教士把甜樱桃带到了中国。目前已发展成为世界性果树，主要栽培区集中在北纬和南纬 30°～45°区内；主要生产国家有土耳其、伊朗、美国、德国、乌克兰、俄罗斯、意大利、英国、智利、澳大利亚等。作为新兴水果，甜樱桃产量远远低于柑橘、香蕉、葡萄和苹果等大宗果品，在世界果树中仅占很小的一部分，在 2006—2008 年间，甜樱桃的产量仅占世界主要水果产量的百分之一，但其在高价格上具有很强的稳定性。随着其种植效益高、果实发育期短、上市早、营养丰富、味美色艳等优势的日益凸显，近 20 年世界甜樱桃收获面积和产量迅速增长。

世界甜樱桃栽培面积和产量逐年增加，据联合国粮农组织统计数据，2008 年世界收获面积达 36.9 万公顷，产量 202.4 万吨。2008 年甜樱桃产量居世界前十位的国家为土耳其、美国、伊朗、中国、意大利、叙利亚、乌克兰、西班牙、罗马尼亚、俄罗斯。甜樱桃的生产越来越集中在少数的几个国家中，前十位国家甜樱桃总产量占世界总产量的 71.6%，其中前五位生产大国的产量占了世界甜樱桃产量的一半。土耳其、美国、伊朗、中国和意大利影响着整个世界甜樱桃产业。土耳其是甜樱桃生产第一大国，2008 年其收获面积达 4.0 万公顷，产量为 34 万吨。美国是世界甜樱桃生产先进国家之一，2008 年其收获面积为 3.4 万公顷，产量约 24 万吨，其中 75%鲜食，25%加工，主要分布在华盛顿州、加利福尼亚州、俄勒冈州等。栽培品种主要有宾库（Bing）、先锋（Van）、雷尼（Rainier）、拉宾斯（Lapins）、斯基纳（Skeena）、秦林（Chelan）、布鲁克斯（Brooks）、美早（Tieton）、甜心（Sweetheart）等。世界上栽培品种主要为早实性能好、大果、丰产、优质、硬肉类型品种；砧木主要采用马扎德、马哈利、吉塞拉、考特；苗木由专业苗圃公司培育，均为脱毒苗木；栽培方式上实行低干矮冠、宽行密植栽培，树形主要为从状形和纺锤形，行间生草，管道灌溉，营养诊断施肥；新栽密植丰产园一般每亩产量可达 1 000～1 500 千克。

甜樱桃的世界贸易与甜樱桃产量的变化一致，整体上看，甜樱桃出口的比率呈上升趋势。出口份额 1995 年约占 6%，到 2007 年达到 12%，翻了一番。联合国粮农组织提供数据：2007 年世界甜樱桃出口量达 24.8 万吨，其中土耳其甜樱桃出口量为 5 万～6 万吨，居世界第一位，其他依次为美国、智利、澳大利亚、西班牙、意大利、德国、希腊、法国。欧洲是世界上最大的甜樱桃消费区，其进口量占世界总进口量的 2/3，俄罗斯占世界进口量的 22.6%，2008 年德国、加拿大和美国分列世界进口量的第二、三、四位。目前，中国、日本、韩国及东南亚其他国家进口的甜樱桃主要来自美国、智利和澳大利亚，国内元旦和春节期间上市的甜樱桃主要是从智利等南半球国家进口。

甜樱桃最早于 1871 年引入中国烟台，迄今有 140 年的历史，但很长时期没有进入生产栽培，多在庭院和城市的郊区零星种植。改革开放后，我国大量引进甜樱桃新品种和先进的种植技术，科研教学单位积极试验推广，开始了较大面积的生产栽培。据中国园艺学会樱桃分会初步估算，2010 年全国甜樱桃栽培面积约为 10 万公顷，主要分布在山东、辽宁、河北的环渤海地区；由于较大的市场潜力和较高的种植效益，河南、陕西、河北、甘肃、北京以及云贵川冷凉高地、宁夏、新疆等积极发展，已初步建成陕西西安、铜川，河南郑州、洛阳，四川汉源以及北京近郊采摘园等新兴产地。目前，山东栽培面积约 5 万公顷，主要分布在福山、芝罘、栖霞、平度、临朐、安丘、沂源、沂水、岱岳、新泰、邹城、山亭等县市区；仅烟台地区种植面积达到 2 万余公顷，年产量为 18 万吨。市场价格高，供销旺盛，栽培面积快速增加，优良品种、栽培技术不断更新，市场由数量型向质量型转化，甜樱桃已成为各主要产地的高效种植业。

第三节　果品安全生产及其内涵

果品安全，是指产地环境、生产过程和最终产品都符合相关的质量标准和生产规范的果品。在这类果品的生产中，在保证果品安全的前提下，允许限量、限品种、限时间地使用人工合成的化学农药、肥料及药剂等。

对于甜樱桃安全生产来说，是指产地环境、生产过程和产品质量，都符合国家有关标准和规范的要求，经认证合格，获得认证证书，并允许使用相关标志的甜樱桃果实。果品安全是影响人类生存和发展的重要因素之一，生产安全优质甜樱桃，如同生产其他安全优质果品一样，势在必行。但是，实行起来并不是一件轻而易举的事情。然而只要提高认识，坚持科学生产栽培，切实地把好每一道生产关口，认真履行相关的果品安全质量标准，生产安全优质甜樱桃是完全可以做到的。食品安全标准，各国有所不同，为加强我国食品安全的管理，农业部与国家质检总局于2002年发布了《无公害农产品管理办法》，农业部先后制定了《绿色食品执行标准草案》、《绿色食品标志管理办法》，国家环保总局于2001年发布了《有机食品证书管理办法》等。

一、无公害果品标准内容

1. 无公害水果对产地环境的要求　无公害水果产地，应选择在生态环境良好，不受污染源影响或污染物限量控制在允许范围内，生态环境良好的农业生产区域。目前国家尚未制定无公害樱桃产地环境要求，根据GB/T 18407.2—2001《农产品安全质量　无公害水果产地环境要求》，无公害水果生产一定要选择好基地，避免有害物质的污染，要对果园的大气、土壤、灌溉水进行监测，符合标准的才能确定为基地，这是生产无公害果品的基础条件。大气、土壤、灌溉水等环境质量应以农业环保部门监测数据为准（表1-1、表1-2、表1-3）。

表1-1　无公害水果产地灌溉水质量标准

项　目	指　标（毫克/升）
氯化物	≤250
氰化物	≤0.5
氟化物	≤3.0
总　汞	≤0.001
总　砷	≤0.1
总　铅	≤0.1
总　镉	≤0.005
铬（六价）	≤0.1
石油类	≤10
pH	5.5～8.5

表1-2　无公害水果产地土壤质量标准

项　目	指　标（毫克/升）	
	pH<6.5	pH6.5～7.5
总　汞	≤0.3	≤0.5
总　砷	≤40	≤30
总　铅	≤250	≤300
总　镉	≤0.3	≤0.3
总　铬	≤150	≤200
六六六	≤0.5	≤0.5
滴滴涕	≤0.5	≤0.5

表 1-3 无公害水果产地空气质量标准

项 目	指 标	
	日平均	1 小时平均
总悬浮颗粒物（TSP）（毫克/米^3）	≤0.3	
二氧化硫（SO_2）（毫克/米^3）	≤0.15	≤0.5
氮氧化物（NO_X）（毫克/米^3）	≤0.12	≤0.24
氟化物［微克/（厘米^2·天）］	月平均≤10	
铅（微克/米^3）	季平均≤1.5	季平均≤1.5

2. 无公害食品——樱桃产品要求 为提高樱桃食用安全性，保护消费者人体健康，我国于 2004 年发布农业行业标准《无公害食品 樱桃》（NY 5201—2004）。该标准从感官要求和安全要求两个方面对无公害樱桃的质量做出了专门规定。

感官指标应符合表 1-4 的规定。

表 1-4 无公害食品樱桃的感官指标

项 目	指 标
新鲜度	新鲜，清洁，无不正常外来水分
果形	具有本品种的基本特征
色泽	具本品种固有色泽
风味	具有本品种固有的风味，无异常气味
果面缺陷	无未愈合的裂口
病、虫及腐烂果	无

安全指标应符合表 1-5 的规定。

表 1-5 无公害食品樱桃的安全指标

序号	项 目	指标（毫克/千克）
1	铅（以 Pb 计）	≤0.2
2	镉（以 Cd 计）	≤0.03

（续）

序号	项 目	指标（毫克/千克）
3	总砷（以 As 计）	≤0.5
4	敌敌畏（dichlorvos）	≤0.2
5	毒死蜱（chlorpyrifos）	≤1.0
6	氰戊菊酯（fenvalerate）	≤0.2
7	氯氰菊酯（cypermethrin）	≤2.0
8	多菌灵（carbendazim）	≤0.5

注：根据《中华人民共和国农药管理条例》，剧毒和高毒农药不得在果树生产中使用。

二、绿色食品标准内容

绿色食品是指遵循可持续发展原则，按照特定生产方式生产，经专门机构认定，许可使用绿色食品标志，无污染、安全、优质、营养类食品。绿色食品又可分为 A 级绿色食品和 AA 级绿色食品。

A 级绿色食品指在生态环境质量符合规定标准的产地，生产过程中允许限量使用限定的化学合成物质，按特定的操作规程生产、加工，产品质量及包装经检测、检验符合特定标准，并经专门机构认定，许可使用 A 级绿色食品标志的产品。

AA 级绿色食品指在环境质量符合规定标准的产地，生产过程中不使用任何有害化学合成物质，按特定的操作规程生产、加工，产品质量及包装经检测、检验符合特定标准，并经专门机构认定，许可使用 AA 级绿色食品标志的产品。

1. 绿色食品产地环境质量标准 绿色食品生产应符合《绿色食品 产地环境质量标准》（NY/T 391）。绿色食品标准规定：产品或产品原料产地必须符合绿色食品产地环境质量标准。绿色食品产地的生态环境主要包括大气、水、土壤等因子。绿色食品产地应选择空气清新、水质纯净、土壤未受污染，具有良好农业生态环境的地区，应尽量避开繁华都市、工业区和交通要道，多选择在边远省份、农村等。

（1）空气质量要求　要求产地周围不得有大气污染源，特别是上风口没有污染源；不得有有害气体排放，生产生活用的燃煤锅炉需要除尘、除硫装置。大气质量要求稳定，符合绿色食品大气环境质量标准。大气质量评价采用国家大气环境质量标准 GB 3095—1996 所列的一级标准。主要评价因子包括总悬浮微粒（TSP）、二氧化硫（SO_2）、氮氧化物（NO_X）、氟化物。

（2）水环境要求　要求生产用水质量要有保证；产地应选择在地表水、地下水水质清洁无污染的地区；水域、水域上游没有对该产地构成威胁的污染源；生产用水质量符合绿色食品水质环境质量标准。其中农田灌溉用水评价采用国家农田灌溉水质标准 GB 5084—1992；主要评价因子包括常规化学性质（pH、溶解氧）、重金属及类重金属（Hg、Cd、Pb、As、Cr、F、CN）、有机污染物（BOD、有机氯等）和细菌学指标（大肠杆菌、细菌）。

（3）土壤要求　要求产地土壤元素位于背景值正常区域，周围没有金属或非金属矿山，并且没有农药残留污染，同时要求有较高的土壤肥力。评价采用《土壤环境质量标准》（GB 15618—1995）。土壤质量符合绿色食品土壤质量标准。土壤评价采用该土壤类型背景值的算术平均值加 2 倍的标准差。主要评价因子包括重金属及类重金属（Hg、Cd、Pb、Cr、As）和有机污染物（六六六、滴滴涕）。

2. 绿色食品生产技术标准　绿色食品生产技术标准是绿色食品标准体系的核心，是生产过程质量控制的关键环节，包括绿色食品生产资料使用准则和绿色食品生产技术操作规程两大部分。

（1）生产资料使用准则　是对绿色食品生产过程中物质投入

的一个原则性规定，包括农药、肥料、食品添加剂使用准则。在这些准则中，对允许、限制和禁止使用的物质及其使用方法、剂量、次数、间隔期（休药期）等都有明确的规定。

①农药使用准则。在农药使用上，必须遵循优先采用农业、利用生物措施；在特殊情况下才使用化学措施防治病虫害的原则。使用农药时，应遵守准则所规定的有关要求。特别强调禁用的农药类型有：高毒、剧毒；高残留的；各种慢性毒性作用的；对环境、天敌生物有害的等。

②肥料使用准则。肥料使用准则是以保护和促进农作物的生产及其品质的提高，不造成农作物产生与积累有害物质，不影响人体健康和生态环境为宗旨。明确规定的绿色食品生产允许使用的肥料有：农家肥料、商品有机肥料、微生物肥料、半有机肥料、叶面肥料等七大类（26 种，如堆肥、沼气肥、绿肥等）商品肥料。对 AA 级和 A 级绿色食品生产，在肥料的使用上必须遵守不同的准则。AA 级绿色食品生产过程中仅允许施用微量元素肥料及硫酸钾、煅烧磷酸盐，不允许使用其他化学合成肥料；A 级绿色食品生产过程中允许限量使用部分化学合成肥料，但禁止使用硝态氮肥，对允许施用的有机肥，必须通过高温发酵才能施用。

（2）生产技术操作规程　生产技术操作规程是绿色食品生产资料使用准则在一个物种上的细化和落实，其中种植业的生产操作规程是指在整地播种、施肥、浇水、喷药及收获五个环节中必须遵守的规定。相关内容包括：

植保方面，农药的使用在种类、剂量、时间和残留量方面都必须符合《绿色食品　农药使用准则》（NY/T 393—2000）。

栽培方面，肥料的使用必须符合《绿色食品　肥料使用准则》（NY/T 394—2000）。

品种选育方面，选育尽可能适应当地土壤和气候条件，并对病虫草害有较强的抵抗力的高品质优良品种。

耕作制度方面，尽可能采用生态学原理，保持物种的多样性，减少化学物质的投入。

3. 绿色食品产品标准 绿色食品产品标准制订的依据是在国家标准的基础上，参照国外先进标准或国际标准。在检测项目和指标上，严于国家标准；对严于国家执行标准的项目及其指标都有文献性的科学依据或理论指导，有些还进行了科学试验。

（1）绿色食品包装标签标准 绿色食品包装的基本要求：①保质期长；②安全卫生；③少损失原有营养和风味；④包装成本低廉；⑤储藏运输方便，安全；⑥使用便利。

绿色食品包装标准正在制定。绿色食品包装除符合食品包装的基本要求外，还应具有自身特点，如包装材料符合环保要求，易分解或能够回收利用等。

包装材料应符合 NY/T 658 和国家食品包装卫生要求。包装容器封口严密，不得破损、泄漏。

绿色食品的标签标准除应符合国家《食品标签通用标准》GB 7718—94 外，还要符合《中国绿色食品商标标志设计使用规范手册》规定。标签上必须注明食品名称、配料表、净含量及固形物含量、制造商、经销商的名称和地址、日期标志（生产日期、保质期或保存期）和贮藏指南、质量（品质）等级、产品标准号、特殊标注内容。许可使用绿色食品标志的产品必须加贴绿色食品标志防伪标签，A 级标志为绿底白字，标志编号以双数结尾；AA 级标志为白底绿字，标志编号以单数结尾。

（2）贮藏、运输标准 绿色食品贮藏必须遵循：贮藏环境洁净卫生，不能对绿色食品引入污染；选择的贮藏方法不能使绿色食品品质发生变质、引入污染。在贮藏中，绿色食品不能与非绿色食品混堆贮存；A 级绿色食品与 AA 级绿色食品必须分开贮藏。

包装储运图示标志符合 GB 191—2008 规定。运输工具应清洁、卫生、无污染，严禁与有毒、有害、有腐蚀性、有异味的其他物质混存，远途运输用冷藏车。装包前控制温湿度，防止风干，霉变。装包后快运，不久置，以免失水风干；在堆放和运输过程中，严防曝晒雨淋。

（3）其他相关标准 包括“绿色食品生产资料”认定标准、“绿色食品生产基地”认定标准等，这些标准都是促进绿色食品质量控制管理的辅助标准。

三、有机食品

有机食品是英文 organic food 的直译名。“有机”不是化学上的概念，有机食品是指来自有机农业生产体系的产品。有机农业的概念是 20 世纪 20 年代首先由法国和瑞士提出，到 20 世纪 80 年代才受到一些发达国家的重视，并得到很大发展。根据国际有机农业联盟（IFOAM）的定义，有机食品是根据有机农业和有机食品生产、加工标准而生产、加工出来的，经过授权的有机食品颁证部门发给证书，供人们食用的食品。

有机农业是指从生态系统出发以生态学为基础，遵循生态物质循环和生态平衡规律，采用一系列可持续发展技术的农业生态体系。有机食品产地环境没有污染，生产过程中完全不用化学合成的肥料、农药和生长调节剂等物质，也不使用基因工程生物及其产物的生产体系，其核心是建立和恢复农业生态系统的生物多样性和良性循环，以维持农业的可持续发展。按有机食品生产方式生产无污染的安全、优质、营养类食品，其生产环境和产品经国家环境保护总局或中绿华夏等有机食品发展中心检测认定，颁发有机食品证书，在产品上使用有机食品标志进入市场销售。

1. 有机食品认证基本要求

①生产基地在最近 3 年内未使用过农药、化肥等违禁物质。

②种子或种苗来自自然界，未经基因工程技术改造过。

③生产基地应建立长期的土地培肥、植物保护、作物轮作和

畜禽养殖计划。

④生产基地无水土流失、风蚀及其他环境问题。

⑤作物在收获、清洁、干燥、储存和运输过程中应避免污染。

⑥从常规生产系统向有机生产转换通常需要2年以上的时间；新开荒地、撂荒地需要至少12个月的转换期才有可能获得颁证。

⑦在生产和流通过程，必须有完善的质量控制和跟踪审查体系，并有完整的生产和销售记录档案。

2. 有机食品认证程序

①提出申请，填写申请表。

②申请人将填好的申请去发回有机认证中心，认证中心根据申请表所反映的情况决定是否受理。若同意受理，则书面通知申请人。申请人向认证中心交纳申请费后，中心将全套调查表及有关资料寄给申请人。

③申请人将填好的调查表寄回中心，中心将对返回的调查表进行审查，若未发现有明显违反有机食品颁证标准的行为，将与申请人签订审查协议。一旦协议生效，中心将派出检查员，对申请人的生产基地、加工厂及贸易情况等进行现场审查（包括采集样品）。

④检查员将现场检查情况写成正式报告送中心颁证委员会。

⑤颁证委员会定期召开会议，对检查员提交的检查报告及相关材料依照有关程序和规范进行评审，并写出评审意见。通常有以下几种不同的颁证结果：

a. 同意颁证。申请者的产品若全部符合有机食品认证要求，可以分别发给相关证书。在此情况下，申请者申请认证的产品可以作为有机产品销售。

b. 有条件颁证。申请者的某些生产条件或管理措施需要改进，只有在申请者的这些生产条件或管理条件满足认证要求，并经中心确认后，才能获得颁证。

c. 不能获得颁证。生产者某些生产环节、管理措施不符合有机生产标准，不能通过中心认证。在此情况下，颁证委员会将书面通知申请人不能颁证的原因。

d. 有机农场转换证书。如果申请人的生产基地是因为在一年前使用禁用物质或生产管理措施尚未完全建立等原因而不能获得颁证，其他方面基本符合要求，并且打算以后完全按照有机农业方式进行生产和管理，则可颁发"有机农场转换证书"，从该基地生产的产品可作为有机转换产品销售。

⑥给通过认证的有机生产、加工和贸易者颁发销售证书，并签订有机标志使用协议。

第四节　果园安全生产的主要因素

影响果园安全生产的因素很多，包括果园的生态环境（土壤、立地条件等）、水分管理、肥料的施入、化学药品的喷施、化控技术的使用、土壤管理及采摘、包装、贮藏、运输等技术环节。以上共同构成了影响果品安全生产的因素体系。

1. 生态环境　果园土壤肥沃，且空气中各项污染物的浓度限值、灌溉水中各项污染物的浓度限制和土壤中各项污染物的浓度限值均应符合果品安全生产对环境质量的规定。

2. 化学农药的使用　目前国内的果品生产技术现状，喷洒化学农药是生产中防治病虫害的主要方法，但是，化学农药会随着气流和水流污染水体、土壤和大气环境资源，影响生态平衡，导致病菌和害虫抗药性增强，天敌数量减少，不得不加大农药的使用量来防病杀虫。含铅、砷、汞的农药以及有机氯和有机磷杀虫剂，某些特异性除草剂等，化学性质稳定，不易分解，在环境中或果品中残留期长，污染严重，果品中残毒量显著超标。

3. 化学肥料的使用　化学肥料的使用极大地促进了农业生

产的发展，使其成为当今传统农业生产管理中一项必不可少的重要措施。据报道，我国化肥用量平均为 378 千克/公顷，是世界上化肥使用量最多的国家之一。而且，我国使用化肥种类的比率极不协调，重氮肥，轻磷、钾肥，这也是我国地下水、地表水中有害物质含量严重超标的重要原因。果园中过量使用化学氮肥，会使土壤有机质含量减少，土壤保肥性能差，未被利用的养分通过径流、淋溶、反硝化、吸附和侵蚀等方式进入环境，污染水体、土壤和大气，而果品摄入硝酸盐和亚硝酸盐的数量过多，对人体极为有害。

4. 化控技术的应用 化学控制是指用一些天然或人工合成的化合物，以低浓度施用于果树，对果树的生长、发育和许多生理过程起重要的调节作用，达到早果、丰产、优质和便于管理的目的。应用化学控制技术是现代化果园管理的特点之一，目前在生产上已广泛应用。如为提高坐果率、打破樱桃休眠期、增强果实着色、提早上市，普遍使用一些赤霉素、萘乙酸、生长素和乙烯利等植物生长调节剂。但是这些天然或合成的制剂，许多能够在果实中残留，会对人体健康产生很多不良影响。

甜樱桃生物学基础

科学、高效的生产管理技术、丰产、优质果品的产出及理想经济效益的获得源于对甜樱桃生物学基础的准确掌握。本章从以下几个方面介绍了甜樱桃的生物学特性，以期为甜樱桃栽培和育种提供理论基础。

第一节　生长发育周期

甜樱桃是多年生落叶果树，在精细栽培、适时更新、无自然灾害情况下，甜樱桃栽培寿命可长达 20～50 年。其生长发育周期分为生命周期和年发育周期。

一、生命周期

甜樱桃从定植到衰亡，一生中大体经历幼龄期、初果期、盛果期、衰老期四个时期。

1. 幼龄期　幼龄期一般是指从苗木定植到开花结果这段时期。甜樱桃幼龄期生长的特点是生长旺盛，加长加粗生长活跃，年生长量可超过 1 米，一年生枝径粗可超过 1.5 厘米，分枝较少。树体中营养物质的积累晚，大部分营养物质用于器官的建造，不利于花芽形成和结果，即使形成丛状短枝也不成花。幼龄期一定要给予高水平的肥水管理，使植株尽快建成骨架，为早结果打下基础。幼龄期的长短与砧木、品种、立地条件和管理措施有关，甜樱桃幼龄期一般为4～5年，为适当缩短幼龄期，促进提早结果，可选用矮化砧木、人工致矮技术以及夏季多次摘心等技术，促使多发枝，增加枝叶量，再辅以拉枝等措施，可提早至3年开花结果，使幼龄期缩短至3～4年。这一时期，栽培的主要任务是培育健壮的树体，合理的树形，树体结构按照预期的设计进行整形修剪。

2. 初果期 初果期是从植株开始结果到大量结果前的一段时期。随着树龄的增长，树冠、根系不断扩大，枝量、根量成倍增长，枝的级次增高，生长开始出现分化。部分外围强枝继续旺长，中下部枝条提前停长、分化。长枝减少，中短枝及丛状枝量增加，年内营养生长期相对缩短，营养物质提前积累，内源激素也随之变化，中短枝基部和丛状枝的侧芽分化花芽。初果期结果部位，主要是大的骨干枝中、前部2～3年生部位发出的枝组，中长果枝的比例较高。之后，从这一部位向梢部和基部逐次增加结果枝组的数量，当骨干枝全长的2/3开始挂果时，即进入盛果期。这一时期，在继续培养骨架、扩大树冠的同时，应注意控制树高，抑制树势，促使及早转入盛果期。可采用夏季扭梢，多次摘心，拧、拉过旺枝等措施来控制树势。措施得当，5～7年便可进入盛果期。这一时期栽培管理的主要任务是养树和结果并重，促树体营养生长向生殖生长转化，重点是稳定树势，控制旺长，促进花芽形成，生产优质果实。

3. 盛果期 盛果期树冠和根系扩展达到最大，生长和结果趋于平衡，产量较高且较稳定。发育枝的年生长量30～40厘米，干周继续增长，结果布满树冠。骨干枝数目稳定，延长生长逐渐减少，分枝减少，各级骨干枝延长头转化为结果枝。盛果期树年生长发育节奏明显，营养生长、果实发育和花芽分化关系协调。通过栽培措施，可维持、延长盛果年限。修剪注意改善光照，防止内膛枝枯死及结果部位外移。深翻改土，增施有机肥料，增强根系的活力，防止根系衰老。这一时期栽培关键是生产优质果

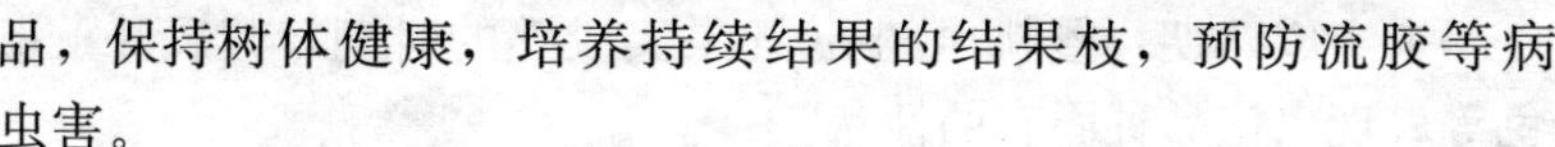

品，保持树体健康，培养持续结果的结果枝，预防流胶等病虫害。

4. 衰老期　随着树龄增长，枝条生长衰弱，根系萎缩，冠内、冠下部枝条枯死，产量和品质下降。甜樱桃盛果期一般 20 年左右，40 年生以后便明显衰老。

二、年发育周期

甜樱桃的年发育周期是指在一年中的生长、发育过程，随一年中气候条件的变化，主要有生长期和休眠期两个阶段。春季随气温上升，甜樱桃根系首先开始活动（烟台 3 月下旬，泰安 3 月上旬），然后地上部出现萌芽期、开花期、展叶期、新梢生长期、果实发育期、花芽分化期和落叶期 7 个时期。一年中，从萌芽、开花、抽枝、展叶、生根、结果到落叶都属于生长期，从落叶至再度萌芽这段时间称为休眠期。不同生长发育时期，树体有不同的生长中心和生长特点，对环境条件和栽培措施亦有不同的要求。满足不同时期的要求，才能达到壮树、高产、优质的目的。

甜樱桃在 11 月中下旬初霜后开始落叶，进入休眠期。幼旺树及不成熟枝条落叶较晚。管理不当或受病虫害为害时会早期落叶。早期落叶对充实花芽、树体越冬及第二年产量不利。落叶后进入休眠期。树体进入自然休眠以后，需要一定的低温量才能解除休眠。

主要物候期描述规范如下：

萌芽期：樱桃叶芽鳞片裂开，顶端露出叶尖的时间，以“年月日”表示。

始花期：樱桃植株全树 5%花完全开放的时间。

盛花期：樱桃植株全树 25%花完全开放的时间。

末花期：樱桃植株全树 75%花瓣变色，开始落瓣的时间。

果实开始着色期：樱桃全树 5%果实开始着色的时期。

果实成熟期：樱桃全树50%果实成熟的时期，其风味、颜色等表现出该品种固有的性状。

果实生育期：樱桃盛花期至果实成熟期的天数。

落叶期：樱桃植株全株25%的叶片自然脱落的时间。

营养生长期：樱桃植株自叶芽萌动至落叶期的天数。

第二节　甜樱桃生长结果特点

一、生长特点

甜樱桃属落叶乔木，树势健壮，生长强旺，层次明显，枝条多直立生长，树冠呈自然圆头形或半圆形。在原产地树高可达30米以上，树干直径达60厘米，在山东烟台和辽宁大连树高可达7米，冠径5米以上。目前，生产性果园通过采取矮化密植整形修剪措施，一般将树高控制在3米以下，冠幅4米，以便于栽培管理和采摘。甜樱桃的生长势和树高与立地条件的土壤状况、肥水管理水平以及其他的管理措施密切相关。甜樱桃树体由根、茎、叶、花、果等不同器官组成。每一个器官都有自已独持生长发育特性和独特的形态结构。

（一）叶的类型和特点

甜樱桃叶片形状为卵圆形、长圆形或长椭圆形，浓绿有光泽。叶基圆形或呈宽楔形，先端渐尖，脉腋及小网状脉具白色细柔毛，叶基有1～3个腺体，大而明显，色泽常与果实色泽相关。叶被有稀疏茸毛，叶面无毛。甜樱桃叶片较大，纵径多数在14厘米左右，最长可达20厘米以上，横径约7～8厘米。甜樱桃叶片也比较密集，远看呈“鸡毛掸子”状，极易分辨。

樱桃的展叶期一般比开花期提前1周左右。随着新梢的初期生长，叶片逐渐展开，叶面积逐日扩大。小紫、大紫、那翁等品种新梢的幼叶，至谢花前单叶面积可达 7.7～33.8 厘米^2，花束状果枝上的幼叶，单叶面积可达 11.6～29.3 厘米^2。

甜樱桃全树的叶片数量和总叶面积，低于苹果、梨等仁果类果树，而高于桃、李和杏等核果类果树。其叶片数量和总叶面积在北方落叶果树中较小，属于中等类型。

叶幕在树冠中的分布方式，因种类、品种和整形方式而不同。一般成枝力强、离心生长速度快的种类和品种，树冠中外部的叶幕量大；成枝力弱、生长缓慢的种类和品种，叶片在树冠中的分布则比较均匀。层性明显的种类、品种和树形，整个叶幕层性分布明显；层性差的种类和品种以及放任生长的树，则叶幕的层性分布也差一些。

（二）芽的类型和特点

甜樱桃的芽根据着生部位分为顶芽和腋芽，按性质分为叶芽和花芽。甜樱桃顶芽都是叶芽，而腋芽既有叶芽也有花芽，因枝龄和枝条的生长势不同而异。幼树或旺树上的腋芽多为叶芽，成龄树和生长中庸或偏弱枝上的腋芽多为花芽。一般中短枝下部 5～10 个腋芽多为花芽，上部腋芽多为叶芽。

1. 叶芽　尖圆锥形，瘦长，一年生枝上的叶芽萌芽率高达 90％以上，只有基部少数芽不萌发转变成潜伏芽（隐芽）。叶芽抽枝长叶，扩大树冠，增加枝量。樱桃的叶芽具有早熟性，在当年形成的芽即能萌发，1 年内能出现 2 次或 3 次萌发，形成副梢。利用此特性可以进行夏季修剪。

2. 花芽　尖卵圆形，肥圆，樱桃花芽是纯化芽，只能开花结果，不能抽枝长叶。在春天萌芽时，叶芽和花芽的这种差别更为明显。每个花芽开 1～5 朵花，多数为 2～3 朵。甜樱桃为伞形花序。

3. 潜伏芽　也叫隐芽，腋芽的一种，是由副芽或芽鳞、过度叶叶腋中的瘦芽发育而来，通常不易萌发，只有受到较强的刺激才能萌发，抽生新梢。樱桃潜伏芽寿命较长，往往可以维持

10～20 年甚至更长，潜伏芽是树体骨干枝和树冠更新的基础，保护和利用好潜伏芽，对维持樱桃树冠完整、延长结果年限具有积极意义。

（三）枝的类型和特点

樱桃枝条按其性质分为发育枝（营养枝）和结果枝两大类。不同龄期，发育枝和结果枝的比例不同。幼树发育枝占优势，进入盛果期后，营养生长减弱，开花结果多，树体生长势趋于平缓，抽生发育枝的能力越来越弱，几乎没有发育枝，都转化成结果枝。

1. 发育枝 发育枝上着生大量的叶芽，没有花芽。其上抽生新的发育枝，由各级发育枝构成了树体骨架和整个树冠。樱桃的成枝力因品种、树势和树龄而异，生长旺盛的一年生枝条经短截后，可萌发并抽生出 2～10 个侧生分枝。幼树和生长势较强的树体抽生发育枝的能力强，生长势弱的树体和盛果期以后的树体，抽生发育枝能力较弱。樱桃因萌芽率高，成枝率相对较低，所以成枝率与发枝率的比值较其他果树更低，但因种、品种、树龄和树体生长势的不同而有差异，甜樱桃成枝率较低，中国樱桃成枝率较高。

发育枝在叶芽萌发后 1 周左右为初生长期，开花期间生长极慢，谢花后进入迅速生长期。幼树春梢生长延续到 7 月初，盛果期树在采果后 10 天左右停止生长。幼树秋梢和二次枝及初果期树的秋梢和大树上的徒长枝生长时间较长，在辽南地区 8 月下旬停止生长，其他地区有的可延续到 9 月下旬。不同品种间发育枝生长有很大差别，一般早熟品种初期生长迅速，停止生长早，晚熟品种生长缓慢，生长期长，停止生长相对晚些。

发育枝的生长对温度、日照时间有明显的反应。在日温 26℃、夜温 20℃和日照时间 16 个小时的条件下，发育枝的生长速度最快。发育枝的生长与土、肥、水有密切关系。土壤肥沃、肥料充足、灌水较多的条件下发育枝生长量大，生长期长。发育枝年生长量20厘米以上，叶片大而软，叶色深绿，表明发育枝生长极强。年生长量10～20厘米，说明生长势中庸；年生长量低于10厘米，叶色发黄，叶片小而硬，表明生长势偏弱。发育枝生长量不宜过大或过少，生长量过大，树势强旺，枝叶郁闭，同化物积累减少，树体营养水平下降；生长量过少，树势衰弱，叶小色淡，同化物产量过少，果实品质差，容易受病虫为害。结果树理想的发育枝，应该是生长量适中，叶色浓绿，叶片发育良好，树势中庸，同化物产量和积累量高，树体营养水平高，生殖生长与营养生长均衡。

2. 结果枝　樱桃的结果枝着生花芽，开花结果，形成产量。结果枝按照枝条长度分为混合枝、长果枝、中果枝、短果枝和花束状果枝5种类型。

（1）混合枝　一般长度为20厘米以上，仅枝条基部的3～5个腋芽为花芽，其他为叶芽，具有扩大树冠和开花结果的双重功能。但花芽质量一般较差，坐果率低，果实成熟晚，品质差。

（2）长果枝　一般把长度为15～20厘米的果枝称为长果枝。甜樱桃长果枝一般除顶芽及邻近几个腋芽为叶芽外，其余中下部的芽均为花芽。长果枝在初果幼树上比例较大；盛果期以后，长果枝的比例减少、坐果率较高。一般长果枝的结果能力不如短果枝和花束状果枝结果能力高，不属于主要的结果枝。长果枝结果后下部光秃，只有上部叶芽继续抽生出新的枝叶。长果枝的数量因品种、树龄和生长势而异，那翁、宾库、雷尼等品种的长果枝比例较低，大紫、小紫等长果枝比例较高。初果期的树体长果枝比例较高，随着树龄的增加，长果枝数量逐渐减少。树势较旺的树体长果枝数量较多（图2-1）。

图2-1　长果枝

（3）中果枝　长5～15厘米，顶芽为叶芽，腋芽均为花芽。中果枝一般着生在两年生枝的中上部，数量较少，不是樱桃的主要结果枝类（图2-2）。

图2-2　中果枝

（4）短果枝　一般把长度小于5厘米、节间明显的果枝称为短果枝。短果枝一般着生在两年生枝条的中、下部，数量较多，其上形成的花芽质量好，坐果率高，果实质量好，是樱桃的主要结果枝类（图2-3）。

（5）花束状果枝　很短，节间不明显、极短，年生长量很小，不足1厘米。花芽紧密聚合成簇，是甜樱桃盛果期最主要的结果枝类。顶芽为叶芽，腋芽均为花芽，开花时像花束一样，花芽质量好，坐果率高。花束状果枝寿命较长，一般可连续结果7～10年。壮树和壮枝上的花束状果枝寿命长、坐果率高、果实品质好，弱树、弱枝则相反。在管理技术较好、树体长势良好的情况下，连续结果年限可维持在20年以上。如果管理不当，造成上强下弱、树体郁闭、通风透光不良，内膛和树体下部的花束状果枝容易枯死，致使结果部位外移。以花束状果枝结果为主的品种产量高且稳定（图2-4）。

各类果枝所占的比例与品种特性、树龄、树势、结果年限有关，大紫、红蜜等甜樱桃品种以中短果枝结果为主。那翁、雷尼、宾库等品种以花束状果枝和短果枝结果为主。初果期和强旺树中长果枝比例较大，盛果期以后及树势偏弱时短果枝和花束状果枝比例大。不同类型的果枝和发育枝比例通过改善管理水平、栽培措施、树体营养状态及通风透光条件就可以相互调整，达到丰产、稳产的目的。

图 2-3　短果枝

图 2-4　花束状果枝

（四）根的类型和特点

甜樱桃树的根系，根据所用砧木的来源，可分两大类。播种繁殖的砧木，根系由种子的胚根发育而来，叫“实生根”。实生根系的主根发达，分布较深，生活力强，对土壤环境有较强的适应能力。枝条压条、扦插或分株繁殖的砧木，根系由插穗基部的愈伤组织发育而来，或由母株的不定根形成，这类根叫作“茎原根”。茎源根主根不明显，分布较浅，生活力较弱，土壤适应能力相对较差。

不管是实生根还是茎原根，甜樱桃根系都分为主根、侧根和不定根三部分，主根向下生长深入心土，主要起固定树体作用；侧根沿着表土层向四周水平延伸。由主根、侧根上发出的根，又称副侧根、须根、吸收根或称二次根；二次根上发出的根称三次根。从茎基部萌生的根叫不定根。这些根主要分布在表层，吸收水分和养分。一般甜樱桃的主根和须根，集中在地表下 5～35 厘米的土层中，以 20～35 厘米的土层中最多。

根据甜樱桃根系在土壤中的生长方向，又可以分为垂直根和水平根两类。垂直根是向土壤深处生长的根系，起着吸收土壤深层养分、水分，及固定树体的作用。水平根是向土壤四周生长的根系，起着扩大土壤营养面积的作用。一般播种育苗时，由实生根形成的根系中，垂直根发达，根系分布层较深；由压条、扦插或分株繁殖砧苗时，由茎原根形成的根系，一般垂直根不发达，水平根发育强健，须根量大，根系在土壤中的分布相对较浅。

另外，甜樱桃的根系特点与砧木的品种特性密切相关。目前生产上常用的甜樱桃砧木主要有中国樱桃、酸樱桃、考特、马扎德、马哈利、吉塞拉等类型。中国樱桃为砧木时，须根发达，但根系分布浅，固地性差，不抗风，易倒伏。酸樱桃的主根长达 2～3 米，侧根长达 4～5 米，主要分布在 5～30 厘米深的土层里。山樱桃根系发达，固地性强，较抗风害，欧洲酸樱桃和山樱桃实生苗根系比较发达，可发育 3～5 条粗壮的侧根。马哈利砧木的根系较发达，主根长达 4～5 米，其根系主要分布在 20～80 厘米深的土层里。

二、结果特点

（一）花的结实特点

甜樱桃花芽为纯化芽，每个花芽发育成一个花序，每个花序有 1～6 朵花，平均为 2.5 朵花，白色或粉红色。盛果期樱桃树花芽和花朵的数量大（图 2-5、图 2-6）。樱桃花为子房下位花，由花萼、花瓣、雌蕊、雄蕊和花柄组成。

发育正常花只有 1 个雌蕊，如果夏季高温干燥，第二年也会出现一朵花 2～4 个雌蕊，发育成畸形果，樱桃有时发生雌蕊退

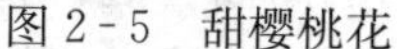
图 2-5　甜樱桃花

图 2-6　甜樱桃花发育过程

化，柱头和子房萎缩而不结实。有些品种的雌蕊在开花之前柱头就已经外露，此时也具有活力。甜樱桃的花在夜间至凌晨开放，开花后 4 天之内授粉能力最强，5～6 天内仍有一定授粉能力，7 天后授粉能力很低。甜樱桃花期 7～14 天，最长达 20 天，花期长短也因品种而异，品种间差异 5～7 天。甜樱桃花期较早，易受晚霜为害，4℃以下的低温严重影响受精过程，导致不能坐果，为害严重时可导致绝产，因此要注意花期防霜冻措施。另外，樱桃花期遇阴雨、大风、高温等不良天气，都会降低坐果率。花粉在 10℃时花粉管萌发缓慢，萌芽率低；在 14～23℃发芽率高，发育良好；在 26℃以上，发芽率降低。

甜樱桃大部分品种自花不结实，单栽一个品种或混栽几个不亲和品种，往往只开花不结实。建园时要搭配好授粉品种，并进行花期放蜂或人工授粉。花粉落到柱头上 2～3 天花粉管就能进入花柱，4～6 天后花粉管到达胚珠，然后从珠孔经过珠心进入胚囊，完成受精。

甜樱桃落花一般有 2 次，第一次在花后 2～3 天，脱落的是发育畸形、先天不足的花。这次落花与树体贮藏营养密切相关，栽培管理水平高，树体营养储备充足，落花就轻。第二次落花在花后 1 周左右，脱落的主要原因是未能受精的花。如遇刮风、下雨、低温等恶劣天气，此次落花会更重。

（二）果实发育特点

樱桃果实发育期很短，一般30～75天，品种间存在差异，如：极早熟品种早红宝石，果实发育期只有30天左右；早熟品种红灯、伯兰特、布鲁克斯、美早等，需要40～50天；中熟品种宾库、先锋、萨米托等，需55～65天；晚熟品种拉宾斯、友谊、红手球等，需65～75天；极晚熟甜心大于75天。果实发育受树体和环境条件等诸多方面因素的影响，简而言之，整个果实发育过程可分三个时期：第一次速长期、硬核与胚发育期、第二次速长期（果实迅速膨大期）。

1. 第一次速长期 从谢花开始至硬核前为果实第一次速长期。这个时期是樱桃单果重增加的关键时期，该期结束时果实大小是采收时果实大小的10%～25%，果核生长至果实成熟时大小，呈白色，未木质化。这一时期约10～15天，如拉宾斯、先锋、斯得拉为11天，斯帕克里为15天。果实的生长表现为纵径增长量大于横径增长量。

2. 硬核与胚发育期 此期果实纵径、横径增长缓慢，果核由白色逐渐木质化为褐色并硬化，胚乳逐渐为胚的发育吸收消耗。这一时期大约需8～20天，如斯得拉17天、先锋12天、拉宾斯13天。此期要保证水分的平稳供应，干旱、水涝均易引起大量幼果黄落。此期的长短是决定果实成熟早晚的关键时期，早、中、晚熟品种的果实发育期长短也主要决定于此期。即使同一品种，不同年份间果实发育期长短不同，也主要由此期的长短不同引起的。

3. 第二次速长期 即果实迅速膨大期，自硬核后至果实成熟。主要特点是果实迅速膨大，横径增长量大于纵径增长量。此期的长短大约为3周左右，如斯得拉为20天、先锋为21天、拉宾斯为21天，若待果实变为紫红色，需更长天数。此期果实的增长量占采收时果实大小的70%～90%。此期，充足的水肥供

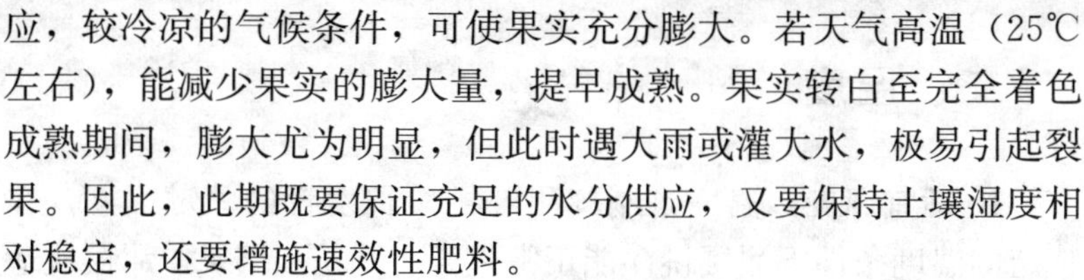

应，较冷凉的气候条件，可使果实充分膨大。若天气高温（25℃左右），能减少果实的膨大量，提早成熟。果实转白至完全着色成熟期间，膨大尤为明显，但此时遇大雨或灌大水，极易引起裂果。因此，此期既要保证充足的水分供应，又要保持土壤湿度相对稳定，还要增施速效性肥料。

果实生长所需碳水化合物是由果枝和新梢叶片及果实自身的光合作用所提供的，管理水平的高低直接影响果个的大小、果色及可溶性固形物的比率。

樱桃果实品质性状包括外观品质和内在品质。外观品质包括果实大小、果实颜色、果肉颜色、肉质等；内在品质包括香气、风味、维生素C含量、可溶性固形物含量、出汁率等。

第三节　对环境条件的要求

一、光照

甜樱桃是阳性果树，喜光性强。光照强弱影响甜樱桃花粉萌发和坐果，甜樱桃开花期的光照度降低到自然光照的27.9%时，花粉发芽率由78.6%下降为72.1%；开花至果实发育期间的光照也明显影响坐果率。

光照对甜樱桃生长发育尤为重要，光照条件好，甜樱桃树体生长发育健壮，果枝寿命长，树膛内外结果均匀，花芽充实，花粉发芽力强，坐果率高，果实成熟早、着色好、品质佳。光照不足，树体生长发育弱，树冠外围枝梢易徒长，冠内枝条衰弱，内膛枝组易枯死，叶片黄化脱落，果枝寿命短，结果部位外移，花芽发育不良，花粉发芽率低，坐果少，果实成熟晚，果品质量下降，着色不好，硬度差，可溶性固形物减少，成熟期延后。

二、温度

1. 适宜温度 温度是制约甜樱桃生长发育的关键因素，在特定的温度条件下甜樱桃才能正常生长、开花和结果。甜樱桃适于生长在年平均气温 10～12℃的地区，要求日平均气温高于10℃的时间为 150～200 天。甜樱桃要求萌芽期平均气温 7℃以上，最适宜的温度是 10℃左右；开花期平均气温 12℃以上，最适气温15℃左右，果实发育期和成熟期适宜平均气温为 20℃左右。果实发育期间平均气温的高低，对果实的发育速度、果实大小和果实品质等都有显著的影响。甜樱桃从谢花后到果实成熟，要求有效积温（日平均气温高于 10℃的温度）为 200～300℃。E. Lucos 对甜樱桃不同生长期的适宜温度进行了总结，见表2 -1。

表 2 - 1 甜樱桃生长期的适宜温度

物候期	适宜温度（℃）	
	白天	夜间
萌芽后第一周	7.5～3.6	2.5～5.0
萌芽后第二周	1.0～7.5	3.8～6.3
萌芽后第三周	10.0～12.5	6.3～8.6
萌芽后第四周	12.5～15.0	8.6～11.3
开花前	15.0～17.5	10.0～12.5
开花期	10.0～12.5	6.3～8.6
谢花期	16.3～18.6	13.0～15.0
核硬化期	13.6～15.6	10.0～12.5
果实着色期	16.3～18.6	15.0～17.5
果实成熟期	20.0～22.5	15.0～17.5

注：引自 E. Lucos。

2. 低温伤害 甜樱桃不耐低温，易遭受低温伤害。甜樱桃冬季发生冻害的临界温度为－20℃左右，－29～－26℃时则造成大量死树。不同生育期、不同器官和组织的冻害临界温度有明显差异，甜樱桃花蕾着色期冻害临界温度为－1.7℃到－5.5℃，在－3℃持续4小时大部分花蕾会受冻，幼果期的冻害临界温度为－2.8℃。Webster A. D. 对美国华盛顿州 Prosser 地区的宾库甜樱桃花芽的平均冻害温度进行了调查（表2-2），结果表明，花芽发育后期比早期更易遭受低温伤害，花芽休眠期抗低温伤害的能力最强。花期遇到－11.1～－2.1℃低温，10%的花芽将被致死。导致花芽膨大期、芽尖吐绿期、花蕾分离期、初花期、盛花期、落花期50%的花芽致死的温度分别为－14.3℃、－5.9℃、－4.2℃、－3.4℃、－3.2℃和－2.7℃；导致花芽膨大期、芽尖吐绿期、花蕾分离期、初花期、盛花期、落花期90%的花芽致死的温度分别为－17.2℃、－10.3℃、－6.2℃、－4.1℃、－3.9℃和－3.6℃。

表2-2　美国华盛顿州 Prosser 地区宾库甜樱桃花芽的平均冻害温度（℃）

花芽发育期	10%致死温度	50%致死温度	90%致死温度
休眠期	－14.3～－35(年份不同,差异很大)		
花芽膨大期	－11.1	－14.3	－17.2
花芽侧见绿	－5.8	－9.9	－13.4
芽尖吐绿	－3.7	－5.9	－10.3
花蕾接触	－3.1	－4.3	－7.9
花蕾分离	－2.7	－4.2	－6.2
第一次白花期	－2.7	－3.6	－4.9
初花期	－2.8	－3.4	－4.1
盛花期	－2.4	－3.2	－3.9
落花期	－2.1	－2.7	－3.6

2001年对泰安市甜樱桃花期冻害的调查表明，气温为－8～－2℃时，泰安地区甜樱桃主要栽培品种的花器官冻害率见表2-3。

表 2-3 2001 年泰安地区甜樱桃主栽品种花器官冻害率（%）

品种	红灯	早红宝石	极佳	红艳	雷尼	先锋	红丰	那翁	抉择
冻害率	77.5～82.3	87.8	54.6	84.8	96.8	72.5	80.0	97.1～99.1	74.0

冬季温度过低会造成甜樱桃树干和根部冻害。冬季气温在－20～－18℃时甜樱桃即发生冻害，在－25℃时，可造成树干冻裂，大枝死亡。气温下降到－29℃，地温在晚秋－8℃以下、冬季－10℃、早春－7℃以下时根部严重受冻。甜樱桃的根系在晚秋地温－8℃以下、冬季－10℃以下、早春－7℃以下的情况下，也会遭受冻害。我们认为，可以把极端最低气温－18～－15℃的地区，作为樱桃种植适宜区的北界，极端最低气温－23～－18℃的地区作为次适宜区。在次适宜区可能在部分年份遭遇冻害，需要对大树进行防护，－23℃是甜樱桃露地栽培的北界，在这些地区建议种植酸樱桃以及杂种樱桃。

我国冬季极端低温－23℃的地区大致在辽宁瓦房店市、绥中县，河北山海关、遵化，天津蓟县，北京密云、延庆，山西太谷，陕西铜川、延安南，甘肃天水、兰州一线，此线以北陆地栽培甜樱桃冻害严重，需采用有条件栽培。

3. 高温伤害 温度过高同样会对甜樱桃树体造成伤害。高温为害的影响程度往往因水分和空气湿度不同而异。生长季高温高湿易造成徒长，引起果园郁闭；高温干旱，易使叶片早衰，植株生长发育不良，产生大量畸形花，来年形成畸形果。果实发育期间温度过高，往往果实不能充分发育，造成“高温逼熟”，成熟期提前，果个小，肉薄味酸，果实品质差，造成大幅度减产。高温地区也易使树体寿命缩短。另外，温度对甜樱桃裂果也存在较大影响，温度影响细胞壁渗透性能和细胞生理代谢过程，当温度从 10℃增长到 40℃时裂果率呈线性增长趋势。同时，果实成熟前期温度不适宜，过高或过低均可导致果皮细胞老化并停止生长，当温度恢复后果肉细胞生长较快，会使老化的果皮胀裂，造成裂果。

4. 需冷量　温度对甜樱桃生长影响的另一个重要因素就是需冷量。在甜樱桃设施栽培、适栽区域划分及引种栽培过程中，首先要确定所栽培品种的需冷量，以适应当地的气候和环境条件，避免栽培中因需冷量不足而造成的经济损失。

甜樱桃在休眠期间，要求经过一定时间的低温，达到一定的需冷量，第二年才能正常的萌芽、开花和坐果。若需冷量不足，植株不能正常完成自然休眠的全过程，即使给予适宜的生长条件，也不能适时萌芽，或萌芽不整齐，甚至引起花器官畸形或严重败育，导致产量和品质下降。同时，甜樱桃易遭受低温伤害，近年来，随着甜樱桃矮化密植栽培技术的发展、设施材料的改进和市场经济体制的确立，我国甜樱桃设施栽培发展较快，发展前景十分广阔。在对甜樱桃进行设施栽培时最重要也是要明确不同甜樱桃品种的需冷量，从而确定扣棚升温时间。若升温时间过早，需冷量不足，同样会导致萌发率低、坐果率低，造成低产甚至绝产。因此，确定甜樱桃的需冷量，明确扣棚升温时间，在确保达到甜樱桃所需的需冷量的前提下，及时升温扣棚，避免低温伤害，使甜樱桃尽量提早开花，提前上市，以获得较高的经济效益，这是甜樱桃设施生产者首要关注的问题。需冷量也是我国甜樱桃区域划分及南方地区引种栽培的重要依据。若引种地区达不到甜樱桃所需的需冷量，则会坐果率低，甚至不坐果，造成低产甚至绝产。

在设施栽培条件下，为了尽快提早开花，果品提早上市，以选择低需冷量并且果实发育期短的优良品种为宜。在甜樱桃区划研究和引种栽培时，要选择能满足特定甜樱桃品种需冷量的地区进行区域划分和引种栽培，避免区域划分和引种栽培失败。

三、水分

甜樱桃是一种喜水果树，但对水分状况又十分敏感，既不抗旱，又不耐涝，需要较湿润的气候条件。土壤缺水或水分过多都会产生不良影响。大多数品种以年降水量为500～800毫米较为适宜。土壤含水量降到7%时，叶片会发生萎蔫现象；土壤含水量下降到10%，地上部分停止生长；土壤含水量下降到11%～12%时，果实发育期会造成大量落果，叶柄与枝条形成离层，出现落叶；在田间持水量达到饱和持续48小时情况下，易造成涝害、沤根或者死树。年降水低于500毫米，又没有灌溉条件，将无法保证樱桃对水分的需求，影响生长发育。降水过多，如果园内排水不良，则容易引起涝害。果实成熟和膨大期降水过多，会引起裂果。同时，因甜樱桃喜光性强，降水量过多的阴雨天气会导致光照不足，影响树体发育。

干旱影响苗木栽植成活率、幼树生长速度和结果早晚。栽植后第一年要多浇水，每隔10天左右浇1次水，共浇11～12次，成活率可达95%以上。当年生枝条生长达80～100厘米，扩冠快，结果早。干旱或浇水少，成活率低，幼树叶片萎蔫早衰，光合效能降低，枝条生长量小，结果晚，容易形成“小老树”。干旱能导致果实生长发育不良，引起大量果实脱落，这个时期是甜樱桃果实需水临界期，要注意防旱。

甜樱桃根系对水分很敏感。降水或浇水过多，排水不良，易造成土壤缺氧，根系呼吸不畅，使根系生长不良，严重者造成根系死亡、根茎腐烂、树干流胶，引起死枝甚至整株死亡。因此，土壤管理和水分管理，要为根系创造既保水又透气的土壤环境，多雨季节注意排水，经常中耕松土。

在果实由青转白开始着色时，若水分变化激烈，易引起果实裂口。尤其是果实发育期前期干旱，后期突遇降水或浇水过多，往往造成果实裂口。保持土壤适宜的含水量，避免土壤水分忽高忽低，可防止或减轻裂果。

甜樱桃园址应选在降水量适中的地区和有排灌条件的地块。降水量小的干旱地区，樱桃园必须有灌溉条件。一般而言有灌溉

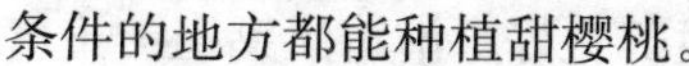

条件的地方都能种植甜樱桃。

另外，水分对甜樱桃生长结果的另一个重要影响就是容易引起裂果，造成品质下降，产量降低，水分供应不稳定是导致甜樱桃裂果的直接和最主要的原因。降雨和不适时灌水是引起水分变化的主要因素，两者均可造成土壤中水分不均衡和果实表面水分剧变，引发裂果。果实生长前期土壤过分干旱，进入成熟期或近成熟期后，连续降水或遇暴雨，或过量灌水，土壤含水量急剧增加，果实短时间快速生长，当果实内部的生长速度超过果皮的生长速度，诱发裂果。空气湿度过大，也会引发裂果。空气中的水汽、附在果实表面的水分、土壤中的水分均可以诱发裂果。

针对由水分剧变引起的甜樱桃裂果现象，建议加强水肥管理，平时要勤浇少浇，避免一次性大量灌水，防止久旱后浇水过多，保证土壤水分供应稳定；雨后要及时排水，避免土壤湿度变化剧烈，可促进根系生长良好，缓冲土壤水分的剧烈变化，减轻裂果。建议甜樱桃栽培在降雨量不超过 800 毫米的地区，且具有良好的排灌系统，避免裂果。

四、土壤

土壤是甜樱桃树体生长发育的基础条件，园址的土壤状况对甜樱桃的生产效益影响很大。甜樱桃适于土层深厚的壤土、沙壤土和山地砾质壤土，要求活土层厚度应在 1 米左右，土壤有机质不低于 1%，土质疏松、透气良好、保水性较强。适宜甜樱桃生长的土壤 pH 为 6.0～7.5。甜樱桃对盐碱反应敏感，土壤含盐量超过 0.1%的地方，生长结果不良，不宜栽培。在地下水位过高或透水性不良的土壤中生长不良，一般雨季最高地下水位不应高于 80～100 厘米，在排水不良或黏重土壤上栽培，表现树体生长弱，根系分布浅，既不抗旱涝又不抗风。土壤中交换性钙、镁和钾离子对甜樱桃的生长发育影响较大，在交换性钙、镁较多，氧化镁与氧化钾比率较高的土壤中生长良好。淋溶黑钙土的土壤断面中不含有害盐类，是甜樱桃高产栽培理想的土壤。普通黑钙土有丰富的腐殖质层，碱的盐渍化程度很弱，吸收能力很高，土壤疏松，土质肥沃，理化性状良好，适宜甜樱桃生长。另外，要对土壤中的砷、铅、汞等有毒物质要进行检测，其残留量要符合国家生产无公害果品的标准要求，超标土壤不宜建园，否则将难以生产安全优质果品。甜樱桃对重茬较敏感，易患根癌病。在种植过樱桃、桃、杏、李的老果园，未经 3 年以上闲置或轮作，土壤也没有进行防治连作障碍的药剂处理，不宜建园或育苗。

甜樱桃保护地栽培生产集约化程度高，对地势、土壤条件要求更高。因此，要选择自然温度高、背风向阳、土层深厚、质地疏松、肥力高、地下水位较低、排水通畅、无内涝、无外涝、离水源近、有电源的地段建园。

五、地势

地势对甜樱桃的栽培影响较大。一般 3°～15°的坡度适宜甜樱桃栽培，平地更适宜栽培。山地缓坡空气流通，光照充足，排水良好，湿度小，病虫害轻，果实含糖量和维生素含量增高，耐贮性增强，果面色艳光洁、品质好。坡度越大，水土流失越多。南坡光照充足，物候期早于北坡，果品质量好，但易受日灼、霜害、旱害的影响。北坡（北、西北和东北）日照较少，果园温度低，土壤含水量降低，物候期延迟，影响树体枝条及时成熟，但根据多年观察，在辽南地区北坡栽培的甜樱桃，抗冻害能力一般好于南坡，这与春季萌动晚，树皮昼夜温度波动小，形成层活动晚，避过倒春寒有关。

甜樱桃的品质和产量不仅与栽培地区的气候因子、土壤因子和降雨条件等密切相关，也受海拔高度的影响。海拔高度是影响植物生态布局及其生长发育的重要因素，太阳辐射量、有效积

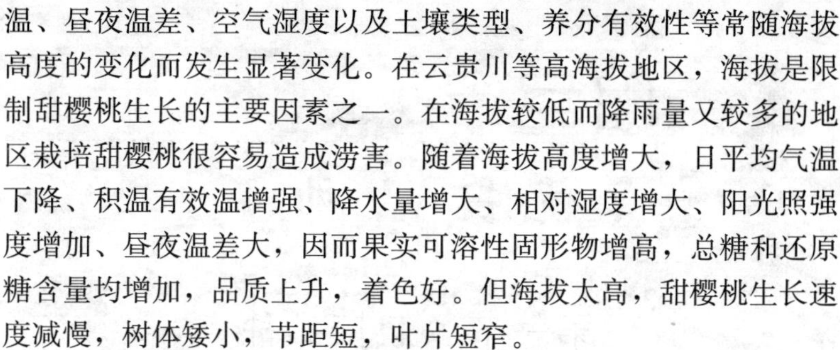

温、昼夜温差、空气湿度以及土壤类型、养分有效性等常随海拔高度的变化而发生显著变化。在云贵川等高海拔地区，海拔是限制甜樱桃生长的主要因素之一。在海拔较低而降雨量又较多的地区栽培甜樱桃很容易造成涝害。随着海拔高度增大，日平均气温下降、积温有效温增强、降水量增大、相对湿度增大、阳光照强度增加、昼夜温差大，因而果实可溶性固形物增高，总糖和还原糖含量均增加，品质上升，着色好。但海拔太高，甜樱桃生长速度减慢，树体矮小，节距短，叶片短窄。

海拔主要是通过影响光照和温度来影响甜樱桃生长分布的，在确定不同地区适宜的海拔高度时要根据各地的地理经纬位置而定，在北方平原地区和南方高海拔地区，两者适合甜樱桃生长所需的海拔高度就存在不同。

六、风

风对甜樱桃的生长有较大影响，休眠期的大风易加重抽条的发生及花芽的冻害；开花期遇大风易造成湿度过低，影响甜樱桃的授粉、受精，导致坐果率降低，产量下降；果柄较长的品种，大风常导致果实剧烈摆动，造成大量落果；由于甜樱桃树冠较大，抗风能力较差，如果遇到大风，易刮断树枝，甚至刮倒树体。严重影响甜樱桃的生产；甜樱桃叶片大而薄，大风易造成叶片撕裂，干热风还可引起蒸腾过量，使叶片表现萎蔫。因此，在建园时，要提前做好规划，在园片的迎风面设置防护林，以减少风害的影响。

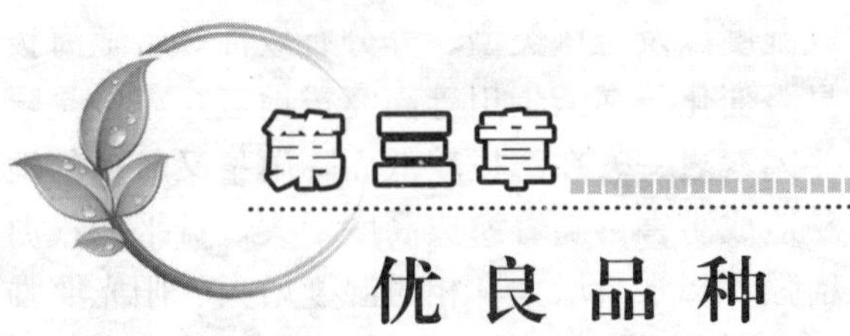

第三章 优良品种

第一节 栽培品种

一、当前主要栽培品种

甜樱桃原产于亚洲西部和欧洲东南部，栽培历史悠久，经济栽培始于16世纪，品种资源丰富，目前已发展成为世界性果树，主要生产国家有美国、土耳其、伊朗、意大利、西班牙、乌克兰等。我国甜樱桃品种多数引自加拿大、美国、乌克兰、匈牙利等育种先进国家，少数由我国科研机构自主育成。我国生产上栽培的品种达50余个，其中当前主要栽培品种约十几个，主要有红灯、红蜜、那翁、大紫、拉宾斯、先锋、宾库等，介绍如下：

1. 红灯 大连市农业科学研究所于1963年育成，1973年命名，杂交亲本为那翁和黄玉杂。在辽宁大连及山东各地均有栽培，为目前甜樱桃的主栽品种之一。

主要经济性状：树势强健，生长旺盛，树姿半开张，叶片特大，椭圆形，较宽，在新梢上呈下垂状着生，为其主要特征。花芽大而饱满，萌芽率高，成枝力强，外围新梢中短截后，平均发长枝5.4个。中下部侧芽萌发后，多形成叶丛枝。果实大型，平均单果重9.2克，大者12克。果形肾脏形，整齐。果梗粗短。果皮红色至紫红色，富有光泽、色泽艳丽、外形美观。果肉淡黄，半软、汁多，酸甜适口，可溶性固形物含量 14%～15%。核大、离核，肉质肥厚，可食部分 92.9%。果实发育期 40～45 天，继大紫之后成熟。成熟期不一致。在大连地区 6 月 9 日至 6 月 15 日果实成熟，在山东半岛 5 月底至 6 月上旬成熟，鲁中南地区 5 月中下旬至 6 月初成熟。一般 4 年生树开始结果。适宜授粉品种有那翁、红艳、意大利早红、拉宾斯、雷尼、先锋。

2. 那翁（Napoleon）　来源不详，在欧洲 18 世纪就有栽培，19 世纪 80 年代前期引入山东烟台，20 世纪 80 年代为烟台、大连等地的主栽品种之一，目前推广面积逐渐减少。

主要经济性状：树势强健，树姿较直立，树冠半开张。萌芽率高，成枝率中等。盛果期树多以花束状结果枝、短果枝结果为主，中、长果枝较少结果。结果枝寿命长，结果部位外移较慢，高产稳产。适宜授粉品种为大紫、水晶、红灯等。果实中大，平均单果重 6.5 克，最大 9.0 克。果形心脏形或长心脏形，果顶尖圆或近圆，缝合线不明显，有时微有浅凹，果形整齐。果梗长，与果实不宜分离，落果轻。果皮乳黄色，阳面有红晕，偶尔有大小不一的深红色斑点，富光泽，果皮较厚韧，不易离皮。果肉浅米黄色，肉质脆硬，汁多，含可溶性固形物 14.0%～16.0%，甜酸可口，品质上。果核中大，果肉可食部分占 94%，鲜食加工兼用。

3. 大紫（Black Tartarian）　又名大叶子、大红袍、大红樱桃。原产于俄罗斯，1890 年引入山东烟台，是目前我国的主栽品种之一。

主要经济性状：树势强健，幼树期枝条较直立，结果后逐渐开张。叶片为长卵圆形，特大，故有“大叶子”之称。果实中大型，平均单果重 6.0 克，大果可达 10.0 克。果实心脏形至宽心脏形，稍扁，缝合线较明显。果梗中长而较细，易与果实脱离，成熟时易落果。果皮初熟时浅红或红色，成熟后紫红色或深紫红色，有光泽。果皮薄，易剥离，不易裂果。果肉浅红色至红色。质地软，汁多味甜，可溶性固形物含量因成熟度和产地而异，一般在12.0%～15.0%，品质中上。果核大，可食率90%。开花期晚，一般比那翁、雷尼晚5天左右，但果实发育期短，约40天左右，在山东半岛5月下旬至6月上旬成熟，在鲁中南地区5月中旬成熟。成熟期不一致，需分批采收。

4. 宾库（Bing） 该品种是1875年美国俄勒冈州从串珠樱桃自然实生后代中选育而成的，是北美早期栽培面积最多的甜樱桃品种之一，也是目前美国、加拿大的主栽品种之一。1982年山东从加拿大引入山东省果树研究所。

主要经济性状：树势强健，树冠大，树姿较开张，枝条粗壮，直立，分枝力较弱，叶片大，倒卵状椭圆形，以短果枝和花束状果枝结果为主。果实大型，平均单果重7.2克。果形宽心脏形，梗洼宽深，果顶平，近梗洼处缝合线侧有短深沟。果梗短粗。果皮浓红色至紫红色，外形美观，果皮厚且韧。果肉粉红色，质地脆硬，汁中多，淡红色，甜酸适度，可溶性固形物12.0%～14.0%，品质上等。离核，核小，可食率92.6%。在河南郑州地区，4月上中旬盛花，5月底果实成熟；在辽宁大连地区4月下旬盛花，果实6月中旬成熟；在山东半岛6月中下旬、鲁中南地区6月上中旬成熟。采前遇雨有裂果现象。适宜的授粉品种有大紫、先锋、红灯、斯坦勒等。适应性较强，丰产，耐贮运。

5. 拉宾斯（Lapins） 加拿大太平洋农业食品研究中心夏地试验站1965年杂交育成，亲本为先锋×斯得拉，是自花结实的短枝类型晚熟品种。1988年开始引入山东烟台，2004年通过山东省林木品种审定委员会审定。

主要经济性状：树势健壮，树姿较直立，树体紧凑，为短枝型品种，树冠为普通树形的2/3，幼树生长旺。早实性好，一般定植后第四年即可获得丰产。该品种抗寒性好，不易裂果。平均单果重 7.0～8.0 克（加拿大报道平均单果重 10.2 克），近圆形或卵圆形。果皮紫红色、有光泽、美观、厚而韧，果梗中短中粗，不易萎蔫。果肉红色，肥厚，硬度高，果汁多，可溶性固形物达 16.0%，风味好，品质佳，烟台地区 6 月中旬成熟，抗采前落果。也可作其他品种的授粉树。

6. 先锋（Van） 加拿大太平洋农业食品研究中心夏地试验站育成。在欧、美、亚洲各国均有栽培。1983 年中国农业科学院郑州果树研究所由美国引入，通过山东省林木品种审定委员会审定。

主要经济性状：树势强健，枝条粗壮，早果性、丰产性较好，不易裂果。果实个大，平均单果重 8.0～8.5 克。果实心脏形，果皮紫红色，光泽艳丽，皮厚而韧。果肉玫瑰红色，肉质脆硬，肥厚，汁多，甜酸可口，可溶性固形物含量 17.0%，风味好，品质佳，可食率达 90%以上，耐贮运。山东半岛 6 月中下旬成熟，鲁中南地区 6 月上中旬成熟。适宜的授粉树是宾库、那翁，雷尼。先锋花粉量较多，也是一个极好的授粉品种。

7. 萨米脱（Summit） 加拿大太平洋农业食品研究中心夏地试验站 1973 年育成的中晚熟品种。1988 年由烟台果树研究所引进。2006 年通过了山东省林木品种审定委员会审定。

主要经济性状：树势强旺，树姿半开张。早实性好，苗木栽植第 2 年个别植株结果，6 月中下旬果实呈鲜红色时成熟，5 年生亩产量可达 2 350 千克，且成熟期集中。果实长心脏形，果皮红色至深红色，平均单果重 11.0～12.0 克，最大 18.0 克。肉质较硬，肥厚多汁，可溶性固形物含量 18.5%，可滴定酸含量 0.78%。核椭圆形，中大，离核，果实可食率 93.7%。选择拉宾斯、先锋做授粉树，也可与美早搭配栽培。

8. 早大果（Крупноплодная） 原产于乌克兰，1997 年被山东省果树研究所引进，2007 年通过了山东省农业品种审定委员会的审定。经过10余年的推广，表现适应性较强，经济性状优良，已发展成为主栽品种之一。

主要经济性状：树体大，生长势中庸，树姿开张，枝条不太密集，中心干上的侧生分枝基角角度较大；一年生枝条黄绿色，较细软；结果枝以花束状果枝和长果枝为主，花芽中大、饱满，每结果枝花芽数量2～7个，多数为3～5个，单果重8.0～10.0克，最大果15.0克；果实深红色，充分成熟紫黑色，鲜亮有光泽；品质佳，风味浓，可溶性固形物含量16.1%～17.6%；果肉较硬，耐贮运。早熟，比红灯早熟3～5天。在泰安地区5月10～17日成熟，在烟台地区5月27日至6月4日成熟，果实发育期35天左右。早实丰产性强，一般定植3～4年结果，6年生即可进入丰产期。授粉品种以红灯、先锋、早红宝石、抉择、拉宾斯等较好。

9. 美早（Tieton） 品种来源：华盛顿州大学普罗斯（Prosser）灌溉农业研究中心托马斯1998年推出。亲本为斯太拉（Stella）×早布莱特（Early Burlat）。大连市农业科学研究所1988年从美国引入我国，是继红灯之后的一个果大、质优、肉硬、耐贮运的中早熟优良品种。2006年通过了山东省林木品种审定委员会审定。

主要经济性状：树势强健，树姿半开张，幼树萌芽力、成枝力均强。果实大，平均单果重11.5克，最大果重15.6克。果形宽心脏形，大小整齐，顶端稍平。果柄短粗。果皮全面紫红色，有光泽，鲜艳。肉质脆而不软，肥厚多汁，果肉硬，中甜，味淡；较抗裂果；可溶性固形物含量为17.6%。核圆形、中大，可食率92.3%。耐贮运。早熟，较先锋早7～9天，花期同先锋。生长直立，中产，在旅顺地区3月下旬花芽膨大，4月中旬盛花，6月15日左右果实成熟。适宜的授粉品种为萨米脱、先锋、拉宾斯等，主栽品种与授粉品种的比例为3：1。

10. 雷尼（Rainier）　美国华盛顿州 1954 年以宾库×先锋杂交育成的黄色中熟品种，以华盛顿州雷尼山的名称命名。1983 年中国农业科学院郑州果树研究所引入我国，山东已在烟台及鲁中南地区推广。

主要经济性状：树势强健，枝条粗壮，节间短，树冠紧凑。果实大型，平均单果重 8.0 克，大果 12.0 克。果形心脏形。果皮底色黄色，富鲜红色红晕，光照良好时可全面红色，鲜艳美观。果肉无色，质地较硬，可溶性固形物含量高，鲁中南山地可达 15.0%～17.0%。风味好，品质佳。离核，核小，可食部分 93%。抗裂果，耐贮运。成熟期比那翁、宾库早 3～7 天，山东半岛 6 月中旬成熟，鲁中南山区 6 月初成熟。适应性广。花粉多，自花不育，是优良的授粉品种，适宜授粉品种为宾库、先锋。该品种目前为美国华盛顿州及加拿大等国的主栽品种之一。在我国表现果个大、外形美观、品质佳、耐贮运，是一个丰产、质优的优良鲜食和加工兼用品种。

11. 红艳　该品种是那翁×黄玉的实生杂交后代，由大连农业科学研究所育成，1973 年命名为红艳。为辽南的主栽品种之一。

主要经济性状：树势强健，树冠半开张，萌芽力、成枝力均较强。果实宽心脏形，大小整齐，平均单果重 8 克，最大可达 10 克。果皮底色浅黄，阳面着鲜红色，外观色泽鲜艳，有光泽，甚美观。果肉黄白色，肥厚多汁，肉质较软，质地细腻，酸甜味浓，品质上等，口味极佳，但不耐贮运。较丰产，成熟期与红灯相近。

12. 红蜜　该品种是大连市农业科学研究所以那翁和黄玉为亲本杂交选育而成的，1973 年命名为红蜜。

主要经济性状：树势强健，生长势中强，树姿开张，枝条粗壮，萌芽率和成枝力较强，分枝中多，定植后 3～4 年开始结果，丰产。果实宽心脏形，果个中等，平均单果重 5.4 克，最大单果重7克。果皮底色浅黄，阳面鲜红色，有光泽。果肉浅黄色，肉质软，较厚，汁液多，味甜酸适口，含可溶性固形物17%，粘核，果实耐贮运性较好。在辽宁大连地区，4月中旬盛花，6月10日左右果实成熟。

13. 巨红 又名13-38，原大连市农业科学研究所以那翁×黄玉杂交育成，为中熟、黄色优良品种。

主要经济性状：树势强健，生长旺盛。幼树期直立生长，盛果期后逐渐半开张。果大整齐，平均单果重10.25克。果形宽心脏形。果皮浅黄色，向阳面着鲜红晕，有较明显的斑点，外观鲜艳有光泽。果肉浅黄白色，质硬脆、肥厚汁多、风味酸甜，较为适口，含可溶性固形物19.1%。核中大，卵圆形，粘核，可食率为93.1%。在大连4月17日始花，4月20日至4月24日盛花，6月27日果实成熟。在烟台6月中旬成熟，较耐贮运。早果性好，定植后4年可见果。适应性强，丰产性好，抗病，耐贮运，适合塑料大棚保护地栽培，极具发展前途。适宜的授粉品种为红灯和佳红。巨红对栽培条件要求较高，需设立支柱，以防倒伏。

14. 佳红 又名3-41，1974年大连农业科学研究所以宾库与香蕉为亲本杂交育成。

主要经济性状：树势强健，生长旺盛，幼树期间生长直立，盛果期后树冠逐渐开张。果实个大，平均单果重9.67克，最大果重11.7克。果形宽心脏形，整齐，果顶圆平。果皮底色浅黄，向阳面着鲜红色霞和较明晰斑点，外观美丽，有光泽。果肉浅黄色，质较脆，肥厚多汁，风味酸甜适口，品质最上。可食率94.58%。可溶性固形物含量19.75%，总糖13.75%，每100克果肉维生素C含量10.75毫克，总酸0.67%。核卵圆形，小，粘核。成熟期较红灯晚1周左右，为中熟品种中成熟期较早的。适宜的授粉品种为巨红和红灯，一般定植后3年结果。授粉树的比例应在20%以上。6年生树亩产量为509.40千克。适应性广。

15. 早红宝石 曾译名早鲁宾，系乌克兰农业科学院灌溉园艺科学研究所用法兰西斯与早熟马尔齐杂交育成的早熟品种。20世纪90年代引入我国。

主要经济性状：树体高大，生长较快。树冠圆形，紧凑度中等。果实平均单果重5克左右，宽心脏形。果梗较粗，易与果枝分离。果皮、果肉暗红色，柔嫩、多汁，果汁红色，味纯，酸甜适口。果核小，离核。鲜食品质中等。果实发育期27～30天。在泰安5月初成熟，是目前我国甜樱桃品种中成熟最早的。嫁接树定植4年结果。一年生枝能成花结果，以花束状果枝结果为主，花束状果枝的寿命为5～6年，连年结果，丰产。自花不实，适宜授粉品种为早果、帕里乌莎、瓦列利，其次为法兰西斯。该品种花芽抗寒性强，早熟质优，连年丰产。

16. 艳阳（Sunburst） 1965年加拿大太平洋农业食品研究中心夏地试验站育成，为先锋和斯得拉的杂交实生后代。是拉宾斯的姊妹系，属中熟、高产品种。

主要经济性状：幼树生长旺盛，盛果期后树势逐渐衰弱。果实呈圆形，果个大，平均单果重11.0～13.0克，最大22.5克（加拿大报道）。果柄长度适中。果皮紫红色至黑红，外观艳丽，具光泽。果肉味甜多汁，可溶性固形物16.0%～17.0%，风味甜酸可口，质地较软，品质优。耐贮运，成熟期比拉宾斯早4～5天。自花结实，丰产稳产，抗病性和抗寒性均强，遇雨有裂果现象。

17. 芝罘红 1979年烟台市芝罘区农林局在烟台市芝罘区上夼村发现的一偶然实生株。原称烟台红樱桃，为避免与大紫的异名相混淆，1998年山东省科委组织专家鉴定，正式定名为芝罘红。在烟台及鲁中南地区栽培，生长结果表现良好。

主要经济性状：树势强健，生长旺盛，树体高，树冠较大，半开张。进入盛果期后，以花束状果枝和短果枝结果为主。果实大型，平均单果重 8.1 克，大者 9.5 克。果形宽心脏形，顶部平，缝合线明显，整齐均匀。果梗长而粗，不易与果实分离，采前落果较轻。果皮鲜红色，具光泽。果肉浅红色，质地较硬，汁多，酸甜适口，含可溶性固形物 16.9%，风味品质上等。果皮不易剥离。离核，核较小，可食部分 93.3%。成熟期较早，比大紫晚 3～5 天，与红灯同期成熟。一般 5 月底至 6 月初即可采收。果实成熟期较一致，一般 2～3 次可采完。该品种异花结实，建园时需配置红灯、那翁、水晶、斯坦勒、宾库等品种作为授粉树。

二、近几年推广的优良栽培品种

甜樱桃种植效益高，近年来全国各适宜产区积极规划发展，栽培面积不断扩大。为了增加市场多样性，提升市场竞争力，栽培者在选择上述主要栽培品种的同时也不断寻求新的品种，以满足消费者的需求。现将近几年我国生产上推广的优良栽培品种介绍如下：

1. 布鲁克斯（Brooks）　美国加州大学戴威斯分校用雷尼和早布莱特杂交育成的早熟品种，1988 年开始推广。2007 年通过了山东省林木品种审定委员会审定。

主要经济性状：果实大，平均最大直径 25.4 毫米。果皮厚，完全成熟时果面暗红色，偶尔有条纹和斑点，多在果面亮红色时采收。果肉紧实、硬脆，味甜，糖酸比率是宾库的 2 倍。采收时遇雨易裂果。花期介于布莱特和宾库之间，比宾库早熟 10～14 天。树体比其他品种略小，树姿直立，丰产。

2. 莱州早红　品种来源：莱州市小草沟园艺场从美国引进品种中选育出来的甜樱桃新品种。亲本为 Stalla×Beaulieu。

主要经济性状：幼树生长势强，大量结果以后树势易弱，萌芽率高，成枝力较弱。果实阔心脏形，果顶圆，果个大，平均单果重 8.0 克，最大 11.3 克，成熟时不易落果。果皮较厚，紫红色，有光泽，极美观，可溶性固形物含量 17.0%。果肉硬脆、浓红色，多汁，酸甜适口，风味浓。核较小，离核，果实可食率 94.0%。果个整齐，成熟期较一致，双果、畸形果和裂果极少。耐储运，常温下可储放 1 周左右。与其授粉亲和性强的品种有意大利早红、莱州脆等。在山东莱州市 3 月下旬花芽萌动，4 月中旬开花，6 月上旬果实成熟。

3. 红宝石（Ruby） 美国加州在 1978 杂交育成的早熟抗裂果品种，亲本为 Hardy Giant 和 Bush Tartarian。

主要经济性状：树势强健，树姿半开张。果实发育期 43 天，平均单果重 7.1 克，果面鲜红，果肉紫红，可食率 91.5%。肉质硬，属大硬度樱桃品种，果实耐贮运。配置授粉树，适宜的授粉品种为雷尼、先锋、拉宾斯。花期预防霜冻。成熟期遇雨，基本无裂果。早实丰产，吉塞拉矮化砧栽后第二年结果，考特乔化砧 4 年生结果。

4. 桑提娜（Santina） 1996 年由加拿大太平洋农业食品研究中心夏地试验站推出的自花结实品种，为斯得拉和萨米脱的实生杂交后代。后被山东省果树研究所引进，性状表现佳，该品种为早熟自花结实紫红色品种。

主要经济性状：树姿开张，干性较强；结果枝以花束状果枝和短果枝为主，花芽中大、饱满；果实中大，平均单果重 7.6～8.0 克，卵圆形，果柄中长，果皮黑色，果肉硬，味甜，品质中上，可溶性固形物含量 15.1%；抗裂果；中早熟，果实发育期 43～49 天，5 月 22 日左右开始采收，较红灯晚 5～7 天。自花结实，丰产性好。

5. 斯得拉（Stella） 加拿大育成的第一个自花结实的甜樱桃品种。1987 年山东省果树研究所自澳大利亚引入。2004 年通过山东省审定，在泰安、烟台有少量栽培。

主要经济性状：树势强健，果实大或小大，平均单果重 7.1 克，大果 9.0 克。果实心脏形。果柄细长。果皮紫红色，光泽艳丽。果肉淡红色，质地致密，汁多，酸甜爽口，风味佳。果皮厚而韧，耐贮运。在山东半岛 6 月中下旬成熟，鲁中南 6 月上旬成熟。早果性、丰产性均佳，抗裂果，可进一步扩大试栽。

6. 甜心（Sweetheart） 1994 年由加拿大太平洋农业食品研究中心夏地试验站推出的自花结实品种，亲本为先锋和新星。

主要经济性状：树体生长旺盛，树势开张，果实中大，8.0～10.0 克；圆形，果皮果肉红色，很硬，中甜，风味好，具清香；较抗裂果；晚熟，较先锋晚 19～22 天。始花期较先锋早 1 天，成熟期比兰伯特晚 30 天。自花结实，长势开张；早实，很丰产。

7. 奇好 乌克兰育成品种。

主要经济性状：树势健壮，树姿较直立。果实大型，平均单果重 12 克，最大可达 15 克以上。果实圆形至心脏形，果皮深红色，果肉红色，肉质较硬，耐运输。细腻多汁，酸甜可口，鲜食品质佳。果实成熟后可在树上挂果 20 天以上，品质不变。

8. 友谊 原产乌克兰，1997 年被山东省果树研究所引进，2007 年通过了山东省农业品种审定委员会的审定。

主要经济性状：树体生长健壮，树姿直立，树冠圆头形，干性较强；干皮色浅棕褐色，一年生枝条黄绿色；结果枝以花束状果枝和短果枝为主，花芽较大、饱满，卵圆形；果个较大，单果重 10.8 克；果实心脏形，果顶平圆，梗洼窄浅，果缝线不明显；成熟时果皮鲜红色，鲜亮有光泽；果肉硬，离核，耐贮运；风味浓，可溶性固形物含量 17.3%，可鲜食或加工；适应性强，耐旱、耐寒；晚熟。在山东泰安地区 6 月 10～15 日成熟，烟台地区 6 月 20 日后成熟，果实发育期 60 天左右，属晚熟品种。

9. 胜利　原产乌克兰，1997 年被山东省果树研究所引进，2007 年通过了山东省农业品种审定委员会的审定。

树体高大，树姿直立，生长势强旺，干性较强；枝干皮色为棕褐色，一年生枝条黄绿色；结果枝以花束状果枝和短果枝为主，果实个大，单果重 10.0 克；近圆形，梗洼宽，果柄较短，果缝线较明显；果肉硬、多汁，耐贮运；果皮深红色，充分成熟黑褐色，鲜亮有光泽；果汁鲜艳深红色，果味浓，酸甜可口，可溶性固形物含量 17.2%。在山东泰安地区 6 月初成熟，在烟台地区 6 月 20 日前后成熟。成熟后可在树上挂 20 天以上果实不软、不烂、不落、品种不变。

10. 明珠　大连市农业科学研究院育成的早熟、大果品种，是那翁和早丰杂交后代优良株系 10－58 的自然实生后代，2010 年通过辽宁省备案。

主要经济性状：树势强健，生长旺盛，幼树期枝条直立生长，长势旺，枝条粗壮。叶片特大，叶片阔椭圆形，叶面平展，叶片厚，深绿色，有光泽；叶柄上着生 2 个红色肾形大蜜腺。明珠果实宽心脏形，整齐。平均单果重 12.3 克，最大果重 14.5 克。果皮底色稍呈浅黄，阳面呈鲜红色霞，有光泽。果肉浅黄，肥厚多汁，肉质较软，风味甜酸可口。可溶性固形物含量 22%，果实可食率为 93.27%。耐贮运。大连地区 6 月初果实即成熟。早熟、大果、鲜食品质优良是其突出特点。

11. 饴珠　大连市农业科学研究院选用晚红珠×13－33 杂交选育而成的优良品系。

主要经济性状：树势中庸，枝条较开张。叶片中大，叶片阔椭圆形，叶基呈半圆形，先端渐尖，叶缘复锯齿，中大而钝；叶片质较厚，叶面平展，深绿色有光泽。叶柄基部着生 2～4 个肾形蜜腺。花冠较大，近圆形，离瓣，部分重叠，雄蕊与雌蕊柱头等高，花粉量多。果实宽心脏形，整齐。果实底色呈浅黄色，阳面着鲜红色霞，外观色泽美。平均单果重10.6克，最大果重12.3克。肉质较脆，肥厚多汁，可溶性固形物含量22%以上，风味酸甜适口，品质极佳。核较小，近圆形，半离核，耐贮运。丰产性好，成熟期晚。在辽宁大连地区，4月下旬盛花，6月下旬果实成熟。该品种对穿孔病、叶斑病、流胶病均有较强的抗性，尚未发现病毒病，早春低温对其坐果影响很小。

12. 泰珠 大连市农业科学研究院育成，系雷尼×8-100优良杂交后代品系。

主要经济性状：树势强健，生长旺盛。叶片大，叶片阔椭圆形，叶基呈半圆形至楔形，先端渐尖，叶缘复锯齿，中大而钝；叶片质厚，叶面平展，深绿色有光泽；叶柄基部着生2个红色肾形蜜腺。花冠较大，近圆形，离瓣，部分重叠，雄蕊与雌蕊柱头等高，花粉量较多。果实肾形，整齐。果实全面紫红色，有鲜艳光泽和明晰果点。果个大，平均单果重13.5克，最大果重15.63克。肉质较脆，肥厚多汁，风味酸甜适口，可溶性固形物含量19%以上，品质优，耐贮运。核较小，近圆形，半离核，耐贮运。该品种中晚熟，在辽宁大连地区，3月下旬花芽膨大，4月18日左右始花，4月20日至4月23日盛花，6月22日左右果实成熟。

13. 丽珠 由大连市农业科学研究院选用雷尼×8-100杂交选育而成的优良品系。

主要经济性状：幼树树势强健，进入盛果期树势中庸健壮，枝条半开张。叶片中大，叶片阔椭圆形，先端渐尖，叶缘复锯齿，中大而钝；叶片质较厚，叶面平展，深绿色有光泽；平均叶柄长2.93厘米，粗0.21厘米，叶柄基部着生2个红色肾形蜜腺。花冠较大，近圆形，离瓣，部分重叠，雄蕊与雌蕊柱头等高，花粉量多，丰产性好。果实肾形，果个大，平均单果重10.3克，最大单果重11.5克。果皮紫红色，有鲜艳光泽，外观及色泽似红灯，色泽美。肉质较软，风味酸甜可口，可溶性固形物含量21%，品质显著优于先锋。早果性好，栽后第三年即可见果。成熟期晚，在大连地区，3 月下旬花芽膨大，4 月中旬始花，4 月 20 日至 4 月 23 日盛花，6 月 28 日左右果实成熟。

14. 晚红珠（8－102）　大连市农业科学研究院育成的晚熟优系，由 19－11 的实生苗选出。

主要经济性状：树势强健，生长旺盛，树姿半开张，果实个大，平均单果重 9.8 克，最大单果重 11.19 克。果形宽心脏形。果面全面洋红色，有光泽。果肉天竺葵红色，肉质较脆，肥厚多汁，风味酸甜可口，可溶性固形物含量 18.1%。粘核，卵圆形。在山东烟台 6 月底 7 月初果实成熟。耐贮运，较抗裂果。

15. 岱红　山东农业大学实生选育，2002 年通过了山东省林木品种审定委员会审定。

主要经济性状：幼树花束状果枝比例为 51.1%，中果枝比例为 42.2%，混合果枝比例为 6.7%；幼树叶丛枝成花率为 57.5%，中枝成花率为 82.6%，长枝成花率为 57.1%；花朵自然坐果率为 54.6%。4 年生岱红甜樱桃亩产可达 1 000 千克。成熟期较早；果实较大，平均单果重 10.6 克；早产性和丰产性较好，高接第二年结实，到第四年亩产可达 1 000 千克以上。果形端正，果柄短，裂果较少，品质较好，含糖量高，耐贮运性中等，注意选择好适宜的授粉株。

16. 龙冠　中国农业科学院郑州果树研究所用那翁与大紫杂交选育而成。1996 年 5 月通过河南省农作物品种审定委员会审定。

主要经济性状：树势强健，树姿较直立，每花序可坐果 1～4 个，多为 2～3 个。果形呈宽心形果实个大，平均单果重 6.8 克，最大可达 12 克。果柄长。果皮宝石红色，晶莹亮泽，艳丽诱人。果肉及汁液呈紫红色，汁中多，酸甜适口，风味浓郁，品质优良，含可溶性固形物13%～16%，总酸0.78%，每100克果肉维生素C含量45.7毫克。果实肉质较硬，耐贮运性好，常温下货架期6～7天。果核呈椭圆形，粘核。在郑州地区5月中旬成熟，比大紫早熟7～8天。果实发育期40天左右。花芽抗寒性较强，开花整齐，自然授粉坐果率在25%以上，产量稳定，盛果期亩产量可达1 200～1 500千克。适宜授粉品种为红蜜和3-9。该品种适宜在全国各甜樱桃产区特别是中原地区发展，有较好的发展前景。

17. 黑珍珠 烟台市农业科学院果树研究所在当地大樱桃生产园中选出的优良单株，其父母本不祥。暂定名黑珍珠，2006年通过山东省科技厅组织的专家审定。

主要经济性状：成枝力强（外围新梢短截可发3～5个长条），易成花，当年生枝条基部易形成腋花芽，粗壮的大长枝条甩放后，易形成成串的花芽，具有良好的早产性。盛果期树以短果枝和花束状果枝结果为主，伴有腋花芽结果。自花结实率高达85%，极丰产是其突出优点之一。无畸形果，果实在树上挂果时间长，延期采收10～15天果肉不变软，一次即可采收完毕。在山东省栖霞市，黑珍珠4月18日左右盛花，6月上旬果实开始变红，6月中下旬果实成熟。果实肾形，直径约1.0～1.5毫米，果个大，平均单果重11.0克，最大单果重16.0克，亩产量达3 500千克时，单果重仍在8.5克以上，果实紫黑色，有光泽，黑单透亮，果顶稍四陷，果顶脐点大，缝合线色淡，不很明显，缝合线对面四陷，两边果肉稍凸。果柄长3.05厘米。果肉、果汁深红色，肉质脆硬，风味甜，风味品质优，可溶性固形物含量17.5%，耐贮运。

18. 秦樱1号 由西北农林科技大学育成，系布莱特突变优系，2005年通过陕西省审定。

主要经济性状：树体健壮，高3～4米，嫩枝绿色，多年生枝灰棕色，树皮黑褐色。叶片倒卵圆形或卵形。定植后2～3年开始结果，第五年可进入盛果期。在西安地区开花盛期为3月下旬，5月上旬果实成熟，比红灯早10天。果实心形，单果重8克左右。果皮紫红色，有光泽，外观美。可溶性固形物含量16.1%，口味酸甜适中，品质佳，为陕西省主要早熟栽培品种。

19. 吉美　由西北农林科技大学从匈牙利选育而成，属自然杂交。2005年通过陕西省审定。

主要经济性状：树势健壮，早果性强，丰产性好，抗寒、抗晚霜。树高3.5～4.5米。果实心形，果个大。果皮紫红色，具光泽，口味酸甜适中，品质佳。果肉硬，耐贮运。开花晚，成熟晚。西安地区3月底盛花，5月下旬至6月上旬成熟，熟期比红灯晚25天。该品种是目前陕西省主要晚熟栽培品种，适合在渭北南部、关中、陕南，陇海线周边地区种植。

第二节　品种选择与授粉品种配置

一、品种选择

选择合理的甜樱桃品种是达到优质、高产、稳产的前提，也是获得最高经济效益的先决条件。在选择栽培品种时，不仅要考虑其果实的性状，更要考虑其商品性，选择综合栽培性状好、市场竞争力强、经济效益高的品种。就品种而言，为提高生产效益，要解决好以下三个关键环节：即确定品种选择的依据、栽植适宜的优良品种和适时进行品种更新。纵观国内外甜樱桃的生产现状和发展趋势，在选择栽培品种时，应遵循以下几点：

（一）适地栽培

选择与甜樱桃生长发育相适应的地区栽培甜樱桃，此外还要选择与当地自然经济条件相适应的品种。选择品种时，首先要考虑温度、降水和日照等气候条件，栽培品种必须与这些条件相适应。如适栽区域偏北的地区，要尽量选用耐寒力较强、抗裂果的中、晚熟品种；在偏南的地区，则应选择需冷量低、抗裂果的早、中熟品种；晚霜为害严重的地区，要选择花期耐霜害的品种。其次，要注意当地相关的社会经济条件，如交通不方便的地区，应发展耐贮运的品种；有果品加工企业的地方，可选择中、晚熟和耐贮的品种，或适当栽植加工用的品种，以及鲜食与加工兼用的品种。

（二）综合栽培性状优良

根据当地气候特点，选择熟期适宜，丰产、稳产性好，适应性、抗逆性强，综合栽培性状优良的品种。选择保护地栽培品种和授粉品种的原则是，主栽品种应具有果个大（平均单果重 8 克以上），果色红，果柄短粗，早、中熟，抗裂果，需冷量低，能自花结实或自花结实率高等性状；授粉品种应具有花粉量大，与主栽品种授粉亲和性好、需冷量相近、果个大、品质好的性状。

（三）果实商品价值高

甜樱桃果实的商品价值，是决定栽培效益高低的最重要因素。在甜樱桃品种综合栽培性状较好的前提下，果实品质是决定果实商品价值的关键因素。选用果个大、果柄短粗、色泽艳丽一致、果肉硬度较大、耐贮运、口感风味好、抗裂果、商品价值高的品种。

（四）品种结构优

首先，要增加优良品种的栽植面积，不断提升优良品种比例，尽快从整体上实现栽培品种优良化。其次，要使早、中、晚熟品种合理搭配。主栽品种也不应只是一个，以避免采收、销售过于集中。要根据当地自然条件，科学确定不同成熟期的品种比例。适栽区偏南的地区，如山东半岛、黄河中游地区和皖西地区等，樱桃物候期早，果实成熟早，早熟品种可以早供市，商品价值会高。在这些地区，应以栽植早熟品种为主，使之成为重点早熟栽培区。而偏北的地区，如辽宁大连等地区，物候期晚，相同品种的果实成熟期比偏南的地区晚很多。这些地区的早熟品种供市期，与南部地区中、晚熟品种的成熟期相近，因而没有市场竞争力；而这些地区的晚熟品种的成熟期，正是南部地区无鲜果成熟供市时，则有很大的市场空间。因此，这些地区应以栽植晚熟品种为主，使之成为晚熟品种优势区。第三，要以栽植鲜食品种为主，兼顾加工品种。当前，国内外市场对甜樱桃的主要需求是鲜果。在这种情况下，甜樱桃栽培以鲜食品种为主是符合客观实际的。但是，也应看到，随着甜樱桃栽培面积和产量的增加，以及人们生活水平的提高，甜樱桃的果品加工业会得到相应的新发展，对加工原料将出现新的需求。鉴于这种情况，甜樱桃栽培在以鲜食品种为主的前提下，应适当栽培加工和鲜食兼用品种，特别是现在已有相关加工产业的地区，更应有所考虑，以便更好地满足市场的需要。

（五）市场空间大

要观察分析市场需求现状和发展趋势，在立足于满足当前市场需要的同时，兼顾未来发展的新趋势，选择适宜品种，做到果品既在近期有较强的竞争力，又能保持今后有较好的销售前景，使果品有更大的市场空间。

二、授粉品种配置

甜樱桃多数品种自花不实，即使是自花结实品种，配置授粉树后也能显著提高坐果率，增加产量。因此，在甜樱桃园中，只有配置足够数量的授粉树，才能满足授粉、结实的需要。生产实践表明，授粉品种最低不能少于30%，以3个主栽品种混栽，各为1/3为宜。果园面积较小时，授粉树要占40%～50%，这样才能满足授粉的需要。授粉树距离不能大于12米。若果园授粉品种配置比例较低，授粉树配置距离过大，易出现坐果率低的问题，影响产量。

授粉品种选择时，要满足以下条件：其一，选择与主栽品种授粉亲和的品种为授粉品种，即选择S等位基因与所有的主栽品种都不完全相同的品种。对已知S基因型的主栽品种，可以根据品种的S基因型来判断，应选用与主栽品种不在同一组群的品种作为授粉品种；对于未知S基因型的主栽品种，可以依据品种间亲缘关系的远近，选择关系远的品种，并经田间授粉试验确认为具有高亲和性的品种为授粉品种；其二，花期必须与主栽品种一致。甜樱桃开花时期的早晚因品种有一定差异，开花早与开花晚的品种之间花期相差5～12天，在确定授粉品种时，应考虑各品种开花期的早晚，授粉品种与主栽品种的花期应一致，或者比主栽品种早1～2天开花，这样才不会误过最佳授粉期；其三授粉品种丰产性、果实品质、适应性等综合性状良好。授粉品种本身必须是综合经济性状优良的品种，与主栽品种可互为授粉结实。事实上，多数品种花粉量均较大，花期也较相近，因此，在选择授粉品种时关键是选用能产生正常花粉和异花授粉能结实的品种。在实际生产中，为了提高坐果率，保证稳产、丰产，一般需要配置3～4个可以相互授粉的品种。

甜樱桃授粉不授粉亲和与否在遗传上由单个基因位点的一对S等位基因控制，目前甜樱桃已研究发现S_1～S_{13} 13个S基因位点，自交不亲和基因型组合22个。一些甜樱桃园虽然搭配了不同的品种进行授粉，但结实率仍然较低，主要原因是授粉树与主栽品种的S基因型相同，属于相同的不亲和组群。目前生产上主栽品种红灯、布莱特、莫莉、美早、莱州早红、早红宝石等品种的S基因型为S_3S_9，相互授粉不结实；奇好、早大果、友谊、极佳4个品种的S基因型同为S_1S_9，相互授粉不结实，必须配置其他S基因型的授粉品种才能保证较高的坐果率（甜樱桃主要不亲和品种组群及其基因型见表3-1、表3-2）。表3-3是当前甜樱桃主要栽培品种的建议适宜授粉品种。

表3-1 甜樱桃主要不亲和品种组群及其基因型

不亲和组群	S基因型	品种
Ⅰ	S_1S_2	萨米脱、斯帕克里、大紫、法兰西皇帝B、巨早红
Ⅱ	S_1S_3	先锋、雷洁娜、Gil peck、Olympus、Samba、Sonnet、Sumele
Ⅲ	S_3S_4	宾库、那翁、兰伯特、Ulstar、Yellow Spanish、Star、法兰西皇帝、安吉拉
Ⅳ	S_2S_3	伟格、马苏德、林达、Rubin、Sue、维克托
Ⅵ	S_3S_6	黄玉、柯迪亚、南阳、佐藤锦、红蜜、5-106、宇宙
Ⅶ	S_3S_5	海蒂芬根
Ⅷ	S_2S_5	Vista
Ⅸ	S_1S_4	雷尼、塞艾维亚、Black Giant、Viscount
Ⅹ	S_6S_9	晚红珠、Black Tartarian E
Ⅺ	S_2S_7	早紫
Ⅻ	S_5S_{13}	卡塔林、马格特、萨姆、斯克奈特
XIII	S_2S_4	维克、莫愁
XVI	S_3S_9	红灯、布莱特、莫莉、莱州早红、美早、早红宝石、抉择、红艳
XVII	S_4S_6	佳红、京选1号、北2-2
XVIII	S_1S_9	早大果、奇好、友谊、极佳
XX	S_1S_6	红清、Mermat
XXI	S_4S_9	龙冠、巨红、早红珠

表 3-2　甜樱桃主栽品种花期及品种间授粉亲和性

序号	品　　种 (按花期早晚排列)	S基因型	1 拉宾斯	2 莱州早红	3 那翁	4 甜心	5 索纳塔	6 雷尼	7 塔顿	8 滨库	9 先锋	10 斯克奈特	11 萨米脱	12 萨姆	13 奥林巴斯	14 雷洁娜	15 塞艾维亚
1	拉宾斯	Self	S														
2	莱州早红	S_3S_9		×					×								
3	那翁	S_3S_4			×					×							
4	甜心	Self				S											
5	索纳塔	Self					S										
6	雷尼	S_1S_4						×									×
7	美早	S_3S_9		×					×								
8	滨库	S_3S_4			×					×							
9	先锋	S_1S_3									×				×	×	
10	斯克奈特	S_2S_4										×		×			
11	萨米脱	S_1S_2											×				
12	萨姆	S_2S_4										×		×			
13	奥林巴斯	S_1S_3									×				×		
14	雷洁娜	S_1S_3									×					×	
15	塞艾维亚	S_1S_4						×									×
			S=自花结实，×=授粉不亲和，空白为授粉亲和														

表 3-3　主栽品种适宜授粉品种

主栽品种	适宜授粉品种
早大果	莱州早红、红灯、布鲁克斯、桑提娜、萨米脱、先锋、早红宝石、布莱特
红灯	布鲁克斯、红宝石、佳红、早大果、桑提娜、先锋、萨米脱、拉宾斯
桑提娜	早大果、红宝石、莱州早红、美早、萨米脱、拉宾斯、先锋
布鲁克斯	桑提娜、莱州早红、萨米脱、雷尼、友谊、宾库、佳红、先锋

（续）

主栽品种	适宜授粉品种
美早	桑提娜、萨米脱、雷尼、奇好、佳红、先锋、拉宾斯、友谊
萨米脱	桑提娜、莱州早红、先锋、雷尼、奇好、拉宾斯、友谊
拉宾斯	莱州早红、桑提娜、雷尼、友谊、斯得拉、甜心、先锋、晚红珠
莱州早红	桑提娜、佳红、雷尼、拉宾斯、斯得拉、甜心、晚红珠、先锋、友谊
友谊	桑提娜、莱州早红、先锋、斯得拉、甜心、晚红珠、拉宾斯

第三节　主要砧木品种

根据砧木对甜樱桃品种生长发育的影响，将国内外主要的砧木简要介绍如下：

一、乔化砧木

1. 中国樱桃　中国樱桃类型繁多，品种资源丰富，分布广，中国樱桃繁殖容易，播种、分株、压条、扦插皆可，与甜樱桃嫁接亲和力强，成活率高。中国樱桃实生苗较抗根癌病，但病毒病较重。用健康树作为母树无性繁殖的苗生长健壮，几乎无病毒病症状。目前生产上常用的是草樱桃、大窝娄叶、莱阳矮樱、陕西玛瑙樱桃等。

草樱桃是中国樱桃的一种类型，树势强，树姿开张。每千克种子 10 000～11 000 粒，发芽率一般 50%左右。除用播种法繁殖外，也可用分株、压条、扦插等法繁殖。该砧木耐旱、耐瘠薄，对根癌病有较高的抗性。对土壤适应性较强；与甜樱桃嫁接亲和力较强，无大小脚现象，嫁接树生长发育健壮，休眠期长，抗逆性强，在 pH8 以上的土壤上易出现黄化现象，抗寒力较差。

莱阳矮樱是中国樱桃的一个变种，20 世纪 80 年代发现，1991 年通过鉴定并命名。许多地区引作甜樱桃的矮化砧木，其分蘖、扦插苗与甜樱桃亲和力好，前期有一定的矮化效果，4 年生树冠为以考特作砧的 2/3 左右，早果性也较明显。根系较发达，须根多，固地性强，几乎不患根癌病，但抗涝性差。莱阳矮樱桃被认为是目前极有发展前途的砧木之一。

2. 山樱桃　山樱桃是辽宁省农业科学院园艺研究所和本溪果农从辽东山区野生资源中筛选出的。本溪山樱主要分布于辽宁本溪、宽甸、凤城、丹东等地，山东昆嵛山区也有分布。山樱桃为高大乔木，树高 15～20 米。每千克种子粒数 10 000～12 000 粒，种子发芽率高达 90%以上，播种当年砧苗生长健壮，可供芽接株率达 80%以上。实生苗未发现有病毒病，根系发达，对土壤适应能力强，耐瘠薄，抗寒耐旱性强，在沈阳可正常越冬。与甜樱桃嫁接亲和，成活率高，结果早，但嫁接口小脚现象严重，结果树的树冠略小于大青叶，不抗涝，根癌病较重。

3. 马扎德（Mazzard）　马扎德产于欧洲西部，在欧洲用作甜樱桃砧木已有 2 000 多年的历史，美国 18 世纪开始使用，为北美地区应用最普遍的甜樱桃砧木。种子繁殖，每千克种子数 5 000～6 000 粒，种子发芽率高，可达 80%以上。生长旺盛，树势强健。用马扎德作砧木嫁接的树体寿命长，产量高，固地性强，耐瘠薄、耐黏重土壤、耐旱、耐湿。主要缺点是树冠大、进入盛果期晚，对细菌性溃疡病、萎蔫病、根瘤病和褐腐病均敏感。

F12/1 砧木是马扎德中选出的优良无性系，对假单胞菌属细菌引起的溃疡病有较强抗性，但易感细菌性根癌病。与马扎德实生砧比较，分枝角度大，结果早，但抗寒力较低。在美国太平洋沿岸各州用做砧木高接甜樱桃。

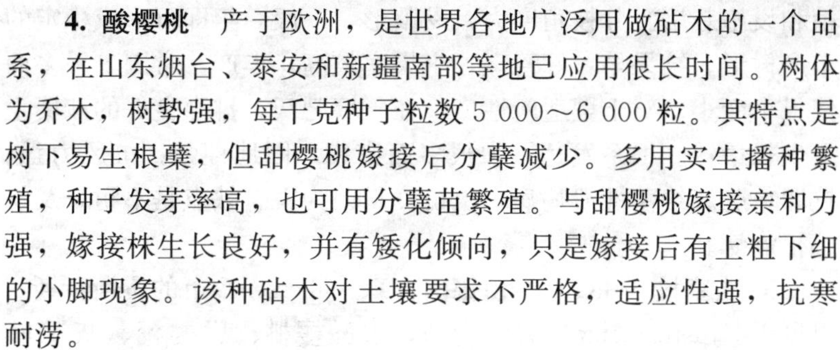

4. 酸樱桃　产于欧洲，是世界各地广泛用做砧木的一个品系，在山东烟台、泰安和新疆南部等地已应用很长时间。树体为乔木，树势强，每千克种子粒数 5 000～6 000 粒。其特点是树下易生根蘖，但甜樱桃嫁接后分蘖减少。多用实生播种繁殖，种子发芽率高，也可用分蘖苗繁殖。与甜樱桃嫁接亲和力强，嫁接株生长良好，并有矮化倾向，只是嫁接后有上粗下细的小脚现象。该种砧木对土壤要求不严格，适应性强，抗寒耐涝。

二、矮化砧木

1. 马哈利（Mahaleb）　马哈利原产欧洲中部，是欧美各国最普遍应用的甜樱桃的砧木，我国大连、秦皇岛、陕西等地区应用较多。马哈利 CDR－1 是西北农林科技大学从马哈利樱桃自然杂交种的实生苗中选出的抗根癌病砧木，2005 年通过陕西省林木品种审定委员会审定。每千克种子粒数达 12 000～15 000 粒，经沙藏处理后，发芽率可达 90%，多用实生播种繁殖。出苗率高，幼苗生长整齐，播种当年可供芽接株率达 95%以上，与甜樱桃嫁接亲和力强，接口愈合良好，苗木生长健壮，成苗快，有矮化作用，结果较早，耐旱、耐瘠、耐寒，根癌病、萎蔫病和细菌性溃疡病比马扎德轻。对疫霉病敏感，易感褐腐病。不适宜潮湿、黏重的土壤。有小脚病现象。定植时应将接口埋在土表以下。

2. 考特（Colt）　考特是英国东茂林试验站用欧洲甜樱桃和中国樱桃做亲本，培育出的第一个甜樱桃半矮化砧木，1977 年推出，1985 年引入中国山东。其分蘖力和生根能力均强，所以扦插和组织培养繁殖容易，栽植成活率高。与甜樱桃亲和性好，嫁接树初期树势较强，随树龄增长逐渐缓和，进入结果期树势中庸，半矮化，嫁接的甜樱桃树体仅有乔化砧的 2/3，适于矮化密植和设施栽培。分枝角度大，易整形，一般 3 年即可形成稳定的丰产树形。结果早，好管理，坐果率较高，丰产，常因坐果多而使果个变小。对土壤适应性广，在土壤肥沃、排灌良好的沙壤土上生长最佳。根系发达，须根多而密集，固地性强，抗风力强。抗假单胞属细菌性溃疡病，也抗疫霉菌为害。缺点是不耐旱及易感根癌病。

3. 吉塞拉（Gisela） 由德国吉森（Giessen）市的贾斯特斯·里贝哥（JustusLiebig）大学育成，由酸樱桃、甜樱桃、灰毛叶樱桃和灌木樱桃等种间杂交选出。德国 Justus Liebig 大学选育出 25 个 Giessen 砧木，中国称吉塞拉系列。吉塞拉系列砧木品种（系）共同的特点是：①与欧洲甜樱桃品种嫁接亲和力强；②对土壤适应性广，且非常适于黏重土壤栽培；③嫁接的甜樱桃品种早果性、丰产性好；④抗寒性都优于马扎德 F12/1 和考特；⑤对根癌病有较好的抗性。其中吉塞拉 5 号、吉塞拉 6 号、吉塞拉 12 号还耐多种病毒病和细菌性溃疡病；⑥从抗李矮缩病毒（PDV）和李属坏死环斑病毒（PNRSV）来说，吉塞拉系列不如马扎德、马哈利和考特。吉塞拉系列砧木已在德国等欧洲各国及美国、加拿大、澳大利亚、新西兰推广应用。

吉塞拉 5 号为标准的矮化砧，其嫁接树的树冠只有标准乔化砧马扎德的 45%～50%，其突出的优点是早果性极好，嫁接的甜樱桃第二年开始结果，第三年株产 10 千克以上。缺点是要求很好的土壤肥力和水肥管理水平，否则将出现早衰，并需立柱支撑。吉塞拉 6 号属半矮化砧，其树冠体积是马扎德的 70%～80%，长势强于吉塞拉 5 号。接树树体开张，圆头形，开花早、结果量大。适应各种类型土壤，固地性能好，在黏土地上生长良好，萌蘖少，抗病毒病。

4. ZY-1 ZY-1 为半矮化砧，根系发达，生长健壮，对气候和土壤有较广泛的适应性，在 pH8.4 以下的土壤（极黏重土

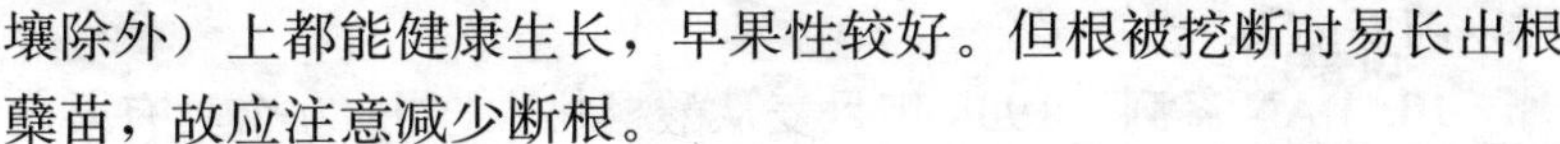

壤除外）上都能健康生长，早果性较好。但根被挖断时易长出根蘖苗，故应注意减少断根。

5. CAB 系列　CAB 系列是意大利从酸樱桃中选出的品系，其中 CAB-6P 和 CAB-11E 为半矮化砧，其生长量比马扎德小20%～30%。与主栽甜樱桃嫁接亲和性极好，适应性广，根系发达，早果性、丰产性、稳产性非常明显。

6. M×M 系列　M×M 系列为美国俄勒岗州从马哈利的实生苗中选出。在美国果园该砧木的根蘖苗较多，而在法国则少一些，在美国该砧木的早果性不如考特。

M×M14 是该系列中最矮化的选系，生长量为马扎德无性系 F12/1 的 40%～60%。在法国，表现出抗石灰土引起的叶片黄化，比法国选出的 SL.64 早两年结果，抗根腐病的两个种和细菌性溃疡病。

7. Pi-Ku 系列　德国 Dresden-Pillniz 果树研究站育成欧洲甜樱桃矮化砧木 Pi-Ku 系列，其中以 Pi-Ku 4.20 为砧木嫁接的欧洲甜樱桃品种的树冠约为马扎德作砧木的 50%～60%，其矮化效果、早果性、丰产性、果实大小等方面与 Gisela5 作砧木很相似。

8. Tabel/Edabriz　1989 年法国的 Edin，M. 选出甜樱桃的矮化砧木 Edabriz。Edabriz 可用半木质化枝条扦插和组织培养繁殖，与所有的甜樱桃品种嫁接亲和力都强，与酸樱桃的亲和性也很好，其嫁接树非常矮化，生长量只有马扎德 F12/1 的 15%～20%，但矮化程度不稳定，在一些地方树体大小为马扎德 F12/1 的 60%。该砧木早结果、丰产，适于壤土和黏土种植；但在干旱地区特别是在高 pH 值的园地生长不旺。

9. Weiroot 系列　德国 M. Feuchts 教授从欧洲酸樱桃实生苗中选出表现一定矮化作用的第一代砧木 Weiroot 系列，最矮化的是 W72，其次是 W53，这些砧木的矮化性能和丰产性能略优于考特和马扎德，但不如 Gisela5，而 Rolf Stehr 博士认为 W158

可以与 Gisela5 相媲美。

10. DAN 系列 1986 年丹麦从酸樱桃中选出 20 个具有矮化性状的无性系砧木，其中 11 个有希望的砧木在实验中定名为 DAN 系列。较理想的为 DAN6 号和 12 号，树冠的体积是以考特为砧木的 58%，丰产性也好。

11. Rus - 25 Rus - 25 是从草原樱桃（*Cerasus fruticosa*）中选出的甜樱桃矮化砧木，该砧木根系发达，抗旱、抗寒，与甜樱桃品种嫁接亲和力强，树体矮化，成花结果早。

12. 凯米尔（Camil，代号 CM79） 比利时育成，从灰叶毛樱桃（*Prunus canescens*）自然杂交实生苗中选出，矮化程度为 F12/1 树冠的 50%或 2/3。该砧木固地性好，不用支架，根蘖与欧洲甜樱桃（*P. avium*）类同，与大多数品种嫁接亲和力强，丰产性好，开花早，成熟期比 F12/1 早 7 天，果实品质好。

13. 戴米尔（Damil，代号 CM61/1） 比利时育成，与大多数品种亲和力强，矮化程度一般，易繁殖，根蘖很少或没有，树冠的体积仅是 F12/1 的 50%，丰产性好。

14. Edabriz Edabriz 是法国目前广泛应用的甜樱桃矮化砧木。其树冠体积是 F12/1 的 50%～60%，结果早，栽植后 2～3 年即可结果。该砧木适宜坐果率较低品种（如萨米脱），与其他品种搭配（如先锋），易造成产量过高，果实变小。但该砧木抗风性较差，不适宜在高温和干旱的地区栽培。

第四章 苗木繁育

第一节 砧木苗的繁育

甜樱桃砧木苗繁殖的方法主要有实生繁殖、分株繁殖、压条繁殖和扦插繁殖等。

甜樱桃的繁殖方法主要以嫁接为主，砧木苗的繁育是其先决条件。砧木苗的繁育方法有实生播种、分株育苗、压条育苗、组织培养快繁和扦插育苗。实生播种、分株育苗和压条育苗工作量大、经济效益低；组织培养快繁成本高、出苗率低；而嫩枝扦插育苗具有操作简单、省工省力、繁殖快、数量大、成本低、经济效益高等优点。

一、实生播种

砧木种子的采集和处理。山樱桃、实生黄樱桃和马哈利樱桃虽然 5、6 年生可开花结果，但作为繁殖用的种子，应以 10～15 年生、无病虫害的健壮大树作为母树采种。采种时，应注意果实充分成熟后采集。采集后，应立即将果实浸在水中搓洗，弃去果肉、果梗和漂浮的秕粒以及其他杂物。然后将沉入水底充实的种子捞出晾干备用。将种子混以 3 倍湿沙，层积贮藏，完成后熟后，便具备了萌发的能力，当春季地温回升后，即可将种子取出，移至 20℃以上的室内进行催芽。当 50%左右的种子破壳露白时便可取出播种。

播种及苗期管理。播种期分为春播和秋播，春播发芽率高，栽培管理期短，为通常采用的播种时期。春播在 3 月中旬至 4 月上旬，5 厘米深处土壤地温稳定在 5℃以上时进行。播种时按行距 30 厘米左右开沟，条播、点播皆可，点播株距 12 厘米一穴为宜，每穴点播种子 5 粒以上。樱桃种子顶土能力弱，不能深播，播种深度 2～3 厘米为宜，播后先盖 1 厘米厚的细河沙，上边覆 1～2 厘米厚的锯末或谷糠。这样既保湿，又防止土壤板结，有利于出苗。最好的方法是在播前灌足底墒水，趁土壤干湿合适时播种、覆土、加盖农膜，可早出苗，提高出苗率。

播种后至出苗前这一阶段主要是水分管理。催芽播种时如遇干旱要及时灌水，宜小水灌溉，切忌大水漫灌。当幼苗地上长出真叶，地下出现侧根时，开始自行制造养分。此时苗木幼嫩，根系分布较浅，对不良环境的抵抗力较低，应注意防止低温、高温、干旱、水涝及病虫为害，同时应注意控制肥水。对幼苗进行适当"蹲苗"锻炼，届时应及时进行移植或间苗、定植。

二、分株育苗

分株用的"母苗"，既可用采自大叶型草樱桃的根蘖苗，也可用不够嫁接粗度的大叶型草樱桃砧木苗。只要是带根的（哪怕是只有极短小的少量根），就可供分株育苗之用。分株栽植的适宜时间，为春分前后。

分株育苗的具体方法是，将分蘖苗由分根处劈下，按 7～8 厘米株距，70～80 厘米行距栽植。栽后，留 20 厘米高剪断，随灌大水"坐苗"。

经过 10～15 天，芽萌动时，灌一次大水。此后半月，再灌一次大水。每次灌水后，要随即中耕保墒。在顶端新梢生长到

20 厘米时，追施一次速效性氮肥，每公顷施人粪尿 15 吨，或尿素 225 千克。施后灌水，以尽快发挥肥效，促进苗木生长。7 月下旬砧苗加长生长缓慢、加粗生长加快时，再追施一次速效氮肥，每公顷施人粪尿 15 吨，或尿素 225 千克。随水施入，促使苗木增粗，以增加当年可以嫁接的砧苗数量。

分株育苗繁殖系数较高。一般每株母苗当年可分生 6～7 株砧苗，少数 2～3 株。分株当年 6 月份，每株母苗上一般有 1～2 株砧苗达到芽接粗度，可以进行芽接，当年出圃。部分砧苗可待 8～9 月份芽接，生产半成品苗，当年不足芽接粗度的，次春可再分株移栽，继续繁殖砧苗。分株苗分根以下的母苗部分，春季可行劈接。这样，应用分株法繁育砧苗时，当年一般每公顷可出圃成品苗 7.5 万～9.0 万株，生产半成品苗（接芽苗）18.0 万～22.5 万株，分株砧苗 7.5 万株左右。次春，还可生产部分板片芽接苗。

三、压条育苗

1. 水平压条　水平压条多在 7～8 月份雨季进行。压条时，将靠近地面的、具有多个侧枝的 2 年生萌条，水平横压于圃地的浅沟内，然后覆土。覆土厚度，以使侧枝露出地面为度。次年春季，将生有根系的压条分段剪开，移栽后，供嫁接用。

2. 埋干压条　春季，在圃地内按 50 厘米行距，开作深 10～15 厘米的浅沟，将砧苗顺沟栽植，覆土后踏实根部。将苗茎顺沟压倒，其上覆土厚 2 厘米，灌足底水。砧苗成活后，萌发大量萌条。当萌条生长到高 10 厘米左右时，在其基部培土，促使生根，秋季落叶后，将苗木刨起，按株分段剪开即可。采用这种方法，一般每株埋干苗，可繁殖砧苗 4～5 株。

压条繁殖时，圃地的整理、施肥和灌水等，与分株育苗相同。

四、扦插繁殖

砧木的品种特性不同，宜采用的育苗方法也不同。对于扦插比较容易生根的品种则可选用扦插进行苗木繁育，例如草樱桃和中国樱桃。扦插繁殖分为硬枝扦插和绿枝扦插两种。目前硬枝扦插应用较广，但对某些品种如吉塞拉采用硬枝扦插生根效果不好，生根率较低。绿枝扦插法需要有弥雾设备，生产上应用较少，吉塞拉采用嫩枝扦插生根效果良好。

（一）硬枝扦插

1. 扦插时期　樱桃硬枝扦插宜在春季树汁液流动时进行。山东胶东地区在3月下旬，鲁中南及苏北、皖北地区在3月上中旬，长江以南地区春季回暖较早，可在2月底至3月初进行扦插。

2. 插条的选择和处理　硬枝扦插的插条应选择品质优良、丰产、稳产、生长健壮、无病虫害的树作为母树，最好采集树冠外围粗壮的1年生枝，基部带一段2～3年生枝段。插条可结合冬季休剪，将剪下的枝条沙藏保存，春季进行扦插。秋末采集插条可在落叶后封冻前进行。也可在春季随采随插。

沙藏方法：将采集的插条剪成15～20厘米的枝段，下端剪成马耳形，每50～100条1捆，放到菜窖内或开沟用湿沙埋藏。埋藏沟宜选在背阴高燥处，沟宽1米、深50厘米，长度随插条数量而定。沟底先铺10厘米厚的湿沙。沙的湿度以手握成团，伸开手即散为度。然后将插条斜放在沙上，再向上填埋湿沙，边填湿沙边摇动插条，使湿沙填满空隙，直到埋过插条15厘米以上为止，最后再根据冻土层的厚度培土30～40厘米，顶部培成鱼脊状，或用瓦片覆盖，以防雨雪渗入引起霉烂。在沙藏期间，要检查1～2次，防干、防湿。

3. 扦插的方法　扦插苗圃地宜选择排水良好，有灌溉条件的壤土或沙壤土地。沙土在春季和夏季地表温度高，砧苗萌发后易受灼伤，致使砧苗长势不良，或干枯死亡，不适育苗。扦插前进行深翻整地，施足基肥，一般每公顷施厩肥5万千克或人粪干1.5万千克。深翻整平后，做宽1米、长10米的平畦。畦内开4条浅沟，将插条间隔15～20厘米稍斜插入沟内，用行间土覆盖插条，覆土厚度以埋过插条顶部2～3厘米为宜，以防春即旱害和冻害。

扦插时若需覆盖地膜，则应先对插条进行顶部2厘米蜡封。蜡封插条的方法是将装有石蜡的铁桶，放在水中加热至石蜡沸腾，将插条顶端迅速插入蜡液中达2厘米左右迅速取出。苗圃地选择、施肥及整地同上，作好畦后先浇透水，待水沉实后盖上地膜，沿行向用尖木棒扎孔（间距为15～20厘米），随后插入顶端有石蜡的插条，其顶端1～2个芽露在膜外，用壶浇水使土将插孔填满，插条与土壤密接即可。覆地膜扦插虽然投资较大，但可有效提高地温并利于保墒，而顶芽露在膜外，可延迟发芽，减少养分消耗，有利于生根，成活率较高。

为提高出苗率，扦插前还可将插条下端泡于100毫克/千克生根粉或50～100毫克/千克的吲哚乙酸（IBA）溶液（注意液面高度不超过5厘米）4～5小时，取出来后立即扦插。也有研究表明用2 000微摩尔/升水杨酸与1 000毫克/升吲哚丁酸协同作用可使吉塞拉6号嫩枝扦插生根率达98%，同时生根质量和成苗率都有所提高。如果土壤黏重，可用高垄斜插法。垄高10～12厘米，垄距30厘米。插条倾斜60°插入土中，然后覆土，覆土厚度以埋过顶芽2～3厘米为宜。

4. 扦插苗的管理　扦插后经过10～15天，枝条开始发芽，基部切口长出愈伤组织，还没生根之前，要浇一次小水，以浇透下层泥土为宜，这次灌水对扦插很关键。因为刚刚萌芽展叶，并不意味已经生根成苗，这是由枝条贮存的营养引起的萌芽展叶。

当苗新梢长到20厘米时，结合灌水施一次速效肥，亩施尿素7千克（或人粪尿1 000千克）以促进幼苗生长。苗成活后需及时抹芽。

6月下旬至7月上旬雨季来临前，沿苗行起垄培土。培土厚度约超过插穗顶端3厘米，以埋住新梢基部为度，促使生根。培土，不宜过早、过晚，也不宜过厚、过浅。过早、过厚，易将插穗上初萌发的嫩梢埋住，砧苗长势衰弱。过晚、过浅，则新梢基部生根不良。据调查，覆土适宜的，每株生根20余条。覆土过浅的，每株仅生根1～2条。7月下旬砧苗加长生长缓慢、加粗增长加快时，再追施1次速效氮肥，每公顷15吨，或尿素225千克。随水施入，促使苗木增粗，以增加当年可以嫁接的砧木数量。

（二）嫩枝扦插

甜樱桃砧木吉塞拉采用嫩枝扦插技术进行繁育，不仅可以降低育苗成本，还可以提高育苗数量，缩短苗木繁育周期。

1. 扦插时期 樱桃嫩枝扦插易在新梢未全木质化以前进行，一般6～9月均可进行扦插，但以6～7月效果最好，此时新梢木质化程度不高，生命力较强，成活率最高。要避开雨季，避免因水分过多、土壤透气不良出现烂条现象。

2. 插条的选择和处理 绿枝扦插所用插条可选用半木质化的当年生新梢，粗约0.3厘米，过粗不易生根，过细营养不足，生根不好。采下后立即剪成10～15厘米左右长的枝段，摘除其下部叶片，只保留顶部2～3片叶。随采随插（图4-1）。

3. 扦插的方法 扦插基质选用蛭石、珍珠岩、河沙等材料，单用或混用以达到疏松透气，排水性能好的目的，扦插前床面用0.5%高锰酸钾溶液消毒备用。插床为砖石混合结构，宽130厘米、长9米、深25厘米、床底部铺10厘米厚小石子，必须保持排水通畅。

扦插在大棚内进行（图4-2），要求大棚内白天温度30～40℃，夜间温度25～30℃。温度对嫩枝扦插的效果有重要影响。温度的变化能够影响嫩枝扦插诱导生根的效率，在适宜的温度下，插穗能够进行强烈的呼吸作用，为生根进行能量代谢；但较高的温度也能够造成叶片蒸腾的增加，不利于成活；较低的温度则不利于根系的诱导和生长。扦插初期棚内空气相对湿度为90%～100%，扦插后2～3周，待新根长出后湿度逐渐降至60%～80%。采用弥雾和中午用遮阳网遮阴的方法保持棚内湿度，并进行药剂处理，防止感染立枯病等病害。

图4-1 嫩枝扦插生根情况

图4-2 嫩枝扦插

4. 扦插后管理 扦插后4～5周，新根长至2～3厘米时，即可移栽。先移栽到营养钵中进行炼苗，覆盖遮阳网，尽量减少在阳光下的暴露时间，浇透水。中午喷水2～3次，20天后撤去遮阳网。1个月后移栽到大田。

幼苗抗病力弱，喷甲基托布津或代森锰锌以防病害发生。叶面喷施0.1%的磷酸二氢钾，使苗木生长健壮。7月上中旬前移栽的苗当年秋天可嫁接，7月中旬以后移栽的苗第二年才可嫁接。

五、组织培养繁殖苗

组培快繁就是利用植物组织培养技术快速繁殖苗木。组织培养技术是指在无菌的条件下，将离体的植物器官（根、茎、叶、花、果实、种子等）、组织（形成层、花药组织、胚乳、皮层等）、细胞（体细胞和生殖细胞）以及原生质体，培养在人工配制的培养基上，给予适当的培养条件，利用细胞的全能性，使其长成完整的植株。由于培养物是脱离植物母体，在玻璃瓶中进行培养，所以也叫做离体培养。利用组织培养新技术，可以对苗木进行工厂化生产，快速大量繁殖无病毒苗木。该法具有无杂菌、适应能力较强、繁育较快、繁殖系数高、质量优、抗性好、大批量生产、周年供应、便于运输等优点，不受季节和环境条件的限制，省工、省时，节省土地，繁殖世代短等特点。对一些不宜采用种子繁殖的砧木如吉塞拉，使用组培快繁意义尤为重大。

1. 实验室建设　组培快繁育苗是一项技术性强、无菌条件要求高的工作，需要有一间培养室以及灭菌、接种、超净台等设备。实验室的装置要形成一条装配线，即玻璃器皿洗涤室—培养基配置—灭菌消毒—无菌室—接种箱—培养室—移栽室等。温室的温度要保持在25℃左右。

2. 外植体获取　外植体通常采用1.5～2.0厘米带芽枝段或茎尖。在春季选取生长健壮、无病虫的砧木新梢，去掉叶片，用自来水冲洗约15～30分钟，然后切成1.5～2.0厘米长带芽的茎段，无菌条件下，将冲洗干净的茎段放入70%的乙醇溶液中浸20秒钟，用无菌水冲洗2遍，然后在0.1%升汞中消毒5分钟，用无菌水冲洗5遍，即获得无菌茎段。或者直接用手术刀剥取芽内约0.5毫米大小的茎尖，用蒸馏水冲洗2次后置于超净工作台上灭菌，灭菌方法同茎段，由于茎尖比茎段嫩，因而消毒时间要短些，75%的酒精表面消毒时间为10～15秒钟，用蒸馏水冲洗

后，再用0.1%的升汞溶液灭菌4分钟，最后用蒸馏水冲洗5～6次。灭菌后的带芽枝段和茎尖即可用于接种。

3. 培养基和培养条件　培养基类型一般采用MS基本培养基，不同砧木品种的培养基植物生长调节剂的种类和水平略有不同，吉塞拉5号、吉塞拉6号的初代培养基为MS+6-BA 1毫克/升+IBA 0.1毫克/升，继代增殖培养基MS+6-BA 0.5毫克/升+IBA 0.1毫克/升，生根培养基成分为1/2MS+IBA 0.5毫克/升。培养基碳源一般选用蔗糖，用量为30克/升；固体凝固剂选用琼脂，用量为7克/升。培养条件：光照度2 000～3 000勒克斯，光照时间14小时/天，温度25℃。

4. 接种培养　将接好菌的外植体带芽茎段接种到初代培养基上，1周后开始萌发，3周后芽长成2厘米左右的新梢，侧芽同时也萌发出3～5个丛生芽。将丛生芽切割后转入增殖培养基上进行增殖培养，丛生芽在增殖培养基上生长2～3周后，苗可长到3～5厘米高，成为具有4～8片叶的无根苗（图4-3）。30天增殖一次，增殖培养时要谨防试管苗玻璃化现象的发生。用三角瓶培养，可增加其透气性，减少玻璃花现象。同时适当提高培养基中蔗糖和琼脂的浓度并降低6-BA浓度，增强光照度均有助于防止玻璃化现象的发生。增殖培养基为MS+6-BA1.0毫克/升+NAA0.2毫克/升+GA_3 0.5毫克/升+Ag_2NO_3 5.0～10.0毫克/升+蔗糖30克/升+琼脂7克/升，调节pH至5.8，培养温度25℃，光照度2 000～3 000勒克斯，每天光照14小时，黑暗10小时。

5. 生根诱导　在增殖培养基上选取生长健壮、高2～3厘米的新梢，转移到生根培养基上诱导生根。生根培养基为1/2 MS+IBA 0.7毫克/升+NAA0.2毫克/升+蔗糖20克/升+琼脂7克/升，接种后先暗培养10天，然后转移到光下培养，培养条件同增殖培养。培养2周左右便可见基部有乳白色根发生。统计生根量和发根率。

6. 驯化移栽 在移栽前先进行炼苗，即分 3～5 次逐渐打开组培瓶瓶盖，使组培苗适应外部的环境，炼苗 5～6 天后从组培瓶中取出生根的试管苗，洗净附着在表面上的培养基，然后移栽到灭过菌的基质中（图 4－4），将穴盘放在温室中的小拱棚内驯化 4～8 周。拱棚内的温度 10～30℃，在移栽驯化初期相对湿度为 90%以上，以后慢慢降低，每周喷布 1 次 400 倍的 50%多菌灵可湿性粉剂液，以防治立枯病。温室驯化 4～6 周后，小植株开始有新叶长出。之后露天驯化 3～10 天再移栽于大田。一般 5～7 月栽到大田的试管苗，当年可长到 1 米以上，8～9 月栽的，当年能长到 40 厘米以上，且长势健壮一致（图 4－5）。

图 4－3 甜樱桃组培苗

图 4－4 甜樱桃组培苗移栽

图 4－5 移栽后的甜樱桃组培苗

第二节 嫁接苗的培育

甜樱桃嫁接苗是指将需要的甜樱桃品种嫁接到中国樱桃、草樱桃、山樱桃、马哈利、考特、吉塞拉等砧木上所形成的苗木。

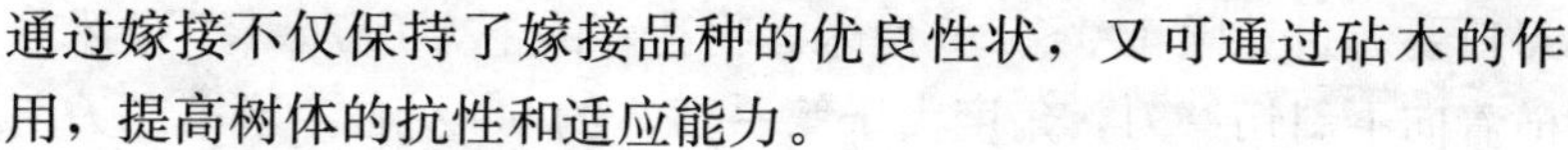

通过嫁接不仅保持了嫁接品种的优良性状，又可通过砧木的作用，提高树体的抗性和适应能力。

一、嫁接时期

一般嫁接时间分两个时期，即当年秋季（9 月份）和翌春（3 月份）。早春嫁接，应尽量早，当早晨土壤稍有点冻，中午冻土即可化开时，便可开始嫁接。嫁接过早，接穗幼嫩，皮层薄，接芽发育不充实，成活率低。嫁接过晚，枝条多已停止生长，接芽不易剥离。雨季嫁接后易流胶，接口难愈合。

二、嫁接方法

嫁接分芽接与枝接两种。生长期多应用芽接法，休眠期多应用枝接法。具体采用哪种嫁接方法因嫁接时期、接穗、砧木状况而定。

（一）芽接

芽接是生长季普遍采用的嫁接方法。芽接时选择接穗上面饱满、充实的芽片，再把砧木的皮部剥开，把芽片嵌入剥开的皮层内，然后绑绳。芽接包括带木质芽接和改良 T 形芽接。

1. 带木质部芽接　又叫嵌芽接，是指芽接时取下的接芽带有木质部，而且要求在砧木上取下与接芽形状、大小近似的木质芽块，然后把带有木质部的接芽放到砧木的切口处，并用塑料条严格绑扎。嫁接时砧木和接穗可以不离皮，因此可进行周年嫁接，但为提高嫁接成活率及考虑到嫁接后接芽的萌发要求等，一般带木质部芽接多用于春季苗圃补接或秋季嫁接。秋季一般在 8 月下旬至 9 月上旬，春季嫁接一般在砧木萌芽前后进行。

嫁接时在接穗芽眼的上方 1.5～2.0 厘米处向下斜削一刀，

刀口要超过芽眼 1.0～1.5 厘米，再在芽的下方 0.7～1.0 厘米处横着向下斜切一刀，角度大于第一刀，约 60°左右。当第二刀与第一刀切口相遇时，即可取下一个带有木质的芽块。在砧木上采取同样的方法，削取一个比接穗上芽块稍长（1 毫米）的木质芽块，移除芽块后把在接穗上取下的芽块放到砧木的切口处并用塑料条绑扎固定。

带木质部芽接优点是不受嫁接时间的限制，易于掌握，自春至秋季皆可进行。只要枝条木质化，芽较充实即可。因为成活率较高，达 80%～90%，此法成为果农繁殖大樱桃苗的主要方法。

2. 改良 T 形芽接　甜樱桃树韧皮部发达，皮层薄，芽眼突起，采用常规的 T 形芽接一般不易成活。生产上可改用改良 T 形芽接。嫁接时间在 8 月下旬到 9 月上旬。不宜在降雨季节嫁接，因为此时嫁接接口容易流胶，伤口愈合困难，成活率低。

芽接时，先由接穗上削取接芽。用嫁接刀在接芽以下 2.0 厘米处，斜向上带有部分木质部削切到接芽上方 1 厘米处。然后在接芽上方的 0.7 厘米处横削一刀，深达木质部，即可取下接芽。接芽一般长 2.5 厘米左右，宽约 1 厘米，面积不宜过小。接芽太小，不易成活，即使砧、芽愈合成活，接芽也易爆裂翘起，或则生长不良，或则终至死亡。

接芽削好后，在砧苗近地面处横切一刀，长约 1 厘米，深达木质部。再从横刀口中央向下竖切一刀，长 2.5 厘米左右，深达木质部。插芽片时，要用刀尖自上而下地轻轻剥开左右两片皮层，随将接芽轻轻嵌入砧木皮层之内。切忌硬推直插，以免搓伤接芽或砧木皮层，造成流胶，影响成活。最后，用宽约 1 厘米的聚乙烯薄膜条严密绑缚。芽接后，大约经过半个月可以愈合，20 天后即可解绑。成活率一般在 80%以上。

（二）枝接

枝接一般在春季接穗未萌发前进行，主要包括劈接、改良舌接、切接和腹接等方法。

1. 劈接法 劈接法的适宜时期为春分前后（3 月上、中旬），在树液开始流动时进行，劈接用的砧木，基部直径要在 3.5 厘米以上，接穗也应选用粗壮的枝条，刀具必须锋利。先将砧木距地面 20 厘米处切断，用刀削平断面，再用劈接刀劈 4.0～4.5 厘米深的切口，用螺丝刀或木楔撑开切口。然后把两个接穗的下端都削成两个斜面，长度 3.5～4.0 厘米，斜面要平滑。接穗长度以带 2～3 个芽为宜。削好的接穗分别从切口的两侧插入砧木，并使其形成层对齐。如果砧木较粗，可不必缚绑，砧木细可用强拉力的塑料布条绑严紧，然后伤口处用纸或塑料薄膜盖住，用湿土培起土堆保持湿度。注意劈口要平滑，不可劈裂。若劈口劈裂或接穗太细结合不紧，则不易成活。

2. 改良舌接法 嫁接时期与传统的舌接法相同，一般在 3 月下旬至 4 月上旬进行。传统舌接法只适合较细的砧木（砧木粗度 1.0～1.5 厘米），而改良舌接法在 2～3 厘米粗的砧木上也可应用。具体操作方法为：先把砧木在距地面 10～15 厘米处剪断，在横断面一侧 1/3 处纵切一刀长约 3 厘米，然后自纵切口下端另一侧向上斜削至纵切口处，形成大斜面。接穗的粗度应与砧木相近或略细，一般带 3～4 个芽为宜，接穗削法与砧木相似，也是先在横断面 1/3 处纵切一刀长 3 厘米左右，再把厚的一面削成长斜面。然后将接穗斜面与砧木的斜面插接在一起，保证一边的形成层对齐，最后用塑料条绑紧即可。

3. 切接法 切接法的嫁接适宜时期为 3 月上中旬，与劈接法时间相近，该法适合在较细的砧木上应用，一般砧木直径约 1.0～1.5 厘米，接穗粗度 0.5～1.0 厘米。接穗带 2～3 个芽为宜，下端正面削成一长斜面，长约 3.0～3.5 厘米，长斜面的对面削一小斜面，呈 45°角，长约 0.5 厘米。然后将砧木在距地面 15～20 厘米剪断，从断面的一侧切一纵口，深约 4 厘米，将削好的接穗长斜面向里对齐一边形成层插入砧木纵口，再用塑料布条绑紧。最后培土保湿或用与劈接法一样的方法套装有湿锯末的塑料袋保护。

4. 腹接法 将接穗的一个侧面，削成深入木质部的倾斜面长约2～3厘米。另一侧削成稍短的倾斜面，斜面一面稍厚，一面稍薄。若进行低接，先把砧本根颈附近的土扒开，上方剪断，根颈部向下斜割一刀，长度与接穗长削面相等，将接穗长切面靠里插入砧木，两者形成层对准，然后涂黏泥，用土封埋。一般直径1.5～2.0厘米的砧木可用此法。腹接在选择嫁接部位时比较灵活，在果枝出现光秃时，采用腹接法可有效填补空隙，增加枝量。

三、培育大苗的管理

（一）嫁接后的管理

嫁接成活的苗木在萌芽以前，在接芽以上0.2厘米处剪断砧苗茎干。

剪砧移栽后的芽接苗，一般是砧芽先萌发，接芽后萌发。因此，在砧芽萌发时，要及时抹除砧木上的萌芽，以促使接芽萌发生长。此后，还要连续除萌3～4次。接芽萌发后，选择保留1个健旺新梢。当新梢生长到10厘米左右时，在苗木近旁插一支柱，用麻绳或塑料薄膜带将新梢绑缚固定在支柱上，以防受风折断新梢。此后，随着新梢继续生长，每隔20厘米要绑缚一道。但若土壤卫生条件较差，如有象鼻虫时，应通过摘心，控制接芽下砧段萌发的新梢高度在接芽以下，待接芽长出3～4片叶时，再将砧段上萌发的新梢全部疏除。对个别在膜内扭曲生长而没有顶破绑缚膜的接芽，用牙签将绑缚膜刺破，让接芽自行钻出。从6月下旬开始，每隔15～20天，喷一次50％多·锰锌600～800倍＋30％桃小灵1 000～1 500倍液，防治叶斑病及梨小食心虫，全年喷药4～5次。

为了促进苗木生长，要加强肥水管理。萌芽后每隔 20 天左右，要连续追施 3 次速效氮肥。每次每公顷随水施入 112.5～150.0 千克尿素。5 月份以后，一般不再追肥，以免苗木徒长。

苗木生长期间，要搞好病虫防治。萌发后，要严防小灰象甲，可人工捕捉，也可用 80%晶体敌百虫 800 倍液，与萝卜丝或甘薯丝拌成毒饵诱杀之。5 月下旬、6 月下旬和 7 月下旬，各喷布 1 次 1∶1∶160～180 倍波尔多液，与 50%敌敌畏乳油 1 000～1 500 倍液，防治叶片穿孔病和卷叶蛾、刺蛾等害虫。

（二）3～5 年生大苗管理技术

种植大苗，植株整齐，结果收益早，回收成本快。大苗的培育，一般需要 2～3 年，这样从播种到苗木出圃，共需要 3～5 年的时间。

培育大苗的苗床地应选在水源充足、交通方便、距恶性病虫区远、土壤疏松肥沃、通风透光良好的地方。要深犁细耙，碎细土垡，理平床面，按行距 1.5～2.0 米开深 40～50 厘米、宽50～60 厘米的栽苗沟，每公顷用腐熟细厩肥 60～75 吨（或堆肥、土杂肥 75～90 吨），过磷酸钙或钙镁磷肥 1 500～2 250 千克，与 2～3 倍的肥沃表土拌匀，施入沟中，作为基肥，扒开待栽。

一般是选用 2 年生长一致的壮苗，若育苗地苗木密度较大，则需要移栽到培养圃内，按行距 80～100 厘米，株距 30～40 厘米栽植。若苗木密度株距 30 厘米，行距达到 50 厘米以上时，也可以用坐地苗培育大苗，不需移栽过程，为避免“胡萝卜”根的产生，坐地苗必须断根，促发新根。栽植之后进行定干，培养分枝，根据树形要求选留分枝的数量和角度，中心干延长枝不短截，促其旺盛生长。

要做好土肥水管理、病虫防治和整形修剪；尤其要做好施肥和整形。因为肥料是培育大苗的营养保证，树形是确保早果丰产的关键，所以施肥要“勤施淡施，量少次多，先淡后浓”，即施肥间隔的时间要短，次数要多，肥量要少，浓度要淡。一般2～5月，结合灌水，每月每株施腐熟清人畜粪尿水20～30千克或尿素80～100克；6～9月，每月每株施氮磷钾三元复合肥100克；以后随着树龄和植株的逐渐增大而增多增浓。同时按照以后的定植密度和选用树形，适时定干整形，并冬夏剪结合，培养苗高1.5～2.0米、主干径粗4～5厘米、具有1～2层4～6个主枝的3～4年生的大苗定植，一般栽后当年就始花挂果，第二年就可投产。

大苗出圃要掌握好随挖、随包、随运、随栽的原则。一般需带土球，土球要用草绳包扎。如挖运裸根苗，必须将根系沾上泥浆，并包上湿草再装运。

四、改接树的管理

对于一些树冠空虚、树势衰弱、处于衰老期、需要品种改良和缺乏授粉品种的园片，可进行改接。通过改接可以达到恢复树势、更新品种、提高坐果率的目的，使产量和品质大幅度提高。

1. 改接方法 改接时可以采用传统的劈接、切接等方法。以插皮舌接最为简便且成活率高，因为插皮舌接可免去在粗接口上劈口和接合时要对齐形成层等麻烦。

改接时一般采用多头多穗高接，使接上去的部分尽快形成生产力，所以原则上应是嫁接的接穗多一点好。避免在重复部位、重复方向和无效部位上嫁接，同时要坚持省工、省时的原则。改接树的树体结构千差万别，需要在掌握树形、树体结构等方面的基础上开展嫁接，计算出合理的接桩数量、方位、空间安排，以求未来树冠复原快、树势平衡、及早投产。对6年生以上的树体，接桩的最佳粗度为直径3～4厘米。接在树冠过高过细处，或锯截过粗枝干嫁接都不适合。对3～4年的小树截干嫁接，或在3～5个主枝上改接，截干的适宜高度为20～35厘米。对干高为1～2米的大树，可自地面10厘米处锯断，在树墩上用插皮接法均匀嫁接一圈接穗。

2. 改接后的管理 嫁接只是高接换头的第一步，改接后的管理才是关键，对树体以后的生长很重要，管理得当，才能使树体健壮，保证丰产稳产。接后的主要管理依次为放风、抹砧芽、绑扶和对新梢摘心，最后是解除绑扎物，涂伤口保护剂。对高接株的要求是多留枝芽，防止光腿，促进接口全面愈合。

为了保证成活率，可进行多枝多穗高接，直径为3.5厘米以上的枝应嫁接两个接穗，一边一个，直径更大的枝可嫁接3个，并采取全活全留的原则，保证接穗健壮生长、枝叶繁茂。另外，一头多穗利于接口全面愈合，全树足够的枝叶量利于新树冠的恢复和辅养原有根系。

随着接穗的延长生长，需要及时摘心来增加分枝，控制饱满芽外移。早期摘心一般在花后7～8天进行，当新梢长30～35厘米时进行摘心。生长旺季摘心一般在5月下旬至7月下旬以前进行，以增加枝量。树势旺时可连续摘心。7月下旬以后不要摘心，不然发出的新梢不充实，易受冻害或抽干。

成活新梢叶大、茎嫩，容易遭大风为害，折断的地方大多在新梢基部，所以绑扶是不可忽视和省略的。绑杆应有足够的支撑力，牢牢固定在接桩粗枝上，然后用活扣绑扶接穗新梢，并应在新梢长至25厘米以下时及时完成。因绑扶是必需的，而且耗费不少工料，所以目前采用留桩腹接的办法。将接口改为腹坎，在接穗以上留25～30厘米的残桩，用作绑扶柱。待接穗加粗和坚固后去除残桩，斜向削光伤口，让其愈合好。

高接后1～2年的休眠期修剪十分重要，若放任不管则会使树冠再度空虚。经过高接后1～2年的整形修剪后，便可逐步过渡到每年的例行修剪。例行修剪主要是合理安排结果母枝及留量，保证通风透光，及时疏除下垂直、病弱枝和夹皮枝。

五、大苗繁育技术

1. 苗床选择和整理 苗床地应选在水源充足、交通方便、距恶性病虫区远、土壤疏松肥沃、通风透光良好的地方。然后深犁细耙，碎细土垡，理平床面，按行距 1.5～2.0 米开深 40～50 厘米、宽 50～60 厘米的栽苗沟，每公顷用腐熟细厩肥 60～75 吨（或堆肥、土杂肥 75～90 吨），过磷酸钙或钙镁磷肥 1 500～2 250千克，与 2～3 倍的肥沃表土拌匀，施入沟中，作为基肥，扒开待栽。

2. 苗木移栽 选用适地适树适销的优良果木品种的 1 年生嫁接苗。要求苗木品种纯正，生长健壮，组织充实，根系发达，整形带内的芽完好饱满，嫁接口愈合良好，于10月中旬至 11 月底的秋末冬初，按株距 80～10 厘米移栽入沟中，理顺根系，覆土填平，浇透定根水，以后经常保持土壤湿润。移栽时，应将叶片全部摘除，以减少水分蒸发，避免苗木失水皱缩干枯而影响成活和生长。

3. 苗期管理 移栽后，精细做好土肥水管理、病虫防治和整形修剪；尤其要做好施肥和整形。因为肥料是培育大苗的营养保证，树形是确保早果丰产的关键，所以施肥要“勤施淡施，量少次多，先淡后浓”，即施肥间隔的时间要短，次数要多，肥量要少，浓度要淡。一般 2～5 月，结合灌水，每月每株施腐熟清人畜粪尿水 20～30 千克或尿素 80～100 克；6～9 月，每月每株施氮磷钾三元复合肥 100 克；以后随着树龄和植株的逐渐增大而增多增浓。同时按照以后的定植密度和选用树形，适时定干整形，并冬夏剪结合，培养苗高 1.5～2.0 米、主干径粗 4～5 厘米、具有 1～2 层 4～6 个主枝的 3～4 年生的大苗定植，一般栽后当年就始花挂果，第二年就可投产。

第三节　苗木的出圃、检疫、分级

一般于11月份苗木落叶后、土壤封冻前，必须将当年生苗刨起，以防冬季“抽干”。2年生苗木和大苗也可于翌春土壤化冻后立即出圃。根据苗干高矮、粗细以及根系发育状况等进行苗木分级。

为杜绝检疫性病虫害通过果树苗木传播，确保苗木质量，苗木出圃外运，必须严格按照《果树苗木产地检疫操作规程》，对各苗圃场的果树苗木实施产地检疫，确保我国果业的生产安全和健康发展。

樱桃苗木分级，可根据苗高和基部干粗（嫁接口以上10厘米处干的粗度）来分级。

一级苗：苗高1.5米以上，基径18毫米以上。

二级苗：苗高1.0～1.5米，基径10～18毫米。

三级苗：苗高0.6～1.0米，基径8～10毫米。

第四节　苗木的包装、运输与假植

一、苗木的包装

（一）苗木包装前的根系处理

包装前苗木根系处理的目的是较长时间地保持苗木水分平衡，为苗木贮藏或运输至栽植之前创造一个较好的保水环境，尽量延长苗木活力。常用的方法有蘸泥浆、浸水、蘸吸水剂和HRC等保湿吸水物质。

1. 蘸泥浆　将根系放在泥浆中蘸根，使根系形成一湿润保护层，理想的泥浆应当在苗根上形成一层薄薄的湿润保护层，不至于使整捆苗木形成一个大泥团，苗捆中每株苗木的根系能够轻易分开，对根系无伤害。

2. 浸水 有浸水最好用流水或清水，时间一般为一昼夜，不宜超过3天。

3. 水凝胶蘸根 是将一定比例的强吸水性高分子树脂（简称吸水剂）加水稀释成凝胶，然后把苗根浸入使凝胶均匀附着在根系表面，形成一层保护层，其目的在于防止苗根失水，保持苗木活力，这在美国林业上应用已十分普遍。

（二）包装材料

目前常采用的包装材料有稻草片、纸箱、纸袋、塑料袋、化纤编织袋、布袋、麻袋、蒲包等，用不同材料包装苗木，其保护苗木活力的效果各异。

同样的包装材料，运输时间越长，苗木在不利环境中所处的时间也越长，水分丧失也越多，活力下降更大。因此，在选择包装材料的时候，因其质地（如稻草片、纸箱、纸袋、塑料袋、化纤编织袋、布袋、麻袋等）、厚度及尺寸大小，关系着保湿、通气、隔热、毒性及防止碰撞、窝折、挤压等诸多要求，要根据苗木、环境条件、存放与运输条件及时间等因素选择最适合的包装材料。

（三）包装方法

1. 卷包 本法多用于小苗。包装时先把包装物铺于地上，上面放些湿润物，如湿锯末、湿稻草等，然后把苗根蘸上泥浆或用吸水剂加水配成水凝胶蘸根，把苗木根对根放在上面，如此放苗到适宜的重量后，将苗木卷成筒状，用绳子捆紧。包装以后，每包附上标签，注明树种、苗龄、数量、等级和苗圃名称等。

2. 束包 较大的苗可用此法。将苗木以10～20株为一束捆好，根部蘸上泥浆，再用包装材料包裹根部，最好用草绳捆紧。

3. 带土球单株包装 大苗应该采用此法。包装时可用蒲包、草绳等材料，将苗木根部土块捆紧，以防土块散落和苗根失水。

二、苗木的运输

如果短距离运输，苗木可散放在筐篓中。在筐底放一层湿润物。再将苗木根对根地分层放在湿铺垫物上，并在根间稍放些湿润物。筐装满后在苗木上面盖一层湿润物。用包装机包装也要加湿润物，以保护苗根不失水为原则。

在运输期间，要经常检查包内的温度和湿度，如果包内温度高，要将包打开，适当通风，并更换湿润物以免发热。若发现湿度不够，要适当加水。运苗应选用速度快的运输工具，缩短运输时间。苗木运到目的地后，要立即将苗包打开，进行假植。但在运输时间较长，苗根较干的情况下，应先将根部用水浸一昼夜再进行假植。

三、苗木的假植

苗木出圃后若不能及时定植或运出时，必须进行假植，以防脱水，失去生活力。假植分为临时性假植和越冬期假植。

（一）临时性假植

适用于短期内不能定植的苗木。选择避风、阴凉、排水良好的地方，挖假植沟，沟宽 1 米左右，深 50 厘米左右，长度根据苗木多少而定。将苗木分级、捆扎、根蘸泥浆，成捆排列在沟中，用细湿土埋好根系和干下部并踏实，以防透风失水。

（二）越冬期假植

适用于秋末冬初起苗，翌年才能栽植或运出的苗木。

土壤冻结前选避风、排水良好、地势平坦处挖假植沟。沟东西走向较好，沟宽1米左右，深60厘米，苗木高大时适当加深，沟长依苗量而定，摆苗处沟壁做成45°斜面。将苗木单株顺沟行摆放在斜而上，使苗木根系在沟内舒展，再用细湿土将苗根系和苗干下半部盖严，略加振动使根与土密接，摆层苗，埋层土。沟内土湿度以其最大持水量60%～70%为宜，即手握成团，松开即散。土过干时，应在根系部浇适量水，但水不能过多，以免根颈腐烂。根系埋土厚度以20厘米左右为宜，太厚费工又易发热，使根发霉腐烂，太薄起不到保水、保温作用。严寒北方埋土应略高于定干高度。

假植苗木怕干、怕积水，冬季应及时检查。根据实践，北方寒冷地域在大寒到来之前用土将干茎全部埋完并在沟上盖层塑料薄膜，既防寒流又防雪水下渗，效果更佳。

注意：①无论是越冬长期假植，还是短期临时性假植，都要记清品种、等级、数量等，最好绘个假植位置排列图或假植记录，以防错乱，也便于日后栽植或运出时核对。②苗木应及时假植，尽量缩短其在空气中的滞留时间，以最大限度地保住苗木本身水分，提高成活率。③假植沟的土定要填实，以免透风失水。④苗木数量少时，即利用地下室或菜窖保存，用沙或土将根埋好即可。

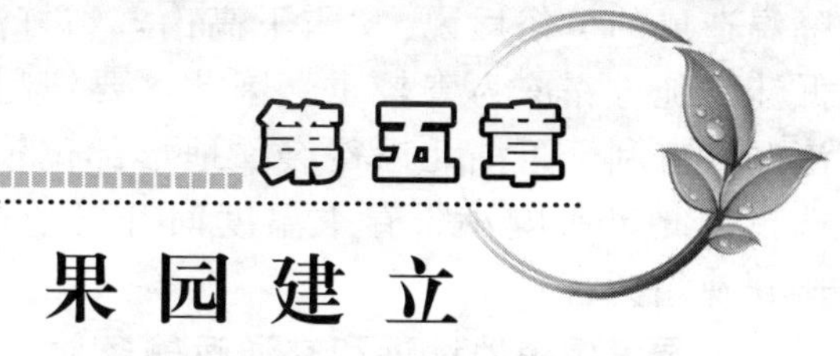

第五章 果园建立

第一节　园址选择

甜樱桃为多年生果树，生长发育与外界条件密切相关，良好的生态环境条件能有效地促进甜樱桃的生长发育，达到早实丰产、高产优质的栽培目的。因此，园地选择是甜樱桃生产的重要基础。在选择园址时要本着因地制宜的原则，选择生态条件适宜于甜樱桃生长发育的地方进行栽植。一般而言，在选择园址时要考虑到以下方面：

1. 要考虑到甜樱桃对生态条件的要求　甜樱桃不耐涝，要选择雨季不积水、地下水位低的地块建园；甜樱桃不耐盐碱，盐碱地不宜建园，pH 超过 8.0 的土壤会明显制约甜樱桃的生长；甜樱桃不抗旱，根系不很发达，要选择土壤肥沃、疏松，保水性较好的沙质壤土，不宜在沙荒地和黏重土壤上建园，同时要有良好的灌水条件。甜樱桃树一般根系较浅，容易被大风吹歪或吹倒，园址应选背风向阳的地块或山坡，并重视营造防风林。另外，果园应远离工矿区和交通干线，避开工业和城市污染源的影响，生产环境和灌溉用水均没有被污染。

2. 要考虑有无花期霜冻　把园地选择在没有霜冻为害，或霜冻危险较小的地方。霜冻，主要是由平流降温和辐射降温造成的。晚霜，则一般是在较强的冷空气影响下，在平流降温的基础上，当北风风速减小、大气转晴时，因夜间辐射降温造成的。俗话说："雪下高山，霜打洼"，也就是说地势低洼的地方霜冻为害较重。因此，要把甜樱桃园选择在空气流畅、有利于阻挡北风侵袭、地形部位较高的地方。也可以选择在北风影响小、春季温度回升慢的地方，以推迟花期，避开晚霜为害。

3. 要考虑销地远近和交通运输条件 甜樱桃成熟期集中，耐贮性较差。因此，要把园地选择在距离销地近、交通运输方便的地方，以利于采摘后的甜樱桃及时运输到销售地，方便销售。另外，选择交通方便的地点，特别是大城市郊区，还可以做到新鲜果品及时上市，抢占市场，提高甜樱桃的经济效益。若发展观光果园，果园的地点最好和旅游点相结合。

第二节 规划设计

1. 园地规划前工作 园地规划前，进行地形测绘和土壤调查。绘制果园平面图，标明设计情况。

2. 作业区划分 作业区是果园的基本作业单位，其设计以便于耕作和经营管理为度。小型果园全园为1个作业区；大型果园作业区面积为1～3公顷，几个作业区组成大区。作业区形状以长方形为宜，可以提高耕作效率。小区的长边应与当地主害风向垂直，平地果园一般为东西向；在山地丘陵果园，长边应与等高线平行，并同等高线弯度相适应，不跨越分水岭或沟谷，以减少水土冲刷和有利于耕作。

3. 道路设置 为便于运输，果园应有道路系统。面积在100亩以上的果园应设置大路、中路和小路；100亩以下的果园可设一条中路，或中路和小路；小型果园只设环园路。

小路要求能过小型拖拉机，一般宽2～4米。中路连接大路和小路，宽4～6米，能通汽车。是小区或大区（若干个小区组成）的分界线。大路宽6～8米，能保证两辆汽车对开或

会车，也可以减小路面，在大路的适当地段设一圆盘环形路，以便车辆“掉头”。大路与园外的公路相通，顺公路两侧的果园可以不设。

4. 排灌系统　有条件的地方应设计安装喷灌、滴灌、微量喷灌等。用传统地面明渠灌溉，在作业区内、作业区间、大区间分别设计灌溉沟、支渠、干渠，配合排水沟、排水支沟和排水干沟。排灌系统、道路系统要与作业区划分相互配合，尽量扩大种植面积。

5. 建筑物　果园建筑物指辅助果树生产的有关设施。包括管理用房、果品存放库、机车库、农具库、农药库、包装场、晒场、机井房、配药池、积肥场等。

这些设施在大型果园中是不可缺少的。而村民小组建立的果园一般面积较小，大多在 100 亩以下，当然不必要设置过多的建筑物。但随着产业化的发展，按果品生产系列化的要求，一些必不可少的辅助建筑也应进行安排。

平地果园的果品包装场和配药池应设在交通方便之处，尽可能设在果园中心，山地果园的包装场、贮存库应设在较低处。配药池可与园内机井相结合，每 100～200 亩设 1 个点。包装场的规模，可根据果园面积和产量的多少以及日采收、外运量确定。分级包装场必须保证车辆进出和装载方便。

6. 防护林　在甜樱桃果园系统中，防风林的作用非常重要。科学、合理、完善的防风林可改变果园小气候，减轻自然灾害。林带的有效距离约等于树高的 25～30 倍，林带分主林带和副林带两种，两条主林带相距 500 米左右，中间为一条副林带。林带应与主要风害的方向垂直，在我国北方，一般在果园的西北面设置防风林带。甜樱桃防风林尽可能选择适应性强的乡土树种，生长迅速，枝叶繁茂，还要选择与甜樱桃无共同病虫害日不是甜樱桃病虫害的中间寄主的树种。

第三节　定植与第一年管理

一、定植时间与方法

（一）定植时间

1. 秋冬栽植　11月上中旬栽植，在土壤封冻前，于苗木周围培一小土堆，待来年春季土壤化冻后，再将土堆扒开。

2. 春季栽植　在早春土壤化冻后栽植。对于当年生苗木，因枝条不充实，不耐冻，易“抽干”，要春天栽植。

（二）定植方法

1. 挖小坑、施底肥　土壤改良后、苗木栽植前，提倡“挖小坑、施底肥”的方法，即挖3～4锨土的小坑，施2锨土杂肥，然后将坑边的土刨一刨，与坑内的土杂肥拌匀，然后覆盖2～3厘米左右的表土，等待栽植。

2. 深栽浅埋　栽植时应当深栽，使根颈低于地面15厘米左右，埋土时，要浅埋，略高于根颈即可，形成一个小凹窝。以后随着每次锄地保墒，逐步埋土，待到7月份雨季来临之前，埋土与地面齐平。这样，可使砧木部分砧段再生根，扩大吸收面积，增强树体抗倒伏能力。

应注意，栽后不可一次性埋土，否则，栽植过深，根际处土壤氧气较少，影响根系呼吸，从而影响苗木生长。

二、授粉树的选择与配置

（一）授粉树的选配

优良授粉树应具备的条件：

①能与主栽品种同时进入结果期，寿命相近，每年都能

开花。

②与主栽品种同时开花，并能产生大量发芽率高的花粉。

③与主栽品种互为授粉树，授粉后结实率高，且具有较高的经济价值。与主栽品种的成熟期一致或先后衔接。

④能适应栽培地区的环境条件。

（二）授粉树的配置

小面积的园片，可选择 3～4 个品种混栽；大面积的园片，应栽植多个品种，按成熟期不同，安排适当的栽植比例，以便于在采收季节分批采收和销售。一般主栽品种占 60%，授粉品种占 40%。大面积栽培，主栽品种和授粉品种分别成行栽植，便于采收；小面积栽培，主栽和授粉品种混栽，便于相互传粉。美早、黑珍珠、萨米脱、早生凡之间都可相互授粉，建园时可互相搭配。

三、栽植方式与密度

（一）栽植方式

1. 长方形栽植　行距大于株距，通风透光良好，便于机械耕作。

2. 正方形栽植　行株距相等。便于纵向、横向和斜向耕作。但，密植郁闭，不利于间作。

3. 带状栽植（双行栽植、篱栽）　一般双行成带，带距为行距的 3～4 倍。带内采用长方形或相邻两株错开的三角形栽植。带内较密，群体抗逆性较强，但带内管理不便。每亩栽植株数＝667 米^2/［带距（米）＋带内行距（米）÷带内行数］×株距（米）。

4. 等高栽植　适于山地丘陵地果园。栽时掌握“大弯就势，小弯取直”的方法调整等高线，并对过宽、过窄处适当增、减植树行线，在行线上按株距栽植。

（二）栽植密度

栽植密度与所采用的树形、品种、土壤条件、促控管理水平相关。在采用纺锤形的模式下，对于紧凑型品种早生凡和极丰产的品种黑珍珠可采用 2～2.5 米×4 米的株行距，美早、萨米脱等可采用 3 米×4 米的株行距。具体依土壤肥沃情况、水浇条件等适当增减。

四、定植后第一年管理

1. 苗木定干 苗木定植后留 50～70 厘米定干，注意剪口下第一芽不要离剪口太近。定干后用白乳胶或愈合剂涂抹剪口，以防风干。对于定干后当年萌发的基层枝，第二年准备拉平、促其早成花、早结果的，可留 50 厘米定干。此法，基层枝增粗较快。对于当年萌发的基层枝，于 5 月下旬至 6 月上旬，对强旺新梢留 15 厘米左右剪截，促发分枝，细弱枝甩放不动的树，留 60 厘米左右定干。

2. 土肥水管理 苗木定植当年，应勤浇水、少施或不施肥，浇水 10～12 遍，保持根际土壤手握成团，提高栽植成活率，促使树体快速生长。在北方落叶果树产区，春季干旱少雨，因此，勤浇水对樱桃苗木的成活和快速生长非常重要。所以樱桃苗木定植当年春天，应见干就浇，即果农所讲的浇“黄瓜水”。

第六章

整形修剪

第一节　主要树形及整形技术

一、国内主要树形及整形技术

（一）自然开心形

1. 树体结构　干高 30～40 厘米，全树有主枝 3～5 个在四周均匀分布，没有中心领导干。每个主枝上有侧枝 5～7 个，主枝在主干上呈 30°角倾斜延伸，侧枝在主枝上呈 50°角延伸。各级骨干枝上培养结果枝组。

2. 整形方法　定植当年距地面 70～80 厘米定干。第二年春，对主干上所发生的枝条，选外侧斜生发育旺盛的 3～5 枝进行短截作为主枝，剪留长度为 40～50 厘米，剪口芽留外侧芽。短截后每主枝能发出 1～3 个侧枝，选外侧枝作为扩大树冠的延长枝。其余视各枝空间大小进行中度短截，或只留 3～5 芽重短截，培养结果枝组。第三年只对主枝的延长枝短截，并对个别枝进行调整，其余枝甩放不剪。

自然开心形整形容易，修剪量轻，树冠开张，冠内光照良好。结果早、产量高、品质好，管理方便。植株寿命比丛状形长。甜樱桃采用这种树形时，因其长势旺，直立性强，所以一般最初几年要保留中心领导干，待主、侧枝配齐以后再去掉中心干。树冠呈圆头形，有头重脚轻现象，遇大风后易倒伏，因此应采用固地性好的实生砧木。

（二）丛状形

1. 树体结构 这种树形没有中央领导干。由近地面直接分生 3～5 个主枝，主枝上再分生出 6～7 个细枝。侧枝开张角度 50°～60°，基部侧枝还可以保留副侧枝。各级枝上培养结果枝和结果枝组。

2. 整形方法 第一年定植后干高留 20 厘米，当年促发 3～5 个主枝；6～7 月份对生长过旺枝留 30 厘米摘心. 促使萌发侧枝，使主枝保持均势，增强分枝能力。第二年若枝量不足，对强枝保留 20 厘米短截，其余枝条不超过 70 厘米的不剪，任其生长，对超过 70 厘米的枝留 20～30 厘米短截。剪口芽一律留外侧芽。第三年只对个别枝进行调整和短截，其余枝不动。这样就基本上完成了整形过程。

这种树形修剪量轻，容易成形，树冠开张，冠内通风透光良好，结果早，产量高，管理方便。树冠较矮而紧凑，树高低于 3 米、枝条粗度小于 3 厘米的适宜密植。丛枝形受风面均匀，风害轻；易采摘，易管理，病虫害管理方便。

（三）自由纺锤形

自由纺锤形结构简单，骨干枝级次少，树冠容易控制，便于更新，适宜密植，因此，目前新建果园多采用该树形。自由纺锤形适宜行距为 2～2.5 米×3～3.5 米，改良纺锤形株行距一般为 2.5～3.0 米×3.5～4.0 米。

1. 树体结构 植株干高 80～100 厘米，全树高不超过 3 米，错落着生 10～15 个小主枝。要求小主枝粗为主干粗的 1/2 以下，以防与中心干竞争。中心干上每隔 20～30 厘米留分枝，无明显的层次，小主枝上不留侧枝，直接着生结果枝组。主枝与中心干的分枝角度为 70°～80°，全树主枝上小下大。

2. 整形方法 纺锤形保持中心干的优势很重要。在保证中心干生长势的前提下，定干高度可适当提高。定植当年定干高度为80～120厘米。若定干低，中心干延长枝生长势强，侧生枝分生少且生长势弱。定干后必须采取刻芽技术，促发侧生枝，培养小主枝。刻芽时间以春季芽萌动后1周左右为好。1次刻芽达不到目的时，可进行2次刻芽。

纺锤形整形必须在生长季节对新梢进行处理。定干后的幼树如生长势强，中心干的延长枝生长旺盛，于6月底至7月初可采取摘心促发分枝。若生长量较少则不进行摘心。对侧生新梢主要是改变生长方向，加大角度，使侧生枝近水平生长。可于新梢半木质化时进行拿枝，一般需拿枝2～3次。第一次拿枝后，几天后可能又恢复原状。因此，需第二次或第三次拿枝。

第二年春对中心干延长枝选壮芽短截。短截长度视生长势而定。侧生枝培养小主枝，一般采取轻打头或剪除顶芽的办法。无论中心干或侧生小主枝，剪后均需刻芽，促发分枝。小主枝刻芽主要刻两侧或背下芽，可用刻一隔一，或刻一隔二的办法，背上芽不刻。小主枝刻芽一般从主枝基部15～20厘米开始。如果不刻芽，小主枝上分枝多集中在背上，而且靠近中心干60厘米以内无分枝，造成小主枝基部光秃。甜樱桃树势生长旺，生长季节修剪手段主要用扭梢、拿枝和摘心等办法，抑制营养生长，促进花芽分化。

纺锤形树形主枝的单轴延伸，多数主枝结果5～6年后，主枝角度易偏大，因此，需要进行主枝更新。更新方法主要有同枝更新和异枝更新。同枝更新是在待更新枝基部进行机械损伤，促发竞争枝，然后对新发的竞争枝培养，之后再去掉原枝。异枝更新是在中心干上与待更新的枝进行重短截，促发竞争枝，然后将其培养成更新后备枝，待后备枝发育成熟形成花芽，去掉原主枝。更新主枝要有计划进行，每年更新数不超过2个。以免因更新枝条影响产量。同时还要处理好竞争枝，对有利用价值的竞争枝一定要保留，采用拿枝、扭梢与开角促进成花，培养成结果枝；对于过密的多余的枝要在生长季节一次疏除，尽可能不在早春修剪时进行大枝疏除，避免造成大伤。

（四）细长纺锤形

1. 树体结构 细长纺锤形要求株行距2～3米×4～5米，定植当年定干高度为70～80厘米，成形后树高3～4米，冠幅2.5～3.0米。树高和冠幅根据行距来定，行距4米的，树高为3.0～3.5米；行距为5米的，树高为3.5～4.0米；行距大的，冠幅大一些，要避免相邻行树的枝条交叉，需留有1米以上的空间，以便管理操作。在中心干上，基部第一层有三主枝，以上均匀轮状着生长势相近、水平生长的15～20个侧生分枝。基部三主枝基角70°～80°，腰角80°～90°，枝梢90°至下垂；其他主枝和营养枝都是水平状，其梢部可下垂。整树的下部冠幅较大，上部较小，全树修长，呈细长纺锤形。

2. 整形方法 定植当年在苗木高度70～80厘米处定干，定干后剪口要涂蜡或漆，减少水分蒸发。剪口下第一个芽距剪口1.5厘米以上，第一个芽将萌生强旺枝做主干延长枝；剪口下第一个芽以下10厘米以内的芽要抹去；再在其下面每隔约10厘米选取不同方位、饱满芽3个，在选中的芽上方1厘米处于萌芽期进行刻芽。定干后每株立一竹竿或木杆。

（1）第二年 基部第一层主枝，如果有两级分枝，延长枝头不再短截，只是剪去轮生枝的枝头。把枝条拉成水平状或下垂状，削弱其生长势。如果只有一级分枝，则应在主枝延长枝40厘米处剪截，而侧枝剪留30厘米左右，继续促发新枝，拉平枝条。第一年形成的第二层主枝，在延长头打顶，主枝延长枝留40厘米，侧枝延长枝留30～35厘米。剪口下的芽抹去枝条中部和梢部的背上芽，继续促发侧生分枝，拉平枝条。对主干延长枝与第二层主枝上方70厘米处下剪，留一饱满芽做主干延长头，

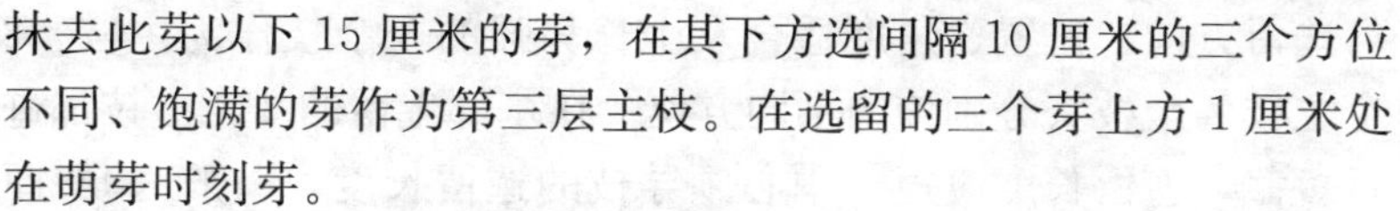

抹去此芽以下15厘米的芽，在其下方选间隔10厘米的三个方位不同、饱满的芽作为第三层主枝。在选留的三个芽上方1厘米处在萌芽时刻芽。

（2）第三年　基部第一层和第二层主枝以及其形成的侧枝、结果枝拉至水平或下垂，轮生枝的梢部剪截。第三层主枝剪截促发二级分枝，主枝延长枝剪留40厘米，侧枝延长枝剪留30厘米，枝条拉平。上部形成的第四层主枝，仍未发生分枝，剪留40厘米，促发一级分枝。主干延长枝剪留70厘米，顶芽下的主干最上部10厘米的芽全部抹去，留顶芽。抹芽以下的部位应选留相距各约10厘米的三个方位错开的饱满芽，在发芽时在其上方刻芽。

（3）第四年　拉平枝条，剪去虫梢和轮生枝梢及病虫枝、过密枝、疏除直立枝。树高如果达不到3米，或者主枝总数少于15个，则在树冠选一直立生长的壮枝作为主干延长枝，剪留50厘米，抹去最上部10厘米的芽，选方位错开的三个饱满芽，于发芽时在其上方刻芽。没有形成二级分枝的主枝剪截促发二级分枝。

（4）第五年　拉平枝条；剪除病虫枝、过密枝、直立枝和虫梢及轮生枝梢。

（五）主干疏层形

1. 树体结构　有主干和中心领导枝，干高50～60厘米，全树6～7个主枝。分3～4层，第一层主枝3～4个，开张角度60°左右；第二层主枝2个，层间距70～80厘米；第二层和第四层，每层1～2个主枝，层间距60～70厘米，开张角度小于45°。主枝上再分2～3个侧枝。

2. 整形方法　定植当年定干高度为60厘米。第二年选留中心领导干和第一层主枝；在通常情况下，剪口下第一芽萌发的枝条适合作为中心领导枝。中心领导枝在60厘米左右的饱满芽处短截。如树势旺、枝条多而强时可留长些。第一层主枝是构成树冠的最主要部分，一般选3个；在幼树上若有5～6个新枝时，可选留方向、位置、角度适合及生长势强的3个枝作为主枝。3个主枝各个枝头分别伸向不同方位。在基部选留的3个主枝都进行短截，剪留长度应短于中心领导枝的选留长度，一般为50厘米左右，其余枝条可以不剪，放任生长，过密时可以适当疏除。第二年至初果期，继续培养中心领导枝和基部3个主枝，并选留培养第二层主枝，以及各主枝上的侧枝。调整枝条间的生长势。在正常情况下，三年生的幼树中心领导枝剪口下都能发出几个强枝，从中选1个直立健壮的枝作中心领导枝的延长枝。中心领导枝发生的分枝，因距第一层主枝较近，不宜作第二层主枝使用，一般从第四年开始选留第二层和以上各层主枝。

主干疏层形整形过程比较复杂，整形修剪技术要求高，修剪量大，成形慢，枝次多，冠内通风透光较差，结果部位易外移，易长成大冠树，在稀植情况下可以采用。这种树形与苹果树相似，树体高大，适用于干性明显、层性较强的品种。主干疏层形，进入结果期较晚，但结果后树势和结果部位都比较稳定，坐果均匀。在丘陵山区光照条件良好、土质较瘠薄的地方可采用。

（六）中心领导干形

其适宜株行距2.0～2.5米×4.5米，树高3.6米（行距的80%）。20～25个主枝呈螺旋状均匀分布在中心干上，修剪时保持中心干下部的主枝向上生长，中部的主枝水平生长，顶部主枝略向下生长，这是由甜樱桃顶端优势决定的修剪方式。为保证丰产，必须控制顶端优势，通过整形修剪让下部树体生长健壮、顶部树体生长势偏弱（图6-1）。

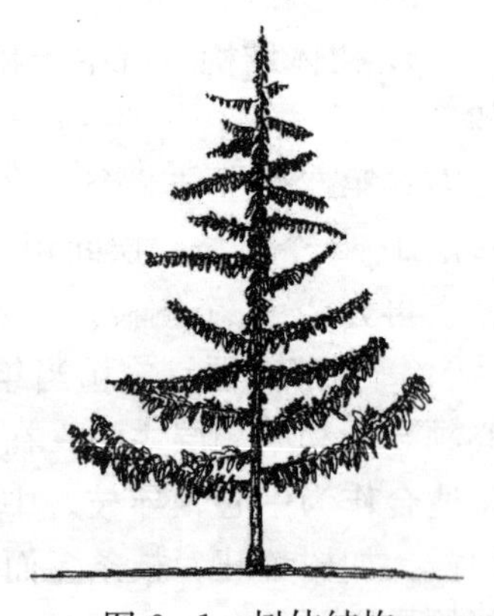

图6-1　树体结构

整形技术：选中等大小的苗木（高 1.3～2.0 米）定植后，不定干，但分枝留 25 毫米短桩疏除；利用简单的支架辅助植株直立生长，支柱间距 15 米，距地面 1.2 米处固定树体。采取涂抹发枝素、刻芽、梢端疏嫩梢等措施促进分枝；中心干上距地面 50 厘米以下的枝条全部疏除。注意：当枝条生长至 20 厘米左右时用牙签或木制衣夹开张角度；中心干基部枝条长 60 厘米时，控水抑制生长；第一年可形成多个主枝，树高 2.6 米。第二年完成树体结构，对主枝延长部分促进生长，主枝单轴延伸，长度控制在 90 厘米。树体达到要求高度时，通过夏季修剪和干旱控制中心干延长枝，保持单轴延伸和树体平衡。另外，要适时落头，应尽量推迟落头的时间。在树龄小时落头，会在顶部抽生很多直立旺长枝，造成营养消耗过多。因此要等到树体大量结果以后、树高长到行间距的 80％时再落头（例如行间距为 4.5 米，则树高到达 3.6 米时落头），一般在 11 月份进行。

二、国外主要树形及整形技术

（一）塔图拉网架形（Tatura Trellis）

塔图拉网架树形，即 V 形，适宜密度为株距 1.50 米，行距为 4.50 米、4.75 米或 5.00 米，以上三种栽培密度下每公顷分别可种植甜樱桃 1 481 株、1 403 株和 1 333 株。通常选择质量好、长势中庸的樱桃苗木进行定植。V 形角度因行距不同而异，行距 5.00 米或 5.50 米时 V 形角度为 60°；行距为 4.50 米时 V 形角度为 50°或 45°，树高控制在行距的 60％为宜。

整形方法：定植当年定干高度为 40 厘米，定干后剪口立即用蜡密封。在干的两侧选择方向相反、生长势相同的两个主枝进行培养，呈相对方向向行间分布，利用捆绑物将两主枝固定在行间的架上，随着主枝的不断生长、延长，要定期调整捆绑位置以调整树势、稳定树形。喷施除草剂时可用硬纸盒等材料套住主干基部，以免受除草剂的影响。第一年修剪的主要目的是建立树形，促进两主枝生长。修剪时将两主枝上侧生分枝去除以促进两主枝生长，固定两主枝的上部，定植后第一年两主枝生长高度可达2.8米。

第二年：第二年整形修建的目的是构建树形，培养结果枝组。由于甜樱桃生长量大和直立生长的习性，第二年修剪量较大。在芽膨大期前8周对树体下部喷施破眠药剂，或者在芽膨大期涂抹赤霉素制剂，可明显促进花芽形成。在树体开始进入休眠期时对主枝进行摘心，摘除顶部4～5个芽，增加幼树的枝叶量，扩大树冠，减少无效生长，促进花芽形成，提早结果。甜樱桃顶端优势很强，不易发生侧分枝，对骨干枝上缺少分枝的部位进行刻芽，可促发新芽，扩大树冠。由于刻芽易导致流胶，因此要选择晴天进行刻芽，并在刻伤处涂抹氢氧化铜制剂。对过量的徒长枝、背上枝和直立枝进行疏除，在疏除时通常留10毫米的枝段。特别是使用赤霉素后会萌发大量的新枝，要及时疏除。对主干上生长势强的枝干进行回缩，以促进结果枝组的形成。对主干上的侧枝进行开张角度，控制生长势，促进花芽形成。开张角度越大，主枝与侧枝的直径比例越大，通常认为主枝与侧枝直径的比例为3∶1～5∶1时较为理想，比较容易成花。在使用赤霉素10～12周以后，新梢半木质化时，对旺长新梢进行扭梢，以促进结果枝组形成。另外，适时对树体进行控水和干旱处理，控制树体生长，可促进休眠，促进成花。如果此时遇到降雨，可在树下生草，让草尽可能吸收土壤中的水分，控制树体旺长。以上措施均是促进树形构建，及时对树体进行整形修剪可减少以后的工作量，使果园容易管理。

第三年：第三年整形修剪的主要目的是促进结果枝组的形成，在第二年整形修剪的基础上继续促发新枝，培养结果枝组。如果第二年促发的新枝数量较少，则这些新枝往往生长势较旺，若任其生长则形成的花芽质量差，结果后产量低，必须控制树势。主要采取的措施包括短截和开张角度。于花芽开始萌动时，对旺枝留 30 厘米进行短截。对旺长枝进行开张角度，促发其上形成较多的结果枝组。若形成的结果枝较长，则在 11 月份短截至 25 厘米（图 6-2）。

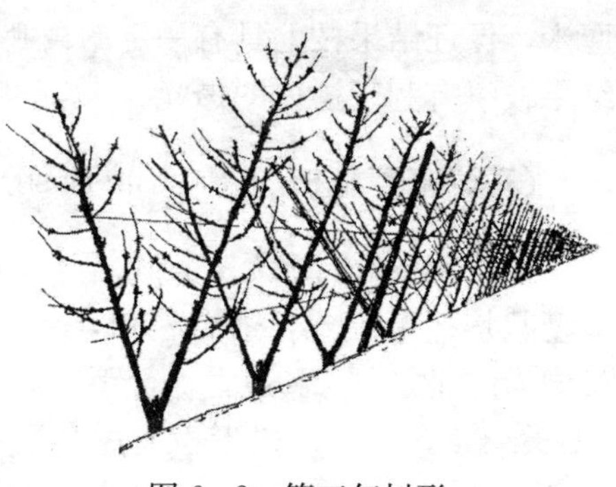

图 6-2　第三年树形

第四年：甜樱桃需光性较强，需要去除病虫梢和轮生枝梢及病虫枝、过密枝，疏除直立枝，保证树体通风透光。在夏天保证树体的高度是行宽的 60%，避免行间郁闭。采收期过后进行控水处理，控制树势，促进花芽形成。

（二）开心塔图拉形（Open Tatura）

开心塔图拉树形模式与塔图拉网架树形模式不同，它属于宽窄行种植模式，每两行树形左右交替组成 V 形，每株树为一个主枝，组成 V 形的两行树间距为 0.50 米，行内株间距 1.50 米，V 形角度为 35°，宽行间距 4.00 米，树高 2.70 米（株行距 0.75 米×4.50 米），利用支架使树体开张。主要特点：高密度栽培有利于早实；树体定植后不需定干；第一年就形成分枝，促进成花；开心 V 形有利于树体透光和高的产量；树形结构有利于夏季修剪和果实的采收；这种独特的栽培模式虽限制了根部生长，但给树体上部框架提供了充足的生长空间。

整形技术：第一年定植，苗木以中等大小（1.5～1.8 米）为宜，大苗移栽容易伤及根部，造成地上部生长受阻。定植后，保持树体根部湿润，将所有分枝保留 25 毫米进行疏除，其他修剪方式与塔图拉网架形类似。树体骨架由主干和其上着生的短果枝组成，树体低部结果枝长度为 30 厘米，顶部结果枝长度为 15

厘米，保证结果枝上具有一定的枝叶量以提供养分。培养较短的结果枝组有利于树体的透光。

（三）澳赛丛枝形（Aussie Bush）

澳赛丛枝形属于无支架栽培新型栽培树形模式，适合密植，行向为南北方向，其适宜株行距2.5米×4.5米。该树形没有中心领导干，由主干、3～5个直立生长的主枝和主枝上水平生长的结果枝构成。主枝个数一般以4个为宜（图6-3）。

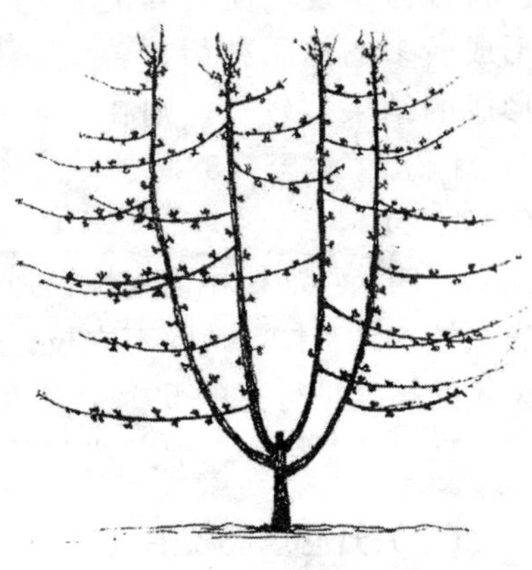

图6-3 树形结构示意

干高20～30厘米，定干后从主干上选留方向、位置、角度合适的枝条作为主枝。主枝在主干上均匀分布，生长近直立，之间留有一定空间，以保证通风透光；在主枝上直接培养结果枝，使其分布均匀，水平生长，方向向外，错落分布，具有明显的分层，避免交叉重叠。树体成形后高度2.7～3.0米，冠幅宽2.1～2.5米。澳赛丛枝形树体结构和整形修剪方式不同于西班牙丛枝形，它是在遵循甜樱桃直立生长习性的基础上修剪而来的，主要通过使用赤霉素、刻芽等措施来促发结果枝。幼龄期主枝不落头，当树体开始结果时再对主枝进行落头，控制主枝延长生长。

1. 第一年 第一年修剪的目的是促进树体骨架形成。选择小苗和中等大小的苗木进行定植，大苗下部芽体易光秃，不利于选留主枝。第一年春天留30～40厘米定干，定干剪口处涂抹蜡或漆，防治病虫害侵入；主干下部的叶片不要去除，以为树体提供营养。新梢长度30厘米时，选定4个方向不同、在四周均匀分布的新梢作为主枝培养。通常情况下主干上的抽生的枝条长势不相一致，一般剪口下面的第一、第二个枝条比下面的枝条生长势旺，因而剪口下的第一、第二个枝条尽量不被选作主枝。主枝选定后，其他枝条全部留短桩疏除。为保证主枝生长势一致，需将较弱主枝上的多余芽体疏除，以助复壮。在每个主枝上绑附竹竿以避免被大风吹断，同时保持主枝生长近直立。第一年结束时，为保证主枝间留有充分空隙以通风透光，需在树冠中放置一圆形支撑物以撑开主枝。第一年后树高约 2.0～2.4 米（图 6-4）。

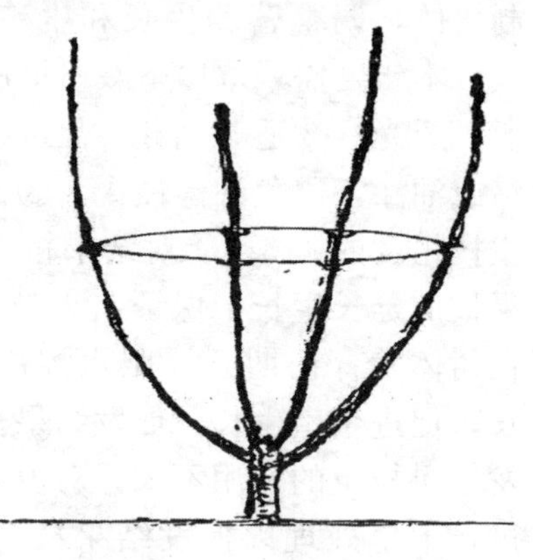

图 6-4　第一年树形

第一年修剪的要点：促进树体生长；将主枝上着生的其他侧枝全部疏除，为第二年促发结果枝做好准备；保证主枝向上生长且均匀分布；秋天喷施波尔多液，预防细菌侵入。

2. 第二年　第二年修剪的主要目的是培养结果枝组，控制树势。在芽体开始膨大时，将主枝内侧芽和主枝顶芽下第一圈芽体抹掉，并对主枝上外向芽休涂抹生长调节剂。去除强旺侧枝和夹皮枝。春季对主枝上的侧枝进行开张角度，包括侧枝的基角和梢角，以控制树势。在主干上培养尽量多的水平侧枝，粗度以 0.5～0.6 米为宜，当侧枝长度达到 25 厘米时对树体进行控水、控肥处理，以抑制延长生长，促使枝条末端芽抽枝。7 月底，对主枝在 2.8 米处落头（图 6-5）。

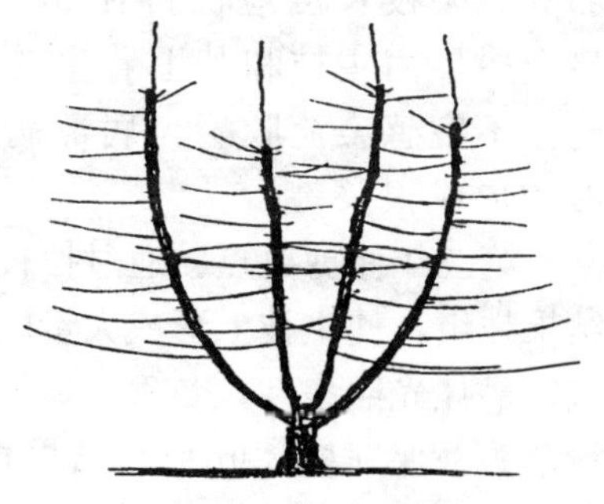

图 6-5　第二年树形

第二年修剪要点：构建树

形，培养较多的水平结果枝，促发侧枝和花芽，促进早果。

3. 第三年 该树形结果早，第三年即可结果，需进一步控制树体，调整营养生长和生殖生长，促进更多的结果枝组形成。本年度需采取以下栽培措施：①改善树体光照条件，确保通风透光。②适时刻芽，促进结果枝组形成。刻芽后伤口涂抹蜡或油漆，避免细菌侵入。③保证结果枝基部的粗度小于等于主枝粗度的1/3。④对结果枝上的侧生分枝进行短截，促进结果枝的延长生长，保证结果枝当年生长量小于上年的生长量。在树体发育初期开展肥水控制或果园生草措施，抑制新梢生长，促进生殖生长，促发结果枝组。新梢停长前进行拉枝对促发结果枝组的作用不大。对没有病虫害、砧木生长健壮的树体进行干旱处理以促发结果枝的效果并不明显。⑤对徒长枝、夹皮枝、病虫枝等进行短截时，防止细菌从伤口侵入，短截枝越粗，留桩应越长。⑥控制顶端优势，防止主枝顶部冠幅超出下部，影响下部树体的光照。修剪时首先对主枝顶部进行缓放，第二年新梢开始生长时留10～12厘米进行回缩，当其上抽生出几个新梢时，对新梢短截至2～3厘米。⑦秋天要根据品种的结果习性进行修剪，为了保证合理的叶果比，可将果枝进行短截。对幼树上顶部或先端的枝条进行短截，易延迟结果枝组的形成，修剪时要慎重。⑧澳大利亚丛状形下部的结果枝长度应保持在50～60厘米，上部20～30厘米。整个树形由主枝和其上着生的结果枝组组成的，树体营养均衡，不宜感染流胶病、病毒病等病害。前三年的管理对该树形的形成很关键。

第三年修剪要点：通过拉枝、摘心、扭梢、控水等措施培养结果枝组，使主枝上形成大量的结果枝。疏除过密枝，保证树体获得最佳光照条件，冬季一般不要进行修剪，在夏季对结果枝进行落头。保证树体叶片和结果枝组都是向阳的，确保果实着色好、糖度高、品质优。

4. 第四年及四年以后（图6-6）　第四年以后开始大量结果，培养硬肉、大果、风味佳的果实是这一时期的首要目的。第四年产量一般为5～8千克/株，进入盛果期后理想产量为20～30千克/株。结果期修剪的主要目的为控制树势，促进丰产、稳产，延长结果年限，获得高品质果实。每年春天对新发侧枝尤其是着生在顶部的新梢进行短截，下一年对这些枝条进行缓放。及时去除衰弱枝和下垂枝，保证树体下部通风透光，合理调整叶果比，一般较高的叶果比有利于优质果的形成。调整结果枝类型的比例，保证优质大果樱桃形成。一般透光性好的幼龄结果枝组着生的果实品质佳、个大，因此可对6年及以上的老龄结果枝组进行更新，将其回缩至10～12厘米，每个短桩上培养一个结果枝，保证新更新的结果枝具有良好通风透光条件。

图6-6　定形后树形

修剪一般在夏季。修剪目的是稳定树形、控制树势、增加树体通风透光性，及时去除过旺枝、徒长枝、衰弱枝、病虫枝，防止病害入侵。以后每年的管理均围绕高品质、丰产、稳产展开。

适合甜樱桃栽培的国内外树形较多，每种树形都有各自的特点，具体整形时，要选用哪种树形模式，不仅要依据不同品种生物学特性来定，还要根据当地的栽培条件确定。整形过程中，不要拘泥于一种树形模式，要灵活运用，在尽量缩短修剪时间和修剪强度的情况下，综合运用多种修剪方法，不断总结整形修剪的经验，修剪出易管理、易采摘、丰产、稳产、品质佳的理性树形，达到省工、省时、高效的目的。

适合甜樱桃栽培的国内外树形较多，每种树形都有各自的特点，具体整形时，要选用哪种树形模式，不仅要依据不同品种生物学特性来定，还要根据当地的栽培条件确定。整形过程中，不要拘泥于一种树形模式，要灵活运用，在尽量缩短修剪时间和修剪强度的情况下，综合运用多种修剪方法，不断总结整形修剪的经验，修剪出易管理、易采摘、丰产、稳产、品质佳的理性树形，达到省工、省时、高效的目的。

（四）西班牙丛枝形

种植密度1.8～2.5米×4.5～5.5米，树高2.5米。传统的西班牙丛枝形定植时，树体在30～40厘米处定干，以促进主枝萌发。在晚春或者早夏，当主枝生长旺盛足可以促进二次枝条的生长时，把主枝回缩到4～5个芽处。第一年树体矮小，有8～10个二次枝条；第二年春季第三次短截，6～7月第四次短截；第三年底树形形成。

疏除内膛枝以增加树体内的光照，疏枝时不要过量。减少灌溉以控制树势，以利于翌年的果实合理负载。在第三年可获取少量产量，第四年后获得中等产量。

为提高西班牙丛枝形的早期产量，采用了不同的化学和机械措施刺激枝条生长代替修剪。定植后，利用普尔马林代替修剪促进枝条萌发。第一年内不采取修剪措施，如果生长旺盛，可在第一年或者第二年拉枝，拉枝角度在45°，以控制树势，促进花芽分化。中央领导干在较短的时期内继续生长减少修剪，促进枝条形成良好的角度，有利于早实和取得较高产量。

第一年末，树体有4～6个主枝，保留其他的水平生长的枝条。第二年，在4～6个主枝基部用化学药剂处理促进二次枝条萌发，而不是对主枝或者中央领导干短截定干。第二年末树体形成10～12个二次枝条，形成花芽为来年提供了准备。第三年，树体结构已形成，并取得了相当的产量。第三年末去除格架，第

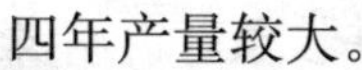

四年产量较大。

第二节　生长季修剪技术

生长季节修剪是指从萌芽后至落叶前这段时间的修剪，其中以夏季修剪为主。生长季节修剪是在休眠期修剪的基础上，抑制新梢旺长，促发新枝，改善树冠内的通风透光条件和促进养分分配更趋合理，达到节省养分、促进成花、结果的目的。生长期修剪通常采取拉枝、摘心、疏枝、环剥、环割、刻芽等方法。摘心是最常用的修剪方法，当春季新梢长 10 厘米时进行摘心，当年即可培养出短果枝。6 月份摘心，有利于促进混合枝基部形成花芽。采果后的修剪一般在 6 月下旬至 7 月上旬进行，多采用疏枝的方法，疏除冠内过密的强旺枝和紊乱树冠的多年生大枝，调整树体结构，改善冠内风光条件，促进花芽分化。采果后锯除大枝的伤口最容易愈合。必须注意，疏除多年生大枝时，锯口要平，不留枝桩，以利尽快愈合。切忌锯成“朝天疤”，以防锯口愈合不良，引起木质腐烂，影响树体生长。

1. 刻芽　在芽的上方横刻一刀，深及木质部的修剪方法。刻芽可促进刻伤下面的芽萌发，提高侧芽或叶丛枝的萌芽质量，促进枝条旺长，起到扩大树冠的作用，也可利用刻芽培养结果枝组。刻伤距芽体近，萌芽率高，刻伤重，发枝强；反之则萌芽率低，发枝弱。但在弱枝上刻芽效果不明显，因此刻芽一般在幼旺树和强旺枝上进行。紧靠芽的上方刻芽，分枝角度小，反之，分枝角度较大。刻芽效果与刻芽时间有关，刻得早发枝强，刻得晚发枝弱，一般以萌芽前进行为宜。甜樱桃刻芽，一是在幼树整形期，对骨干枝上缺少枝条的部位进行刻伤，促发分枝，扩大树冠；二是在冠内对一二年生枝基部芽进行刻伤，当年即可萌发出不同类型的结果枝和发育枝，培养结果枝组。

2. 抹芽　在生长季节及时抹掉过多的无用萌芽，目的在于节约养分，防止无效生长，促进有效生长。一般在枝条背面萌发的直立生长的芽、疏枝后产生的隐芽、内向萌芽及枝干基部萌发的砧木芽都应在萌芽期及时抹去。但在樱桃各级枝上的芽除隐芽外基本上都能萌发，这些芽生长量极少，叶片大而多，可制造大量养分，当树势健壮、通风透光条件好时不应抹去，因其可以转化成花束状结果枝组。

在发芽期砧木芽比品种芽萌芽早、生长快，从而影响品种芽的发育，有时导致品种芽不抽新枝，因此新定植的樱桃苗要及时抹去砧木芽，使营养用于供应品种芽的萌发和生长，否则会影响树体的生长。

3. 摘心 在新梢木质化前，摘除或剪除新梢先端部分的修剪方法，可以有效增加幼树的枝叶量，扩大树冠，减少无效生长，促进花芽形成，早结果。对结果树摘心可起到节约营养、提高花芽质量、促进生殖生长、提高坐果率和果实品质的作用，它是在樱桃夏剪中应用最常用的修剪方法。

按摘心的程度不同，摘心可分为轻度摘心、中度摘心和重度摘心。轻度摘心是指摘去新捎顶端 5 厘米左右，摘心后只能萌发 1～2 个新梢。连续轻度摘心，且生长量在 10～20 厘米，可形成结果枝。中度摘心是对生长长度达到 40 厘米以上的新梢，摘去 15～20 厘米的修剪方法，一般能萌发 3～4 个分枝。为了促进各级主枝延长枝和大型结果枝组延长枝分枝，多采用中度分枝。重度摘心对 30 厘米以上的枝条，留 10 厘米左右进行摘心，能明显削弱生长势，形成果枝。背上枝、竞争枝多采用重度摘心。

按摘心时期不同，分为早期摘心和生长旺季摘心两种。早期摘心，一般在花后 7～8 天进行，摘心时将幼嫩新梢保留 10 厘米左右，这样可以减少幼果发育与新梢生长对养分的竞争，提高坐果率。生长旺季摘心一般在 5 月下旬至 7 月下旬以前进行。在新梢木质化以前，将旺梢留 30～35 厘米，余下的部分摘除，以增加枝量。树势旺时可连续摘心。7 月下旬以后不要摘心，不然发出的新梢不充实，易受冻害或抽干。

4. 扭梢 新梢半木质化时，用手捏住新梢的中、下部反方向扭曲180°，使新梢水平或下垂，伤及木质和皮层但不折断。一般4月中旬进行扭梢。扭梢时间要把握好，扭梢过早，新梢嫩，易折断，扭梢过晚新梢木质化且硬脆，不易扭曲，用力过大易折断。

5. 开张角度 开张角度是指对主枝进行拉枝，并撑开中心干以上所有主枝和侧枝的基角和梢角。开角有利于消减极性生长，缓和树势，促发短枝，促进花芽分化，改善膛内光照条件，增加结果面积。其主要分两个时期进行，一个是3月上旬发芽期进行，另一个时期是在6～8月份。这两个时期枝条韧性较大，各级枝条处于最易开角的阶段，不易劈裂。樱桃开张的角度要比其他果树大些，有利于控制树势。其主干基角要求60°～70°，腰角70°～90°，幼树的梢角可以与腰角相同以便减弱生长势，中、老年树要抬高梢角至30°左右，利于恢复树势。其他各侧生分枝开张角度可达80°以上。另外，开张角度的大小要依树势而定，树势强的开角可大些，反之易小些。开角应提早进行，树龄越小，枝条韧性越大，开角效果越好，且有利于早结果，早进入盛果期。

开角时用铁丝拴住大枝条1/3～2/3处，并用废胶管、硬纸板、软垫等物垫在着力点上，以防损伤皮层，造成枝条流胶。开角时应注意调节主枝在树冠空间的位置，使之分布均匀，辅养枝拉枝应防止重叠，合理利用树体空间。

6. 环剥 指在3年生以上的强旺树体或旺长枝条的基部，将韧皮部剥去一圈的技术。在生理落果期前后环剥，可促进环剥部位以上枝的花芽形成。樱桃树上环剥易出现流胶现象，因此在主干上应慎用，其次环剥宽度不宜过大，小枝一般3毫米左右，较粗的枝5～6毫米。环剥时间不可太晚，过晚伤口不易愈合且流胶。环剥伤口最好用200倍的多菌灵药液涂抹，然后再用透明塑料胶带包裹，伤口会减少流胶现象。环剥一般在 6 月上旬进行。

7. 环割 环割是在枝干上横割一圈或数圈环状刀口，深达木质部但不损伤木质部，只割伤皮层，而不将皮层剥除。环割的作用与环剥相似，但由于愈合较快，因而作用时间短，效果稍差。主要用于幼旺树上长势较旺的辅养枝、徒长旺枝等。在樱桃树上多采用环割技术代替环剥，时期与环剥一致。

第三节 休眠期修剪技术

休眠季修剪是指从冬季落叶到第二年春季发芽前这段时间所进行的修剪。树体在正常落叶之前，树体内贮备的营养，逐渐由叶片转入枝条，由 1 年生枝条转向多年生枝条，由地上部转向地下根系贮藏起来，此时对地上部进行修剪，营养物质最少，损失最轻。修剪时间过早或过晚，都会损失较多的贮备营养。但有些果树在休眠季节修剪会造成大量伤流不适合休眠季修剪。休眠期修剪是甜樱桃全年修剪的基础，是从总体上解决生长和结果的矛盾，改善冠层通风透光条件。休眠期修剪又以萌芽前修剪为宜，常用方法有短截、甩放、回缩、疏枝等。

果树冬季修剪的主要作用，是疏除过密枝、病虫枝、并生枝、徒长枝、过弱的花枝及其他多余枝条；缩短骨干枝、发育枝和结果枝组的延长枝，及时更新果枝；回缩过大过长的辅养枝、结果枝组和衰弱的主枝头；刻伤刺激一定部位的枝和芽，促进转化成强枝、壮芽；调整骨干枝、辅养枝和结果枝组的角度和延伸方向等。

一、短截

短截是剪去一年生枝的一部分的修剪方法，依据短截程度，可分为轻短截、中短截、重短截、极重短截四种，一般在休眠季节进行。

1. 轻短截　剪去一年生枝条全长的 1/3 以下部分。轻短截有利于缓和树势，削弱顶端优势的作用，提高萌芽率，降低成枝力。轻短截后抽生的枝条，转化为中弱枝数量多，而强枝少。能够形成较多的花束状果枝。在幼树修剪时，较多应用轻短截，能缓和长势，中、长果枝及混合枝转化多，有利于提早结果。特别是成枝力强的品种，常应用轻短截培养单轴延伸型枝组。对初结果的树进行轻短截，有利于生长、结果的双重作用。

2. 中短截　在一年生枝的中部减去原长枝度的 1/2 左右。中短截后的成枝力强于轻短截和重短截，平均成枝量为 4～5 个。有利于维持顶端优势，新梢生长健壮。由于中短截后抽枝数量多，成枝力强，若短截时间过长，则影响树冠的通风透光。主要对骨干枝进行中短截，扩大树冠，还可用于中、长结果枝组的培养。

在甜樱桃幼树上，对骨干枝延长枝和外围发育枝进行中短截，一般可抽生 3～5 个中、长枝条，5～6 个叶丛枝。对树冠内膛的中庸枝条进行中短截，在成枝力强的品种上一般只抽生 2 个中、长枝，成枝力弱的品种上除抽生 1～2 个中、长枝外，还能萌生 3～4 个叶丛枝。

在结果大树上，短截后有利于增强树势，促使花芽饱满，提高产量。对中强枝培养多轴枝组时，多采用中短截方法。在衰老树上，短截后有利于增加中强枝数量，扩大营养面积，加快更新复壮。

3. 重短截　减去一年生枝的 1/2～2/3。重短截可以平衡树势、培养骨干枝背上的多轴枝组。能够加强顶端优势，可促发旺枝，提高营养枝和长果枝比例。重短截后成枝力弱，成枝数量一般约 2 个，成枝数量较少。平衡树势时，对长势强旺的骨干枝延长枝进行重短截，能够减少其总生长量。骨干枝先端背上培养结果枝组时，第一年多对直立枝条进行重短截，控制枝组高度，次年对重短截后抽生的3～4个中、长枝，采取去强留弱、去直留斜的方法，即可培养为结果枝组。

4. 极重短截 减去枝条的4/5以上，在枝条基部只留几个芽。极重短截留的芽较瘪时，抽生出的枝条生长势较弱，因此可以采取这种方法来削弱幼旺树中心干上的强旺枝条。对幼旺树中心干上萌发的一年生枝留3～5个芽极重短截，可培养出枝轴较细的结果母枝，增加结果母枝的数量。极重短截只在准备疏除的甜樱桃一年生枝上应用，在结果树上极少应用。

二、疏枝

把一年生枝或多年生枝从基部剪除的修剪方法，主要用于疏除树冠外围的强旺枝、轮生枝、过密的辅养枝和扰乱树形的大枝及无用的徒长枝、细弱枝、病虫枝等。疏枝可以改善树体通风透光条件，减缓及缓和顶端优势，均衡树势，减少营养消耗，促进花芽形成，平衡营养生长和生殖生长等。疏除时要分批、分期进行，不宜一次除去太多，且在休眠季节进行，以免造成过多、过大的伤口而引起流胶或伤口开裂，严重时造成大枝或主枝死亡。

三、回缩

将多年生枝剪去或锯掉一部分的修剪方式，可更新复壮，增强回缩部位下部枝的生长势。主要应用于结果枝组复壮和骨干枝复壮更新上，其目的是通过回缩某些枝条来调节各种类型结果枝的比例。回缩在休眠季节进行。回缩对促进枝条的转化、复壮长势、促进潜伏芽萌发和花芽的形成，都有良好的作用。在具体应

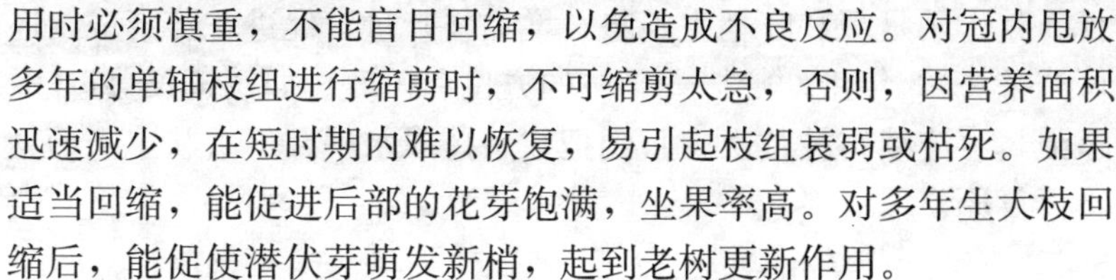

用时必须慎重，不能盲目回缩，以免造成不良反应。对冠内甩放多年的单轴枝组进行缩剪时，不可缩剪太急，否则，因营养面积迅速减少，在短时期内难以恢复，易引起枝组衰弱或枯死。如果适当回缩，能促进后部的花芽饱满，坐果率高。对多年生大枝回缩后，能促使潜伏芽萌发新梢，起到老树更新作用。

四、缓放

对一年生枝不进行短截，任其自然生长的修剪方法。其作用正好与短截相反，主要是用来缓和树势、调节枝叶量、增加结果枝和花芽数量。要缓放的枝条顶端有3～5个轮生饱满的大叶芽时，要减去顶部轮生芽。缓放有利于花束状果枝的形成，是幼树和初果期树常用的修剪方法。幼树缓放的原则为“缓平不缓直”，盛果树的缓放原则为“缓壮不缓弱、缓外不缓内”。缓放时要因树、因枝而异，对于幼树，角度较大的枝缓放效果较好，直立强旺枝和竞争枝必须拉水平或下垂后再缓放，如不先拉枝直接缓放，这种枝加粗很快，易形成“霸王枝”和“背上树”，导致下部短枝衰亡，结果部位外移。各主干延长枝在扩冠期间不宜缓放，否则不能形成理想的骨干枝。

缓放效果因枝条的生长势、着生部位的不同而异。生长势强、向阳性好的枝条，缓放后加粗生长快，花束状果枝多；而长势中庸、向阳性差的枝条，缓放后加粗生长慢，质量增加快，枝条密度大，且花束状果枝较健壮，在缓放枝上的分布也比较均匀。

五、拿梢

拿梢又叫捋枝，是用手对旺梢自基部到顶部逐渐捋拿，伤及木质部而不折断的方法。拿梢时间一般从采后到7月底以前进行。其作用是缓和旺梢生长势，增加枝叶量，促进花芽形成，还可调整 2～3 年生幼龄树骨干枝的方位和角度。如枝条长势过旺、过强，可连续捋枝数次，直到把枝条捋成水平或下垂状态，而且不再复原。

第四节　幼树整形修剪技术

一、幼龄树整形修剪

幼龄树是指从定植成活后到开花前这段时期。修剪的主要任务是，依据丰产树形的树体结构特点和植株的具体情况，达到选好骨干枝，促进幼树发育，提早结果的目的。修剪的原则是轻剪、少疏、多留枝，扩大树冠，增加营养面积。

（一）定植后第一年的修剪

苗木定植第一年，要经历一个“缓苗期”，长势一般不很旺盛。在这一年里，要根据整形的要求，进行定干，并选留好第一层主枝。

定干高度，要根据种类品种特性，苗木生长情况，立地条件及整形要求等确定。培养开心自然形时，定干高度 20～40 厘米，培养自然纺锤形时，定干高度为 60～80 厘米。一般成枝力强、树冠开张的种类和品种以及平地、沙地条件下，定干宜高些；成枝力弱、树冠较直立的种类和品种以及山丘地条件下，定干高度可稍低。定干后的苗木，发芽前，要在苗干近地面处，绑缚喇叭形纸套，上端扎紧，下端开口，以防大灰象甲爬到苗干上食害初萌发的嫩芽。

定干后，一般可抽生 3～5 个长枝。冬季修剪时，要根据发枝情况选留主枝。培养开心自然形时，要先选留好 2～4 个长势健壮、方位角度适宜的枝条，作为主枝。定干后的剪口枝进行重

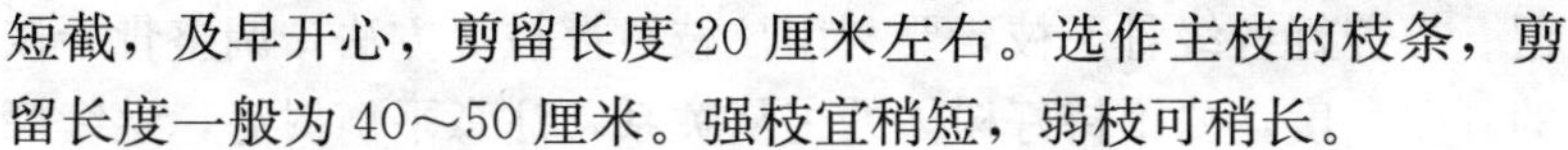

短截，及早开心，剪留长度 20 厘米左右。选作主枝的枝条，剪留长度一般为 40～50 厘米。强枝宜稍短，弱枝可稍长。

培养主干疏层形、自由纺锤形时，要先选留定干剪口下的直立壮枝，作中央领导干，剪留长度 40～50 厘米。再从其余枝条中，选留 2～3 个生长健壮、方位角度适宜的，作为主枝，进行短截。

（二）定植后第二年的修剪

经过 1 年“缓苗”之后，定植后第二年的大樱桃幼树一般可以恢复生长，并开始旺盛生长，在这一年里，要采取生长期修剪的措施，控制新梢旺长，增加分枝级次，促进树冠扩大。通过休眠期修剪，继续选留、培养好第一层主枝，开始选留第二层主枝和第一层主枝上的侧枝。

生长期修剪的具体方法是，6 月中旬前后新梢速长期，当新梢生长长度达到 20 厘米时，掐去嫩梢前端，使新梢加长生长暂趋停顿，促进侧芽萌发抽枝。如果新梢加长生长仍很旺盛时，可每隔 20～25 厘米，连续摘心几次。

休眠期修剪的具体方法，要根据幼树的生长情况灵活运用。如果第 年已选足了第一层主枝，并且经过第二年生长期摘心，分枝较多时，培养开心自然形的，即可在离主枝基部 60 厘米的部位，选择 1～2 个方位角度适宜的枝条，培养为一、二侧枝，培养自由纺锤形的，要在维持中干延长枝剪留长度 50 厘米左右的同时，切实控制好竞争枝和主枝背上的旺长枝。

不管是哪种树形，主枝的修剪长度一般为 40～50 厘米，侧枝的修剪长度约 40 厘米左右。摘心分枝较多的，可在侧枝上选留副侧枝，剪留长度 30 厘米左右。树冠中的其余枝条，斜生、中庸的可行缓放或轻短截，长势过旺并与骨干枝相竞争的，可视情况疏除或行重短截。

定植后第三年至第五年的修剪要根据整形的要求，继续选留、培养好各级骨干枝，要利用拉枝、撑枝等方法，调整骨干枝的开张角度，要维持好树体的主从关系，注意平衡树势，继续搞好新梢摘心，并开始培养结果枝组。

中干延长枝剪留 40～60 厘米，抹去剪口下 2～4 芽，一般能抽生 3～5 个长枝，方位、角度适宜的，可选作主枝，斜生、中庸枝条，缓放或轻短截，促使形成花芽结果。

大樱桃干性强，生长迅速，幼树期间要切实维持好树体的主从关系，均衡树体长势，特别是在培养小冠疏层形和自由纺锤形时，要严格防止上强，采用自由纺锤形整枝的，至 3 年生可基本完成整形。此后，可视树高适时开心，主枝长势强的，开心宜迟；主枝长势弱的，宜及早开心。

二、初结果树整形修剪

结果初期是指从开始开花结果到大量结果之前的这段时期。这个时期是树体从营养生长向生殖生长的过渡期。此期修剪的主要任务是继续完成树冠整形，增加枝量，培养结果枝组，平衡树势，为过渡到盛果期创造条件。

（一）继续扩大树冠，完成树形

进入初果期的幼龄树，由于苗木标准及采用树形等的不同，树形形成有早有晚。对于仍未完成树体整形的树，要继续通过适度剪截中央领导干和主枝延长枝，选择适当部位的侧芽进行刻芽促萌，培养新的侧枝或主枝。对于树体高度已达理想标准的树，可以在顶部一个主枝或顶部一个侧生分枝上落头开心。对于角度偏小或过大的骨干枝，仍需要拉枝开角，调整到应有角度。对于整形期间选留不当、过多过密的大枝，以及骨干背上大枝，应及时疏除，以便将树体调整到合理结构，完成树冠的整形工作。在树冠覆盖率尚未达到 75%左右时，仍然需要短截延伸，扩大树

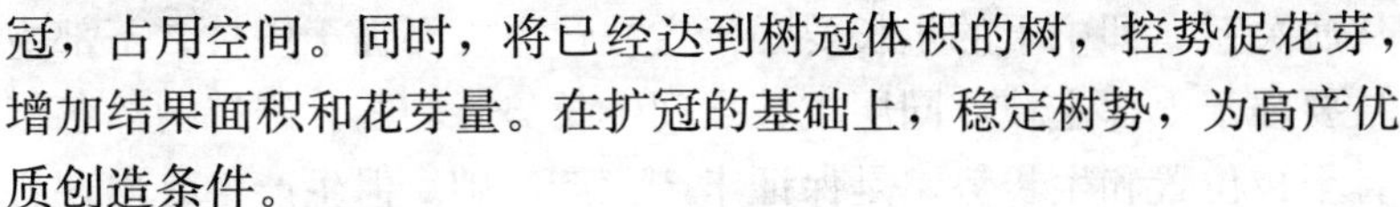

冠，占用空间。同时，将已经达到树冠体积的树，控势促花芽，增加结果面积和花芽量。在扩冠的基础上，稳定树势，为高产优质创造条件。

（二）培养结果枝组

甜樱桃结果枝组可分为鞭杆型枝组、紧凑型枝组以及大、中、小型结果枝组。

1. 鞭杆型枝组的培养　鞭杆型枝组长度一般在 1 米以上，径粗在 2 厘米以上。其上着生各类结果枝组和小型枝组，分布越多，产量越高。这类枝组多由强弱不等、部位适宜的发育枝，经连年甩放或轻打头培养而成。其先端分枝采用强摘心控制或者疏除，使中下部多数短枝在缓放的第二年形成花束状果枝或短果枝。培养这类枝组，要注意加大分枝角度和改善光照条件。由于这类枝组更新难，主要依靠维持修剪，使大量的多年生花束状果枝和短果枝生长健壮，提高坐果率，延长结果期限。

2. 紧凑型结果枝组的培养　对背上旺枝用极重短截法培养成紧凑型结果枝组。45～60 厘米的中庸枝采用先甩放后回缩的方法培养紧凑型结果枝组。

3. 大型结果枝组的培养　一是对生长较旺的发育枝先甩放 1～2 年，使枝条的生长势得到缓和，再进行收缩，确定枝轴长度；二是对骨干枝背上直立枝采用重短截培养大型结果枝组。

4. 中、小型结果枝组的培养　对长度为 40 厘米左右的中弱枝，多数只能培养成中、小型枝组。方法是先修剪后缓放，然后再回缩。

（三）均衡树势

甜樱桃在初结果期也需要平衡好各级骨干枝生长势力，理顺从属关系，即中干的生长要强于主枝，主枝要强于侧枝，下部主枝要强于上部主枝，同层主枝之间生长势要均衡。维持树体各级骨干枝位置和生长势，是保证丰产稳产基础。但生产中易出现各种不平衡现象，这就要求在修剪上抑强扶弱，促其平衡。

第五节　盛果期树体结构调整技术

在正常管理条件下，经过 2～3 年的初果期，即可进入盛果期。但进入盛果期之后，生长势开始衰弱。此期修剪的任务是保持健壮的树势，通过修剪和加强管理，调节好生长和结果的关系，达到年年高产、稳产和优质的目的。

一、盛果期甜樱桃壮树的指标

外围新梢长度为 30 厘米左右，枝条粗壮，芽体充实饱满；大多数花束状果枝或短果枝具有 6～9 片莲座状叶片，叶片厚，叶面积大，花芽充实；树体长势均匀，无局部旺长或衰弱现象。

二、调整技术

盛果期大量结果以后，随着树龄的增长，树势和结果枝组逐渐变弱，结果部位外移。应采取回缩和更新措施，促使花束状果枝向中、长果枝转化，以维持树体长势中庸和结果枝组的连续结果能力。

1. 鞭杆型枝组　通常采用缩放手法进行更新。当枝轴上多年生花束状果枝和短果枝叶数减少，花芽变小，则应及时回缩，选偏弱枝带头，维持和巩固中、后部的结果枝，但不可重回缩，以免减少结果部位，降低结果能力。当枝轴上各类结果枝正常

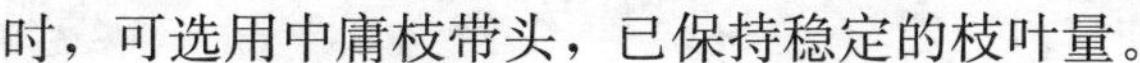

时，可选用中庸枝带头，已保持稳定的枝叶量。

2. 中、小型结果枝组　根据其中、下部结果枝的结果能力，可在枝组的先端的2～3年生枝段处回缩，促生分枝，增强长势，增加中、长果枝和混合枝的比例，维持和复壮结果枝组的生长结果能力。特别要注意的是维持和更新结果枝组生长结果能力，不能单独依靠枝组本身的修剪，还要考虑调节和维持其所着生的骨干枝的长势。当结果枝组长势衰弱、结果能力下降时，其所着生的骨干枝延长枝应选弱枝延伸，或轻回缩到一个偏弱的中庸枝当头；当结果枝结果能力强时，其着生的骨干枝延长枝宜选留壮枝继续延伸。

对进入盛果期的树，修剪上一定要注意甩放和回缩适度，做到回缩不旺、甩放不弱，这样才能达到结果枝组结果多、质量好、丰产优质的目的。

第六节　衰老树的更新修剪

甜樱桃自大量结果，大约经过15年的时间，因多数结果枝枝轴的延伸，结果部位远离母枝，生长结果能力明显减弱，而进入衰老期，树势明显衰弱，果实产量和质量下降，应及时进行更新。修剪的任务是更新树冠和培养新枝，从中选留一些方向适当的枝芽，通过培养重新恢复树冠骨架。

更新时主要处理密集大枝，并在内膛光秃带培养结果枝。需更新的大枝，最好是分期分批进行，以免一次疏除大枝过多，削弱树冠的更新能力。在更新大枝的同时，若其上着生较旺的侧生枝，也可在这个较旺的侧生枝上端更新，以后培养为主枝。衰老树的内膛大都光秃，可利用树冠内膛徒长枝来培养成大枝或结果枝，这就必须进行重短截，削弱其生长势，促进分枝，及早形成结果枝。更新的时间以早春萌芽前进行为好。如果仅骨干枝上部衰弱，中、下部有较强的分枝时，也可回缩至较强分枝上进行更新，使树势尽快恢复。

放任生长的甜樱桃树，树无定形、结构紊乱，树冠直立、角度不开张，大枝多、外围枝头密挤，成花晚、花芽质量差、产量低。因此，应该采用因树修剪，随枝作形，疏枝、开角相结合的办法，迅速加以改造和调整，建造一个壮树、高产、优质的树体结构。

对于自地面就有较多大枝无主干树，可以改造成丛状自然形。选择方位适宜、长度比较一致的4～5个大枝，用拉枝开角的方法，把角度调整到30°～40°。每个主枝上选留向冠外方向生长的侧枝5～6个，把角度开张到70°～80°。对于有主干而无明显中干、树冠基部有较多大枝的树，可以改造成自然开心形。改造方法如上。对于有比较明显中干的树，如树龄尚小、枝条角度大、开张还比较容易的，可改造成改良主干形；如树龄稍大，枝条角度大、开张有困难的，可以改造成类似苹果树的主干疏层形或三主枝改良纺锤形。

疏除大枝要慎重进行，可分期分批疏除，一般2～3年处理完毕。首先疏除严重扰乱树形的大枝，如丛状自然形或自然开心形选留主枝后的多余大枝，由竞争枝发展起来的“双（主）干枝”等。其次是疏缩一部分轮生枝、丛状自然形或自然开心形主枝上的大内向枝以及改良主干形中干上的过多过密大枝。疏除轮生枝时，可以采用“疏一缩一”法，避免对口疏枝。疏枝后第二年，在疏枝及其以下部位，可能由不定芽或隐萌芽发出一部分枝，在有空间处应及时摘心控制，培养分枝形成结果枝组；无空间处应及时抹掉。对其余可能反旺的枝条，也应通过夏剪，及时调整控制。

开张大枝角度时，要以拉枝为主，并以绳索固定，用铁丝栓住大枝条的1/3或1/2处，着力点用废胶管、硬纸板等物衬垫，防止损伤皮层，下端用木桩固定在地下，把大枝向下拉至整形所需角度，防止角度返上。个别长势强、枝较粗、拉枝开角有困难

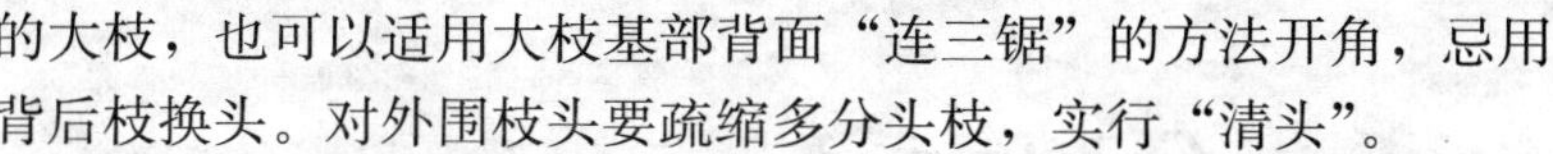

的大枝，也可以适用大枝基部背面“连三锯”的方法开角，忌用背后枝换头。对外围枝头要疏缩多分头枝，实行“清头”。

经过清理大枝、开角、疏枝，改善了冠内光照条件，缓和了外围极性，内膛短枝、花束状果枝、叶丛枝得到了保护。在此基础上全树轻剪缓放，就可以很快形成大量的优质结果枝，为丰产创造条件。

第七章 现代果园管理技术

第一节　土壤管理

甜樱桃是浅根性果树，大部分根系分布在土壤表层，既不抗旱，也不耐涝，还不抗风。同时，要求土质肥沃，水分适宜，透气性良好。这些特点说明了甜樱桃对土、肥、水管理要求较高。因此，土、肥、水管理的重要任务就是培肥地力，提高土壤的肥力，为壮树、高产、优质奠定基础。

甜樱桃的根系因种类、繁殖方式、土壤类型的不同有所差异。中国樱桃的实生苗，在种子萌发后有明显的主根存在，但当幼苗长到5～10片叶时，主根发育减弱，由2～3条发育较粗的侧根代替，因此中国樱桃实生苗无明显主根，整个根系分布较浅；甜樱桃实生苗，在第一年的前半期主要发育主根，主根发育到一定长度时发生侧根，根系分布深而比较发达；欧洲酸樱桃和库页岛山樱桃的实生苗根系比较发达，可发育3～5个粗壮的侧根。扦插、分株和压条三种无性繁殖苗木的根系是由茎上产生的不定根发育而成，其特点是没有主根，都是侧生根，根量比实生苗大，分布范围广，且有两层以上根系，这是樱桃与其他果树的不同之处。

甜樱桃嫁接苗的根系因砧木种类和砧木繁殖方式的不同而不同，土壤条件和管理技术也有重大影响。在砧木方面，库页岛山樱桃的根系最发达，固地性强，在沿海地区较抗风害；中国樱桃和考特砧须根发达，但根系分布浅，固地性差，不抗风，易倒伏。在繁殖方式上，无性砧水平根发达，且有两层以上根系，固地性强，较抗风，因此，在生产上应尽量采用无性砧。

土壤条件和管理水平对根系的生长和结构也有重大影响。据调查，中国樱桃砧木 20 年生的大紫，在良好的土壤和管理条件下，其根系主要分布在 40～60 厘米的土层内，与土壤和管理条件较差的同龄树相比，根系数量几乎增加一倍。因此，在生产上，既要注意选择根系发达的砧木种类，又要注意选择良好的土壤条件，加强土壤管理，促进根系发育。

樱桃适宜在土层深厚、土质疏松、透气性好、保水较强的沙壤土上栽培。在土质黏重、透气性差的黏土上栽培时，根系分布浅，不抗旱、涝，也不抗风。樱桃对盐渍化的程度反应较为敏感。因此盐碱地不宜栽植樱桃。适宜的土壤 pH 为 5.6～7.0。与其他果树相比，樱桃对重茬较为敏感，老樱桃园间伐后，至少应种植 3 年其他作物后才能栽植樱桃。

樱桃根系生长，每年有两次高峰。一次在 7 月底前，新梢停止生长后，根系生长最快，形成第一次生长高峰。7 月中旬到 8 月下旬几乎停止生长。10 月初又开始生长，10～11 月出现第二个小高峰。

根系分布浅，多集中在 5～20 厘米土层内，在疏松的土壤中分布可达 20～36 厘米。樱桃根系呼吸旺盛、需氧气强，对土壤透气性要求非常高，土壤透气不良时根部颈腐病、根癌病和生理性流胶病严重，因此甜樱桃喜欢透气性良好的沙土地。在施肥部位和种类上，要充分考虑其根系的特点，注意增加有机肥的施用，改良土壤结构，增强土壤透气性。

在进行养分管理时，一是要根据根系生长和分布特性进行，从而可以提高养分的利用率；二是要通过施肥调节根系的类型和分布，从而达到调节树体的目的。

土壤管理的好坏，直接影响到土壤的水、气、热状况和土壤微生物的活动，对提高土壤肥力，促进樱桃生长发育和开花结果有直接影响。因此，必须通过经常性的土壤管理，使果园的土壤保持永久疏松肥沃，使土壤水、气、热有一个协调而稳定的环境。樱桃的土壤管理主要包括土壤深翻扩穴，中耕松土、果园间作、水土保持、树盘覆草、树干培土等，具体做法要根据当地的具体情况，因地制宜地进行，分述如下：

1. 深翻扩穴 山丘地果园多半土层较浅，土壤贫瘠，妨碍根系生长；平原地果园，一般土层较厚但透气性较差，排水透气较差。深翻扩穴可加厚土层，改善通气状况，结合施有机肥可改良土壤结构，增强其稳定性，利于根系生长。

深翻扩穴应从幼树开始，坚持年年进行。我国北方地区一般春季干旱。深翻扩穴的时期最好在秋季 9 月下旬至 10 月中旬结合秋施基肥进行。此时深翻气温较高，有利于有机肥的分解；根系处于活动期，断根容易愈合，翌春形成新根数量多，增强对养分和水分的吸收能力；还利于冬季积蓄雨雪，增加土壤含水量；也有利于消灭部分越冬害虫。

山丘地果园可采用半圆形扩穴法，将一株树分两年完成扩穴，以防伤根太多影响树势。扩穴的环沟可距树干 1.5 米处开挖，沟深 50 厘米左右，沟宽 50 厘米左右，沟挖好后，可将土与粉碎的秸秆和腐熟的厩肥、堆肥等有机肥料混合后回填，以增加土壤中的有机质，改良土壤，促进根系生长。回填时可分层进行，随填随踏实，填平后立即浇水，使回填土沉实。深翻过程中注意不要伤及粗根，要把根按原方向伸展开。

平原地或沙滩地果园地势平坦，可采用井字沟法深翻或深耕，分年完成。采用此法时，可距树干 1 米处挖深 50 厘米、宽 50 厘米的沟，隔行进行，第二年再挖另一侧。回填土及注意事项同上。若采用深耕法，可先在行间撒上粉碎的秸秆、厩肥等再深翻压入土中。

2. 中耕松土和浅刨 樱桃树根系较浅，对土壤水分状况尤

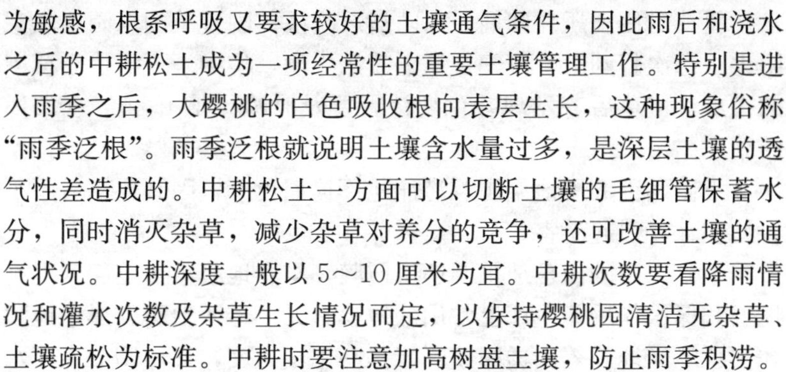

为敏感，根系呼吸又要求较好的土壤通气条件，因此雨后和浇水之后的中耕松土成为一项经常性的重要土壤管理工作。特别是进入雨季之后，大樱桃的白色吸收根向表层生长，这种现象俗称“雨季泛根”。雨季泛根就说明土壤含水量过多，是深层土壤的透气性差造成的。中耕松土一方面可以切断土壤的毛细管保蓄水分，同时消灭杂草，减少杂草对养分的竞争，还可改善土壤的通气状况。中耕深度一般以5～10厘米为宜。中耕次数要看降雨情况和灌水次数及杂草生长情况而定，以保持樱桃园清洁无杂草、土壤疏松为标准。中耕时要注意加高树盘土壤，防止雨季积涝。

山东烟台大樱桃产区的果农素有浅刨果园的习惯。秋、春季浅刨果园，既可增强土壤透气性，又有较好的蓄水保墒效果。在春旱严重的北方，浅刨是春季抗旱的一项措施。浅刨时应距树干50厘米，以免伤及粗根。

3. 树盘覆盖（草）　树盘覆草能使表层土壤温度相对稳定，保持土壤湿度，提高有机质含量，增加团粒结构，在山丘地缺肥少水的果园内覆草尤为重要。覆草还可促进根系生长，特别有利于表层细根的生长，促进树体健壮生长，有利于花芽分化，提高坐果率，增加产量，改善品质。山东烟台果农在大樱桃园覆草后，花朵坐果率比不覆草的提高24.1％～27.2％，平均单果重比对照高18.4％，且花芽数量明显增多，收到了增产和提高品质的双重效果。

覆草时间一般以夏季为最好，因此时正值雨季，温度又高，草易腐烂，不易被风吹走。在干旱高温年份，此时覆草可降低高温对表层根的伤害，起到保根的作用。

覆草的种类有麦秸、豆秸、玉米秸、稻草等多种秸秆以及花生壳、锯末、有机腐熟物等有机物料。数量一般为每亩2 000～2 500千克麦秸，若草源不足，应主要覆盖树盘，覆草厚度为15～20厘米。覆盖前，要把草切成5厘米左右，撒上尿素或鲜尿堆成垛进行初步腐熟后再覆盖效果更好。覆草时，先浅翻树盘。覆草后用土压住四周，以防被风吹散。刚覆草的果园要注意防火。每次打药时，可先在草上喷洒1遍，集中消灭潜伏于草中的害虫。覆草后若发现叶色变淡，要及时喷1遍0.4%～0.5%的尿素。

土质黏重的平地果园及涝洼地不提倡覆草，因其覆草后雨季容易积水，引起涝害。

干旱少雨的山丘地果园还可覆膜，早春地膜覆盖能起到提高地温和保水作用。生产上常用的地膜有无色透明地膜、黑色地膜和银色反光地膜等。透明膜既能提高土壤温度，又可调节土壤水分，有利于果树的正常生长发育。覆盖黑色地膜，不仅有无色透明地膜的保温、保湿作用，而且还能遮蔽强光，抑制杂草生长。地膜覆盖一般在3月上中旬进行，覆膜前，应先把树冠下树叶、杂草、砖块瓦片等清理干净，土块耙细耙碎，做成平整的里低外高浅盘形状，以利于集接雨水和浇水。当年栽植的幼树，可选用1.0～1.2米宽度地膜，从一侧切口穿过树干，然后拉平，使膜完全覆盖树盘，紧贴地面，然后四周用土压实，以防风吹。2年生以上大树，先在树干两边做成90厘米宽的畦带，畦面要里低外高，平整、无大土块，可选用70～80厘米宽度的地膜，一次性拉通成两对面，在覆盖地膜的同时注意用土压好两边和中间相接处，以确保覆膜质量和效果。

4. 树干培土 树干培土也是樱桃园的一项重要管理措施。樱桃产区素有培土的习惯，在定植以后即在樱桃树基部培起30厘米左右的土堆。培土除有加固树体的作用外，还能使树干基部发生不定根，增加吸收面积，并有抗旱保墒的作用。在大樱桃进入盛果期前，一定要注意培土。培土最好在早春进行，秋季将土堆扒开，这样可以随时检查根颈是否有病害，发现病害及时治疗。土堆的顶部要与树干密接，防止雨水顺树干下流进入根部，引起烂根。

5. 间作 幼树期间，为了充分利用土地和光能，提高土壤

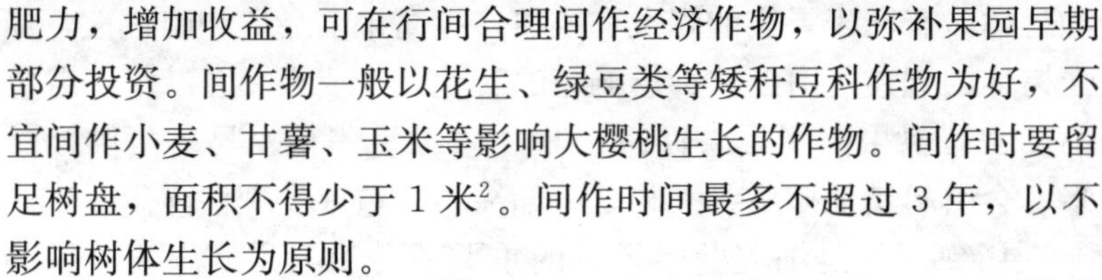

肥力，增加收益，可在行间合理间作经济作物，以弥补果园早期部分投资。间作物一般以花生、绿豆类等矮秆豆科作物为好，不宜间作小麦、甘薯、玉米等影响大樱桃生长的作物。间作时要留足树盘，面积不得少于 1 米^2。间作时间最多不超过 3 年，以不影响树体生长为原则。

第二节　施肥管理

大樱桃和其他植物一样，在生长发育过程中需要大量的矿质元素，如氮、磷、钾、钙、镁、铁、硼、锌等。缺少这些元素，大樱桃就不能正常生长发育，甚至出现相应的缺素症。

一、大樱桃需要的营养元素及作用

1. 氮　氮是大樱桃需要量最多的营养元素之一。氮可促进营养生长，改善果实品质和提高产量。缺氮，枝叶生长缓慢，叶片小而薄，光合性能低，影响碳水化合物和蛋白质的形成，落花落果严重。长期缺氮，降低树体的氮素水平，表现根系不发达，抗逆性差。氮素过剩，又会引起徒长，影响枝条充实及花芽分化，降低果品质量，树体易受冻害，甚至导致某些生理病害发生。

2. 磷　磷是核酸、核蛋白、磷脂的重要成分。磷能促进花芽分化、果实发育和种子成熟，提高果实质量。增施磷肥还能改善根系的吸收能力，促进新根生长，提高树体抗逆性和抗病性。缺磷会影响树体内的物质代谢和能量代谢，延迟萌芽开花，降低萌芽率，影响根系发育和花芽分化。严重缺磷，叶片边缘出现半月形坏死斑，果品质量下降。

3. 钾　钾是大樱桃吸收量仅次于氮的一种重要营养元素。在树体内，钾以离子态存在，在物质代谢中，钾能促进糖的转化和运输，有利于果实的膨大和成熟，提高果实品质和耐贮性，加强树体的抗逆能力。缺钾影响糖的转化，造成果小、叶小、着色不良、易裂果。严重缺钾时，叶片边缘易焦枯、早落。供钾过多，会引起其他矿质元素缺乏（如缺钙）造成生理性障碍。

4. 钙 钙是细胞壁中果胶的重要成分。与果实发育、果品质量和果实耐贮性等有密切关系，缺钙会影响根系发育，使根系表面增生疣状突起。缺钙的果实果肉硬度低，裂果加重，耐贮性差。

5. 镁 能促进果实肥大，提高果实品质。缺镁叶绿素不能形成，呈现失绿症，严重时新梢基部叶片早期脱落，果汁中可溶性固形物、柠檬酸和维生素C含量大为降低，影响产量和质量。

6. 铁 铁在果树体内，是酶的重要辅助因子，对叶绿素的形成有促进作用。缺铁会影响叶绿素的形成，幼叶失绿（叶脉仍为绿色），严重影响光合作用的正常进行，造成树体衰弱，果实产量和品质下降。缺铁严重时还会造成死树。

7. 硼 硼能促进大樱桃花粉发芽和花粉管伸长，有利于开花、受精和结实，硼还有利于糖的合成与转化，对提高产量和品质具有重要作用。缺硼会造成果肉木栓化，果实畸形，根系停止生长、伸长。

8. 锌 是合成生长素的原料，有利于樱桃营养生长。大樱桃缺锌，新梢顶端叶片狭小，枝条纤细，节间短，小叶密集丛生，质地厚而脆，即小叶病。沙滩地、盐碱地及山地园片，缺锌比较普遍。浇水频繁，伤根多，重剪及重花果园也易发生缺锌症。

二、施肥依据

大樱桃施肥，应以树龄、树势、土壤肥力和品种的需肥特性为依据，掌握好肥料种类、施肥数量、时期和方法，及时适量地

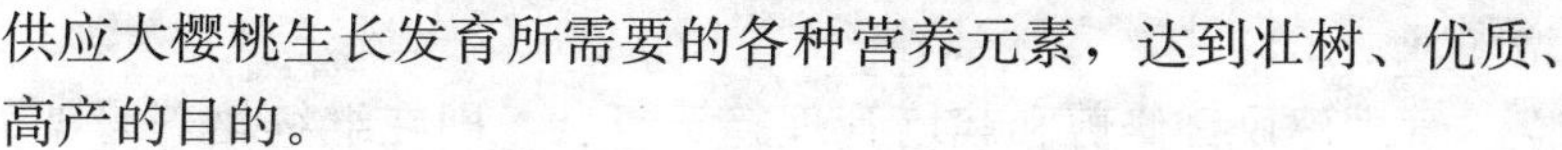

供应大樱桃生长发育所需要的各种营养元素，达到壮树、优质、高产的目的。

（一）生命周期需肥特点

甜樱桃嫁接苗从定植到衰老一般是十几年到几十年的时间，是营养生长与生殖生长不断矛盾，不断协调的过程。在这一过程中，大体要经历幼树期，即营养生长阶段；初果期，即生长结果阶段；盛果期，即结果生长阶段；衰老更新阶段。每一阶段都有其明显的特点，掌握这些特点，就能采取合理的养分管理等栽培技术达到早结果、丰产、壮树、质优的目的。

1. 幼树期 幼龄期也称营养生长期，即从一年苗定植之后，到最初开花结果的阶段，这一时期，营养生长占绝对优势。甜樱桃生长的特点是加长加粗生长活跃，年生长量超过 100 厘米，粗度超过 1.5 厘米，分枝校少。物质代谢的特点是，树体中营养物质的积累迟，进入 9 月份（秋季）才开始积累，大部分营养物质用于器官的建造。树体中营养物质的循环模式简单，不利于花芽形成和结果，即便形成诸多丛状短枝也不能成花。

管理建议：可采用刻芽和夏季多次摘心促使多发枝，增枝叶量，然后通过拉枝．扭梢和绞缢等办法抑制营养生长，促进营养积累来达到缩短营养生长期的目的。养分上此期对氮磷需求较多，应以氮为主，辅以适量磷肥，促进树冠及早形成，为结果打下坚实的基础。

2. 初果期 初果期又称生长结果期。随着树龄的增长，树冠、根系不断扩大，枝量、根量成倍增长，枝的级次增高，生长开始出现分化；部分外围强枝继续旺长，中、下部枝条提前停长、分化。长枝减少，中短枝及丛状枝量增加，营养生长期相对缩短，营养物质提前积累，内源激素也随之变化，为花芽分化提供了物质基础，中短枝的基部和丛状枝的周侧芽的分化开始趋于成花。但营养生长仍占优势，花量、果量都随枝量的增加而增多。

管理建议：修剪和栽培管理趋于复杂，即在继续培养骨架、扩大树冠的同时，注意控制树高，抑制树势，促使及早转入盛果期。在甜樱桃上可采取夏季对直立旺枝扭梢、多次摘心、拧、拉过旺枝和对旺长树绞缢等措施来控制树势。如果措施得当，5～7年便可进入盛果期，如不得当，10年以上的树仍然旺长不结果。养分上应注意控氮、增磷、补钾。

3. 盛果期 盛果期又称结果生长阶段。树冠达到最大限度，生长和结果趋于平衡，产量最高且趋于稳定。发育枝的年生长量约在30～50厘米，干周仍继续增长，结果部位布满整个树冠，并开始由内向外，自下而上转移。此期生长发育节奏明显，营养生长、果实发育和花芽分化关系协调，是经济效益最高的时期。

管理建议：修剪上注意改善内膛光照，防止内膛枝枯死，结果部位外移；土壤管理上通过深翻改土、增施有机肥料等方法，增强根系的活力，防止根系衰老，以便维持健壮的树势。养分管理上除供应树体生长所需养分、补充消耗外，更重要的是为果实生长提供充足营养。樱桃果实生长需钾较多，因此应增加钾肥施用量。

4. 衰老更新期 随着树龄的增长，树体机能逐渐衰退，首先是根系萎缩，树冠内膛、下部枝枯秃，生长减弱，产量和品质下降。这一时期来临的早晚因树种、品种和栽培技术而异。甜樱桃的寿命较短，其盛果期年限为20年左右，40年生以后便明显衰老。自然情况下，无意外灾害，甜樱桃的寿命也可长达80～100年。养分管理上要增加氮素的供应量，恢复树势，延长结果寿命。

（二）甜樱桃年周期养分需求特点

甜樱桃年周期可分为以下四个阶段。各阶段划分及养分需求

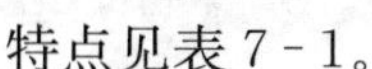

特点见表 7-1。

表 7-1 甜樱桃年周期划分及各阶段养分需求特点

时　　期	营养需求特点
开花坐果期	萌芽、开花和坐果集中进行，氮磷营养需求高峰期。主要利用树体贮藏营养
新梢旺长和果实膨大期	果实膨大和新梢旺长集中在1～2个月时间内，营养需求最多的时期。主要利用贮藏营养，后期部分利用当年生营养
果实采收和花芽分化期	是樱桃花芽分化的关键时期，要及时通过施肥补充养分消耗
9月中旬到10月中旬	是养分贮藏的关键时期，对樱桃第二年的生长发育起决定性影响

年周期中，樱桃具有生长发育迅速需肥集中的特点。从展叶、开花、果实发育到成熟都集中在生长的前半期，即4～6月下旬，而花芽分化则集中在采收后较短的时期内。由于早春气温及土壤温度较低，根系的活动较差，对养分吸收的能力较弱。因此，在生长的前半期主要是利用冬前在树体内贮藏的养分，贮藏养分的多少及分配对樱桃早春的枝叶生长、开花、坐果和果实膨大有很大影响。贮藏养分的水平还影响花果的抗冻性，据调查，树体营养贮备水平高的，春季花果冻害率只有0.25%；而树体营养贮备水平低的，其花果冻害率高达62.26%。根据这一特点，在樱桃施肥上，要重视秋季施肥，追肥要抓住开花前后和采收后两个关键时期。

（三）生长势

要求通过增施有机肥、调节氮磷的比例，使1～3年生幼树外围新梢平均生长量为60～100厘米，4～6年树为40～60厘米，以达到壮树、控制旺长、恢复弱树的长势、连年丰产稳产的目的。

（四）树体和土壤养分状况

通过对大樱桃叶片及土壤进行营养分析，与其标准值相比较，得出营养元素丰缺情况和施肥顺序达到指导施肥的目的。

三、施肥原则

1. 增施有机肥　以稳为核心，有机肥不仅具有养分全面的特点，而且可以改善土壤的理化性状，有利于甜樱桃根系的发生和生长，扩大根系的分布范围，增强其固地性。早施基肥，多施有机肥还可增加甜樱桃贮藏营养，提高坐果率，增加产量，改善品质。

2. 抓住几个关键时期施肥　生命周期中抓早期，先促进旺长，再及时控冠促进花芽分化。年周期中抓萌芽期、采收后和休眠前三个时期。

3. 以平衡施肥为主　追肥上应以平衡施肥为主，然后根据各时期的需肥特点有所侧重。

四、肥料的种类

常用的肥料可以简单地分为有机肥和化肥。

有机肥是指含有机营养物质的肥料。在有机营养物质中，主要是碳水化合物、蛋白质类以及树脂类等，并含有各种矿质元素，这些物质在果实生长发育中起着重要的作用。有机肥包括绿肥、厩肥、人粪尿、饼渣肥、鱼腥肥等。这些有机肥中的许多具置换能力的羧基(—COOH ）和羟基(—OH ），可保存许多 H^+ 和盐离子，供与其他离子相互置换，从而提高土壤的缓冲能力，减轻和克服缺素症的发生。在烟台大樱桃产区，主要以豆饼肥（黄豆煮熟发酵）、人粪尿、厩肥、猪圈粪等有机肥作基肥。这些有机肥含有丰富而完全的营养成分。如人粪尿含有机质5%～

10%，氮、磷、钾的含量分别为0.5%～0.8%、0.2%～0.4%和0.2%～0.4%；猪圈粪中含有机质11.5%，氮、磷、钾含量分别为0.45%、0.19%和0.60%。牛、马粪中含有机质11%～19%，氮、磷、钾含量分别为0.45%～0.58%、0.23%～0.28%和0.50%～0.63%。

这些肥料不仅有利于土壤团粒结构的形成和维持，而且可提高土壤的保肥、蓄水能力，有利于土壤微生物的繁殖和活动，促进有机物的分解和转化，增进地力。实践证明，只有不断地施有机肥，才能不断地补充被消耗的土壤有机质，保持土壤的肥力。但这些动物残体和动植物废弃物必须保证不含无公害生产禁止的有害物质，否则要进行无害化处理才能施用。

日本、美国的大樱桃园，普遍种植绿肥，果树行间多年不耕、不刨、不锄，年内用割草机割3～5次，使果园土壤有机质含量逐年提高。0～20厘米土层内的有机质含量一般达3%左右。在我国，可用于果园种植的绿肥有苜蓿、三叶草、田菁、柽麻。果园地边、地头可栽植紫穗槐。据测定每亩毛叶苕子翻压后，就等于施纯氮肥5.6～8.4千克，磷肥（P_2O_5）1.3～1.95千克，钾肥（K_2O）4.3～6.45千克。凡长期间种绿肥作物的土壤，由于有机质和含氮的增加，pH会缓慢下降。

化肥是指工业生产的单元素和多元素速效性肥料。氮肥有尿素等，磷肥有磷酸二胺、过磷酸钙等，钾肥有硫酸钾等。多元肥料有掺（混）肥和复合肥等几种形式。实践证明，大樱桃施用化成复合肥的效果较好，如15-15-15氮磷钾复合肥、12-12-17-2氮磷钾镁复合肥等。

五、肥料的用量

在烟台，大樱桃产区给结果树施基肥，一般每株施人粪尿30～60千克，或猪圈粪100千克左右。在日本大樱桃主产区山形县，要求贫瘠土壤的樱桃园和树龄大的樱桃园多施肥，肥沃的樱桃园和树龄短的樱桃园则少施肥。一般火山灰两次堆积的土壤，每亩以施氮素 10 千克，五氧化二磷 4 千克，氧化钾 8 千克为宜。特别指出过多的施肥会造成果实品质下降，结果不稳定，土壤恶化等不良现象。施用家禽粪便时，应相应减少化学肥料的施用量。

研究表明，对大樱桃结果树年过多的施氮肥，单纯施钾肥，都没有好作用；最好是以有机肥为主，在有机肥充足的条件下，可减少或不用化肥。我们根据试验结果并综合有关资料确定了不同树龄的甜樱桃施肥量如表 7-2，供参考。为了方便计算，只列出几种常用的单质肥料，采用其他肥料可以根据纯养分量进行换算，在生产上提倡采用复合肥或专用肥。

表 7-2　不同树龄甜樱桃的亩施肥量（千克）

树龄（年）	有机肥	尿　素	过磷酸钙	硫酸钾
1～5	1 500～2 000	5～10	20～30	3～5
6～10	2 500～3 500	10～15	30～40	5～10
11～15	3 500～4 500	15～25	30～50	10～30
16～20	3 500～4 500	15～25	30～50	10～30
21～30	4 500～5 000	15～30	35～60	15～35
＞30	4 500～5 000	15～30	35～60	10～30

六、施肥时期

秋季、花前及采收后是甜樱桃施肥的三个重要时期。

1. 秋施基肥　宜在 9～10 月间进行，以早施为好，可尽早发挥肥效，有利于树体贮藏养分的积累。实验证明，春施基肥对大樱桃的生长结果及花芽形成都不利。

2. 花前追肥　甜樱桃开花坐果期间对营养条件有较多的要求。萌芽、开花需要的是贮藏营养，坐果则主要靠当年的营养，因此初花期追施氮肥对促进开花、坐果和枝叶生长都有显著的作用。甜樱桃盛花期土壤追肥肥效较慢，为尽快地补充养分，在盛花期喷施0.3%的尿素+0.1%～0.2%硼砂+600倍磷酸二氢钾液，可有效地提高坐果率，增加产量。

3. 采果后追肥　甜樱桃采果后10天左右，即开始大量分化花芽，此时正是新梢接近停止生长时期。整个花芽分化期约40～45天，采收后应立即施速效肥料，最好是复合肥，以促进甜樱桃花芽分化。

秋季、花前及采果后三个重要时期施肥要点见表7-3。

表7-3　甜樱桃不同树龄施肥时期及要点

树　龄	基　　肥	追　　肥
1年生	定植肥：亩施有机肥1 500千克，磷酸二铵3千克	4月中旬：方案一，每亩磷酸二铵5千克； 方案二，每亩尿素3千克，过磷酸钙10千克
2～5年生	秋季基肥：方案一，亩施有机肥2 000千克左右，复合肥(20-10-10) 15～20千克； 方案二，亩施有机肥2 000千克，尿素5千克，过磷酸钙10～15千克，硫酸钾3千克	3月中旬：方案一，亩施复合肥(10-10-20) 5～10千克； 方案二，亩施尿素5千克左右，过磷酸钙10～15千克，硫酸钾5千克 6月初：方案一，亩施复合肥(20-10-10) 10～15千克； 方案二，亩施尿素5千克，过磷酸钙20千克，硫酸钾5千克
6～10年生	秋季基肥：方案一，亩施有机肥3 000～4 000千克，复合肥(20-10-10) 15～25千克； 方案二，亩施有机肥3 000～4 000千克，尿素5千克，过磷酸钙10～20千克，硫酸钾3千克	3月中旬：方案一，亩施复合肥(10-10-20) 15～25千克； 方案二，亩施尿素1～5千克，过磷酸钙10～15千克，硫酸钾10～15千克 采果后：方案一，亩施复合肥(20-10-10) 15～20千克； 方案二，每亩施尿素5～10千克，过磷酸钙10～15千克

（续）

树 龄	基 肥	追 肥
11～25年生	秋季基肥：方案一，亩施有机肥4 000～5 000千克，复合肥（20-10-10）20～30千克； 方案二，亩施有机肥4 000～5 000千克，尿素5～10千克，过磷酸钙20～25千克，硫酸钾10千克	3月中旬：方案一，亩施复合肥（10-10-20）25～35千克； 方案二，亩施尿素5千克，过磷酸钙15千克，硫酸钾15～30千克 采收后：方案一，亩施复合肥（20-10-10）20千克； 方案二，亩施尿素10千克，过磷酸钙15千克
25～30年生	秋季基肥：方案一，亩施有机肥4 500～5 500千克，复合肥（20-10-10）25～35千克； 方案二，亩施有机肥4 500～5 500千克，尿素10～20千克，过磷酸钙25～30千克，硫酸钾10千克	3月中旬：方案一，亩施复合肥（10-10-20）30～40千克； 方案二，亩施尿素5千克，过磷酸钙20千克，硫酸钾15～30千克 采收后：方案一，亩施复合肥（20-10-10）25千克； 方案二，亩施尿素15千克，过磷酸钙25千克

七、施肥方法

基肥的施用可与深翻扩穴相结合，也可单独施用。施用方法主要有辐射沟法和环状沟法。辐射沟法是在距树干50厘米处向外开挖，辐射沟要用里窄外宽、里浅外深，靠近树干一端的宽度及深度为30厘米左右，远离树干一端为40～50厘米，沟长在树冠投影外约20厘米处，沟的数量为4～6条。环状沟是在树冠的投影处开挖长度约50厘米，深40～50厘米的环沟。施肥沟要每年变换位置交替进行。基肥还可结合秋刨园撒施。基肥必须连年施用。生产实践经验表明，有机肥对提高樱桃产量、改善樱桃品质有明显的作用。

追肥分土壤追肥和根外追肥两种方式，土壤追肥是主要的追肥方式。土壤追肥主要有两次，分别为开花坐果期和采果后。樱桃开花结果期间，消耗大量养分，对营养条件有较高要求，必须适时足量追施速效性肥料，以提高坐果率，增大果个，提高品质，促进枝叶生长。此期追肥主要是复合肥和腐熟的人粪尿。盛果期大树一般株施复合肥 1.5～2.5 千克，或株施人粪尿 30 千克，开沟追施、追后浇水。樱桃采果以后由于开花结果树体养分亏缺，又加此期正值花芽分化盛期及营养积累前期，需要及时补充营养。采果后补肥一般在果实采收后 6 月中下旬至 7 月上旬进行。肥料类型主要为腐熟的人粪尿、猪粪尿、豆饼水、复合肥等。人粪尿每株可施 60～70 千克或猪粪尿 100 千克或豆饼水 2.5～3.5 千克或复合肥 1.5～2.0 千克。施肥方法可采用多条（6～10 条）辐射沟或环状沟施肥法。施肥后随浇透水。

根外追肥是一种应急和辅助土壤追肥的方法，具有见效快、节省肥料等优点。根外追肥也集中于前半期施用，因为这一时期消耗较多，根外追肥可及时补充消耗，对提高坐果、增加产量和改善品质有较好的作用。萌芽前可喷 2%～4%尿素 1～2 次；萌芽后到果实着色之前可喷 2～3 次 0.3%～0.5%的尿素；花期可喷 0.3%硼砂 1～2 次；果实着色期喷 0.3%磷酸二氢钾 2～3 次；采果后及时喷 0.3%～0.5%的尿素 1～2 次（表 7-4）。根外追肥可以与防治病虫害相结合，但要求两者之间无不良反应。喷洒时间一般在一天的下午和傍晚。喷洒部位以叶背面为主，便于叶片吸收。

表 7-4　甜樱桃的根外追肥

时期	种类、浓度	作　用	备　注
萌芽前	尿素 1%～4%	促进萌芽、叶片、短枝发育，提高坐果率	前一年负荷量大或秋季落叶树更加重要，可连续 2～3 次
萌芽后	尿素 0.3%	促进叶片转色、短枝发育，提高坐果率	可连续 2～3 次
花期	硼砂 0.2%～0.3%	提高坐果率	可连续喷 2 次

（续）

时期	种类、浓度	作　用	备　注
果实发育期	硼砂 0.3%～0.4%	防治缩果病	可连续喷 1～2 次
	磷酸二氢钾 0.4%～0.5%	增加果实含糖量，促进着色	可连续喷 3～4 次
采收后	尿素 0.3%～0.5%	延缓叶片衰老，提高贮藏营养	可连续喷 3～4 次，大年尤其重要
	硼砂 0.2%～0.3%	矫正缺硼症	主要用于易缺硼的果园

第三节　水分管理

水是樱桃正常生长发育获得高产优质的重要条件。樱桃正常生长发育需要一定的大气湿度，但高温多湿又容易导致徒长，不利结果。在坐果后若过于干旱则又影响果实的发育，会导致果实发育不良而产生没有商品价值的所谓“柳黄”果，造成减产减收。中国樱桃的栽培区，除南方雨量充沛的地区外，在北方多选择山地谷沟空气较湿润的地方栽植。大樱桃对水分状况较敏感，世界上大樱桃的各大产区，大部分都分布在靠近大水系较近的地区或沿海地区，这些地区一般雨量充沛，空气湿润，气温变化较小。我国的大樱桃栽培区也是如此，主要分布在渤海湾的山东烟台和辽宁大连，这两个地区靠海近，气温波动小，年降水量在 600～700 毫米，空气比较湿润，气候温和，有利于大樱桃的生长和发育。在夏干地区，如美国大樱桃主产区华盛顿州的雅基玛和韦纳契，年降水量不超过 250 毫米，生长季不超过 150 毫米；乌克兰大樱桃产区主要分布在靠近黑海沿岸的夏干地区，年降水量不超过 300 毫米，7～9 月很少降雨，但这些地区温度适宜，光照充足，在樱桃生长季主要靠良好的灌溉条件来满足樱桃对水分的需求，樱桃不仅生长好，而且果大、产量高，品质优。

樱桃和其他核果类果树一样，根部要求较高浓度的氧气，对根部缺氧十分敏感，若根部氧气不足，便会影响树体的生长发育，甚至会引起流胶等因缺氧诱发的病害。土壤黏重、土壤水分过多和排水不良，都会造成土壤氧气不足，影响根系的正常呼吸，轻则树体生长不良，重则造成根腐、流胶等涝害症状，甚至导致整株死亡。若土壤水分不足，会影响树体发育形成“小老树”，产量低，品质差。因此，在土壤管理和水分管理上要为根系创造一个既保水又透气的良好的土壤环境，雨季注意排水，经常中耕松土，秋季注意深翻，促进根系生长。

年周期内各个生长发育期，大樱桃对水分的需求状况也有差异。据于绍夫（2005）研究，在果实发育的第二期（硬核期）的末期，是旱黄落果最严重的时期，严重时高达50%以上，是果实发育需水的临界期。此时若干旱少雨应适时灌水，才能保证果实发育正常，减少落果，增加产量，提高品质。在果实发育期，若前期干旱少雨又未浇水，在接近成熟时偶尔降雨或浇水，往往会造成裂果而降低品质。因此，大樱桃是既不耐涝又不抗旱的树种，对水分状况极为敏感。我国北方往往是春旱夏涝，所以春灌夏排是樱桃水分管理的关键。

一、适时浇水

樱桃的浇水可根据其生长发育中需水的特点和降雨情况进行，年周期中有以下5个需水关键时期：

1. 花前水　在发芽后开花前（3月中下旬）进行。主要是为了满足发芽、展叶、开花对水分的需求。此时灌水还有降低地温，延迟开花期，有利于防止晚霜为害的作用。

2. 硬核水　硬核期（5月初至5月中旬）是果实生长发育最旺盛的时期，此期若水分供应不足，影响幼果发育，易早衰脱落。所以此期10～30厘米的土层内土壤相对含水量不能低于60%。否则就要及时灌水，此次灌水量要大，浸透土壤50厘米为宜。

3. 采前水 采收前10～15天是樱桃果实膨大最快的时期，灌水与不灌水对产量和品质影响极大。此时若土壤干旱缺水，则果实发育不良，不仅产量低，而且品质亦差。但此期灌水必须是在前几次连续灌水的基础上进行，否则若长期干旱突然在采前浇大水，反而容易引起裂果。因此，这次浇水采取少量多次的原则。

4. 采后水 果实采收以后，正是树体恢复和花芽分化的关键时期，要结合施肥进行充分灌水。

5. 封冻水 落叶后至封冻前要浇一遍封冻水，这对樱桃安全越冬、越少花芽冻害及促进树体健壮生长均十分有利。

灌水方法一般是采用畦灌或树盘灌。先在树冠外沿以树干为中心筑起土埂，把树间隔在方形或长方形畦内，整平畦面，树干周围土面稍高，使干周围不积水，灌水均匀。

在有条件的地方，还可采用喷灌、微喷灌和滴灌。这些先进的灌水方式，不仅可控制水量节约用水、灌水均匀、减轻土壤养分流失、避免土壤板结、保持团粒结构，还可增加空气湿度、调节果园的小气候，减轻低湿和干热对樱桃的为害。在晚霜为害时，利用微喷灌对树体间歇喷水可防止霜冻。

二、雨季排水

樱桃树是最不抗涝的树种之一，在建园中以及日常管理上一定要注意防止内涝。

新建果园建议采用起垄栽培技术，平原黏土地果园土壤通透性差，早春地温回升慢，影响根系活动；雨季容易积水，导致根系窒息，引起早期落叶，影响植株生长发育。起垄后增加了水分散失的面积，垄（台）在地平面以上，土壤不板结，透气性大幅度提高。根系分布在透气性明显改善的垄（台）中，细根量大，根系发达，健壮，吸收能力强，植株生长发育强壮。

起垄（台）前撒施充足土杂肥后浅松土，新建果园沿定植行线将行间的表土沿行向培成垄后小坑栽植，垄为弧形，高20～50厘米，底宽1.5～2.0米；台为梯形，上宽80厘米，下宽1.5～2.0米，高50厘米左右。

现有未起垄（台）的果园在雨季来临之前，要及时疏通排水沟渠，并在果园内修好排水系统，这对平原和沙滩地果园十分必要。具体做法是在行间开挖20～25厘米深、宽40厘米的浅沟，与果园排水沟相通，挖出的土培在树干周围，使树干周围高于地面；再在距树干50厘米处挖4条辐射沟，与行间浅沟相通，辐射沟内填埋长玉米秸秆。这样如遇大雨便可使果园内雨水迅速排出，避免积涝。同时在每次降雨以后要及时松土，改善土壤的通气状况，防止雨季泛根。

第四节　生草技术

果园生草是果园土壤耕作管理的一种方法，指在果树行间或全园种植豆科、禾本科等草本植物，或者利用自然生草（剔除恶生性杂草）作为覆盖作物，定期刈割，用割下的茎秆覆盖于行内或地面，让其自然腐烂分解，从而改善果园的上壤结构，是发展节水农业、循环农业、提高劳动效率和改善果园生态环境的最有效的技术措施之一。20世纪50年代，欧洲及美国、日本、意大利、波兰、苏联等国家由于劳力的紧缺、有机肥源的减少、果园机械化管理的发展以及安全食品生产的需求，逐渐放弃了清耕法，开始实行果园生草栽培，目前90%以上的果园采用生草。果园生草技术已成为发达国家现代化、标准化的果园土壤管理技术，符合果树产业可持续发展及生态农业的要求。

我国20世纪90年代引进果园生草技术，在福建、广东、山东等地推广应用。陕西省在渭北苹果基地建设中提倡果园生草，经多年实践取得良好效果。1998年，随着中国绿色食品发展中心已将果园生草纳入绿色食品果业生产技术体系，生草技术已成为优质、高档果品生产的关键技术，提高果品的市场竞争力，促进优质果品走向国际市场，必须改善果实品质，解决药、肥残留问题。目前，我国果树产业也面临着土壤有机质严重匮乏、有机肥源短缺、劳动力减少、果品安全、生产成本不断攀升等诸多问题，导致树体早衰减产、果实品质不断下降、经济效益不高。理论研究与生产实践均已证明，推行果园生草技术，是解决上述问题的有效途径，也是发展“以园养园”生态农业的最佳途径，所以生草法是甜樱桃园土壤管理的必然趋势。

一、果园生草的优点

1. 改良土壤结构，增加土壤养分 果园生草，降低了土壤容重，增加了孔隙度、土壤渗水性和持水能力。其枯叶枯根等残体在土壤中微生物的作用下，增加了土壤有机质含量和有效态矿质元素含量，不断补充土壤营养。随生草年限的增加，有机质含量不断提高，有效提高土壤酶活性，土壤微生物群落丰富、活性增强，改善了土壤团粒结构，孔隙度增加，持水力增强。果园生草后进行刈割覆盖，草体中的养分便释放到土壤中，从而提高土壤中相应的养分含量，尤其是微量元素的含量，土壤养分供给全面，有利于改善果实品质。大多数甜樱桃园偏施氮肥，或盲目进行配方施肥，往往造成果实品质不佳。生草促进了果园土壤对树体营养的全面、均衡供给，增加果实中的可溶性固形物含量和果实硬度，促进果实着色，提高果实抗病性和耐贮性，生理性病害减少，果面洁净，从而提高了果品的质量。

高九思等报道，连种 3 年三叶草，土壤有机质含量提高 0.3%，达到 1.1%～1.4%。中国农业科学院郑州果树研究所在黄河故道沙地连续 5 年种毛叶苕子绿肥，每株施绿肥 62.5 千克，土壤有机质含量增加 0.4%～0.7%。生草园亩产鲜草 2 吨，相当于4吨厩肥的肥力。刘蝴蝶等试验指出，生草区全氮提高7%～12%，有效磷提高20%～35%，速效钾提高9%～25%。可见，果园生产大大减少了氮肥的投入，避免了施肥的繁重劳力支出，减少了经济投入。

2. 减少水土流失，调节地温 果园生草后一方面缓和降雨对土壤的直接侵蚀，减少地表径流，防止雨水冲刷，减少水土流失。据测定，果园生草第三年，25厘米土层含水量可提高16.0%，10厘米土层含水量提高23.6%；夏季7～8月份地表温度可降低6～9℃，冬季地表温度可增加1～3℃，且全年地温变化幅度比清耕园稳定。果园生草在春天能够提高地温，促使根系较清耕园进入生长期提早15～30天；在炎热的夏季降低地表温度，保证果树根系旺盛生长；进入晚秋后，增加土壤温度，延长根系活动1个月左右，对增加树体贮存养分、充实花芽有良好的作用。冬季草被覆盖在地表，可以减轻冻土层的厚度，提高地温，减轻和预防根系的冻害。

3. 充分利用光能，发挥土壤效益 由于果园长期清耕，使土地裸露，造成土地及光能的浪费，生草后，草的枝叶可进行光合作用，制造的有机物，通过刈割覆盖或耕翻行间，最终归还土壤，从而增加土壤有机质含量，所以，生草可充分利用土地资源和光能资源。

4. 增加了天敌数量 果园生草增加了果园植物的多样化，为天敌提供了丰富食物、良好的栖息场以及蜜源植物，克服了天敌与害虫在发生时间上的脱节现象，使昆虫种类的多样性、富集性及自控作用得到提高，在一定程度上也增加了果园生态系统对农药的耐受性，扩大了生态容量，果园生草后优势天敌东亚小花椿、丽小花蝽、微小花蝽、中华草蛉及肉食性螨类等数量明显增加，天敌发生量大，种群稳定，果园土壤及果园空间富含寄生菌，制约着害虫的蔓延，形成果园相对较为持久的生态系统。

试验表明，种植紫花苜蓿果园，天敌（主要指东亚小花蝽、瓢虫、食蚜蝇、黑食蚜盲蝽）发生高峰提前7～10天，持续时间长，种群密度比常规园增加了2～7倍，仅用1次杀螨剂和2～3次杀虫剂，就可将叶螨、蚜虫和潜叶蛾等害虫控制在经济损失允许水平以下。可见，生草可以充分发挥优势种天敌控制害虫的能力，维护了生态平衡，有利于生物防治，减少用药次数，减少了用工和农药投入，从而保证了甜樱桃的安全生产。

5. 提高树体营养，增加抗性 果园生草可以抑制果树过度的营养生长，促进营养生长和生殖生长的平衡，提高了树体营养水平，利于花芽分化，提高了果实品质和产量。试验表明，生草栽培果树叶片中全氮、全磷、全钾含量均高于清耕，生草后花芽比清耕提高20%以上，优质果率增加，可溶性固形物明显提高，贮藏性增强，贮藏过程中病害减轻。

6. 便于行间作业 果园生草后机械刈割，每年2～3次，快速高效，不必除草深翻，从而降低生产成本。生草后不怕踩踏，雨后不泥泞，人和机械可以通过，打药方便，不误农时。并可减轻果实落地时受到伤害。

7. 减轻劳动强度，提高效益 据试验，果园生草、刈割与清耕相比，可以减少锄草用工60%左右，并大大减轻了劳动强度。另外，由于覆盖改善了土壤物理性状，提高了土壤肥力，增加了土壤有机质含量，可减少商品肥料和农家肥的施用量，并提高肥料的利用率，从而减少了这些过程的用工量，提高了经济效益。

8. 提高果品质量、增加经济效益 果园生草可以改善果实品质，提高果品的市场价格，从而获取较高的经济效益，一般可以提高20%左右。

二、人工生草

实施果园生草，首先要了解果园生草与间作、种植绿肥、秸秆覆盖的不同。间作是果园除了要生产果品外，还要种植和收获

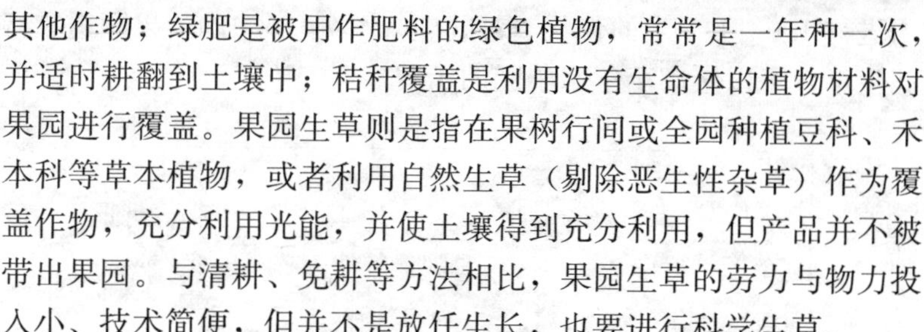

其他作物；绿肥是被用作肥料的绿色植物，常常是一年种一次，并适时耕翻到土壤中；秸秆覆盖是利用没有生命体的植物材料对果园进行覆盖。果园生草则是指在果树行间或全园种植豆科、禾本科等草本植物，或者利用自然生草（剔除恶生性杂草）作为覆盖作物，充分利用光能，并使土壤得到充分利用，但产品并不被带出果园。与清耕、免耕等方法相比，果园生草的劳力与物力投入小、技术简便，但并不是放任生长，也要进行科学生草。

（一）果园生草的模式

1. 全园生草 对全园地面进行生草管理（图 7-1）。成龄果园适宜全园生草。这种模式易于改善果园小气候，但对土壤效应的改善较慢。

图 7-1 全园生草

2. 全园生草树盘清耕 将树干周围留有直径 40～60 厘米的盘状清耕外，其他地面进行生草处理。

3. 行间生草 在果园行间进行 2.0～2.5 米的带状生草，行内进行1.0～1.5米的带状清耕处理（图7-2）。幼龄果园适宜行间生草，可以缓解草争水争肥的矛盾。

图7-2　行间生草

4. 行间生草行内覆草　在果园行间进行2.0～2.5米的带状生草，行内1.0～1.5米带状清耕处理，当草长至40～50厘米高时刈割

图7-3　行间生草行内覆草

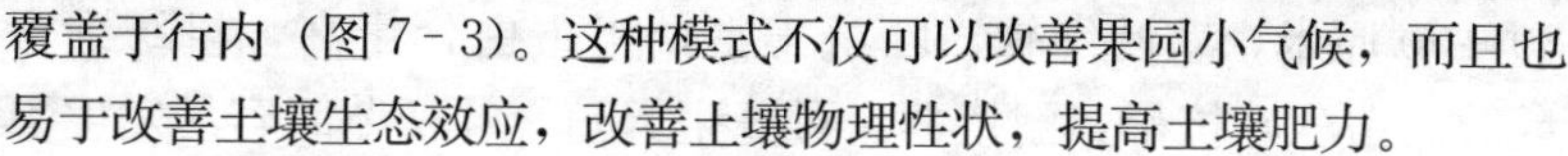

覆盖于行内（图 7－3）。这种模式不仅可以改善果园小气候，而且也易于改善土壤生态效应，改善土壤物理性状，提高土壤肥力。

（二）草种的选择原则

果园生草应选择适宜的草种及品种。人工种草可根据樱桃园的具体条件，选择适应性强、植株低矮、生长速度要快、鲜草量大、覆盖期适宜、容易繁殖管理、再生能力强，且能有效地抑制杂草发生的草种。选择原则主要有：

①草低矮（40 厘米以下）、生物量大、覆盖率高。

②草的根系应以须根为主。

③无分泌毒素或克生现象，对樱桃根系无不良影响，没有与樱桃共同的病虫害，能栖宿果树害虫天敌。

④覆盖的时间适宜，最好与当地自然生草一致，而旺盛生长的时间短。

⑤对环境适用性强。要求生草品种具备耐阴、耐踩踏、繁殖简单、管理省工、便于机械作业、抗旱等特性，最好是豆科草种和禾本科草种或更多草种混种，以期形成良好、稳定的养分循环，同时要求对土壤和气候有广泛的适应性。

（三）主要草种

果园人工生草要根据果园土壤条件和果树树龄大小选择适合的生草种类，可以是单一的草种，也可以是两种或多种草混种。通常人工生草多选择豆科与禾本科草混种。豆科草种根瘤菌有固氮能力，能培肥地力；禾本科耐旱，适应性强。目前，果园生草中所采用的豆科草种有：白三叶、红三叶、紫花苜蓿、沙打旺、多变小冠花、百脉根、紫云英、田菁、苕子、扁茎黄芪、鸡眼草等；禾本科草种有：多年生黑麦草、草地早熟禾、鸭茅、牛筋草、结缕草、燕麦草等。现将常用的草种介绍如下：

1. 白三叶　优质多年生豆科牧草，茎匍匐，无毛，茎长

30～60 厘米，茎叶细软，叶量丰富，粗蛋白含量高，粗纤维含量低。白三叶抗旱，耐瘠薄，可蔓生繁殖，叶柄节间容易发生不定根，植株扩展速度快，种植后一般当年即可覆盖地面，条播的2 年可覆盖地面；植株固氮能力强，体内氮素水平较高；病虫害种类少；耐冲刷，能减少地表水土流失，是很好的水土保持植物。一年可刈割 2～3 次。鲜草产量 10 000～15 000 千克/公顷，种子有自播特性，寿命很长。其缺点是种子小，新生苗植株小，不耐干旱，很难与杂草竞争，易被杂草吞没，因此，苗期应加强水肥管理，适量追施氮肥，定期拔除其他杂草。

2. 紫花苜蓿 多年生豆科牧草，茎秆斜上或直立，光滑，略呈方形，高约 50～60 厘米，分枝很多。茎叶中含有丰富的蛋白质、矿物质、多种维生素及胡萝卜素，特别是叶片中含量更高。紫花苜蓿产量高、再生性强、耐刈割，利用年限长。另外，紫花苜蓿枝叶繁茂，对地面覆盖度大，2 龄苜蓿返青后生长 40 天，覆盖度可达 90%。又是多年生深根型，在改良土壤理化性、增加透水性、减少水土流失方面的作用十分显著。发达的根系能为土壤提供大量的有机物质，并能从土壤深层吸取钙素，分解磷酸盐，遗留在耕作层中，经腐解形成有机胶体，可使土壤形成稳定的团粒，改善土壤理化性状；根瘤能固定大气中的氮素，提高土壤肥力。

3. 多年生黑麦草 多年生禾本科牧草，茎秆丛生，质地较软，株高 60～80 厘米，有时可达 1 米以上。茎叶中营养丰富，含粗蛋白 4.7%、粗脂肪 1.2%。其植株生长偏高，影响树冠通风透光，加之产草量小，不宜在高密度、树干低的郁闭园种植；在宽行密植园、细长纺锤形或圆柱形园地应用较多。

4. 草地早熟禾 多年生禾本科植物，须根系，具有匍匐细根状茎，秆直立，疏丛状或单生，光滑、圆筒状，高可达 50～70 厘米。适宜气候冷凉、湿度较大的地区生长，抗寒能力强，耐旱性稍差，耐践踏。根茎繁殖迅速，再生力强，耐刈割。

（四）播种时期与方法

1. 播种时期　播种时间可分为春播（3 月上旬至 5 月中旬），也可秋播（8 月中旬至 10 月中旬）。因北方地区春季较干旱、温度高，因而在没有灌溉条件的地区春播容易失败；而秋季，雨量较大，气温凉爽，草种易发芽生根，所以秋播较好。

2. 整地与播种（以“行间生草行内覆草”为例）　播种前，先把行间杂草清除，然后行间种草，株间清耕。行间播种带宽 2 米左右，草带边行距树基部 0.8～1.0 米，播前结合深翻果园，施磷肥 50 千克/亩、尿素 5～7 千克/亩，把地整平耧好。播种时可结合天气预报，采用干种等雨的方式，或播种后及时洒水保湿。种植方式条播、撒播均可，春季以条播为好，行距 20～30 厘米，播种深度 2～3 厘米，秋季以撒播为好。根据不同草种生物学特性决定用种量，一般播种量为 1.0～1.5 千克/亩，种子较大的品种可适当增加播量。然后将种子与适量细土（或细沙）拌匀后进行条播或撒播，然后覆土。

3. 管理措施

（1）*幼苗期管理*　出苗后，根据墒情及时灌水，随水追施尿素 4～5 千克/亩，及时拔除杂草，特别是注意及时去除那些容易长高大的杂草。有断垄和缺株时要注意及时补苗。

（2）*成坪后管理*　在生草的前几年里，对草和树均应增施氮肥。早春应比清耕园多施 50%的氮肥，生长期内，对果树喷肥3～4 次，以助树势，缓解草树争肥的矛盾。三叶草等豆科植物成坪后，能有效抑制多种杂草的生长，抑制率可达 50%以上，尤其能抑制蓼、藜、苋、豚草等恶性阔叶杂草。待播种的草根深扎、绿色体大量增加，才开始刈割。刈割工具可用镰刀，小型、中型割草机刈割；草的刈割管理不仅是控制草的高度，而且还有促进草的分蘖和分枝，提高覆盖率和增加产草量；刈割的时间，由草的高度来定，一般草长到 30 厘米以上刈割；草留茬高度应根据草的更新的最低高度，与草的种类有关，一般禾本科草要保住生长点（心叶以下），而豆科草要保住茎的1～2节，有些茎节着地生根的草，更容易生根。一般留茬高度8～10厘米，全年刈割2～4次。将割下的草覆盖于行内。秋季长起来的草，不再刈割，冬季留茬覆盖。

（3）生草更新　生草5～7年后，草渐老化，地表变硬，通透性差，应于春季及时浅度翻压，经1～2年休闲，再重新播种生草。在翻压后休闲期内，有机物加速分解，速效氮剧增，应适当减少供氮。

（4）鼠害和火灾预防　冬春季，应注意鼠类等啮齿动物啃食果树树干。可采用秋后果园树干涂白或包扎塑料薄膜预防鼠害，冬季和早春注意防火。

三、自然生草

果园自然生草（图7-4）就是利用果园自然杂草的生草途径。具体做法是，生长季节任杂草萌芽生长，人工铲除或控制不

图7-4　自然生草

符合生草条件的恶性杂草，如豚草、葎草（拉拉秧）、灰菜、千里光、白蒿、白茅等；选留马唐、狗尾草、荠菜、野艾蒿等可以自行繁殖的良性草种，从而形成当地自然生杂草资源的合理配置。国外这种自然生草果园比较普遍，我国还较少。

自然生草果园草种丰富、草对环境的适应性强、不需人工种植、管理简单，降低了生产和管理成本。自然生草生长量较大，当所生杂草高度不影响樱桃树冠下层空间，生长量不与树体争水肥时可任其生长，不必进行专门管理；当杂草生长高度超过40厘米时，必须留茬15～20厘米刈割，当果园干旱，争水争肥明显时，应留茬5～10厘米刈割，并将割下草体覆盖在行内，先起保水作用再逐渐腐烂成肥。一般每年刈割3～4次，8月下旬至9月中旬后不再刈割。经过多年清除恶性杂草和刈割便形成了相对稳定、丰富的植物群落。

在果园自然生草前几年，应增加约20%的氮肥，待到产草量稳定后，可适当减少氮肥用量。幼年果园最容易受到草生对养分和水分竞争的影响，宜采用行间生草，然后将割取的青草覆盖行内。

第五节　气象灾害预防

气象灾害是指不利气象环境条件给甜樱桃的生产造成的灾害。由温度引起的有热害、冻害、霜冻、寒害和低温冷害；由水分引起的有干旱、水涝、雪灾和雹灾；由风引起的有风害；由气象因子综合作用引起的有干热风、冷雨和冻涝害等。在我国甜樱桃主产区，经常发生的气象灾害主要有冬春抽条、冻害、高温、遇雨裂果以及由此引起的次生灾害。

一、冬春抽条

冬春抽条是指冬春季枝干失水干枯的现象。抽条在山东、辽宁、河北、北京等地普遍存在。但在干寒地区比较严重。抽条程度一般随树龄的增加而减轻。抽条较轻时，部分枝条失水皱皮或干枯，影响产量；严重时，会造成主枝甚至主干干枯死亡，严重影响了甜樱桃生产。

甜樱桃抽条主要原因是低温冻害和植物组织失水，引起树体水分供需平衡受到破坏，失水量远远大于吸水量所致。与品种抗寒性、树龄、树势、枝条成熟度、病虫害、机械损伤、土壤水分状况等因素有关。因此，可以从以下几个方面进行预防。

（一）提高枝条成熟度，增强保水能力

加强生长季节的管理，提高枝条成熟度，增强持水保水能力，是预防幼树越冬抽条的基础和前提条件。

1. 加强肥水管理 前期加强肥水管理，促进枝梢健壮生长；后期控制灌水和氮肥，使新梢停长，提高枝条成熟度。

2. 适时摘心 在山东地区，新梢长到20～30厘米时摘心，可有效地控制新梢后期生长，有利于枝条成熟和养分积累，可提高植株的抗抽条能力。

3. 喷施磷钾肥 8月上旬至9月上旬，每隔15天喷1次0.3%～0.5%的硫酸钾或磷酸二氢钾，共喷3次。喷施钾肥可提高叶片光合强度，提高枝条成熟度，提高枝条束缚水含量，增强枝条持水能力。

4. 喷植物生长抑制剂 8月中下旬至9月上旬，对旺盛生长的幼树喷施PBO，可有效地促进新梢停长，提高枝条中淀粉、全氮、可溶性糖和蛋白质的含量，并使枝条中束缚水的含量增加，保水力增强，有利于枝条保护组织的发育。

5. 减少病虫和机械损伤 及时防治大青叶蝉、蚱蝉等在枝干上产卵的害虫，防止枝条上形成大量伤口。尽量在甜樱桃生长后期对树体进行修剪，减少机械损伤。

（二）增加有效水分供应

1. 灌封冻水　在甜樱桃进入休眠，土壤封冻前灌水。灌溉量视秋雨多少而定，如秋雨少，土壤干燥，在土壤上冻前 15 天灌水 1 次，使植株在休眠前吸收并增加贮存于树体中的水分，以备冬春的消耗。灌水过迟，灌后马上上冻，对第二年春季化冻不利。因此灌水不宜过迟。

2. 树盘覆盖　树盘覆膜，提高土壤温度，减少土壤蒸发，提高土壤水分含量和根系的吸收能力；使土壤晚冻结，早化冻，延长根系活动的时间，减轻抽条的发生。覆膜在上冻前进行，每株树覆盖面积为树冠投影面积的 1/2，面积过小效果不明显。

3. 早春灌水　在冬春严重干旱，土壤蒸发量过多时，早春在土壤开始化冻时灌水，既可促使土壤尽快解冻，也可补充土壤水分，也可缓解抽条的发生，对保水性的沙土地尤为重要。

（三）减少蒸散失水

1. 枝条缠包塑料膜　冬季土壤封冻前，将塑料薄膜切割成 3～5 厘米宽的带子，由枝条基部向梢尖部裹紧、包实，缠到梢尖后再向下缠几圈系紧。试验证实，用 0.03 毫米厚的薄膜为好，既可保持水分，又有一定的透光、透气性。在顶芽开始萌动时解除，解除过早，仍会有抽条的危险。但该方法费工费时，大面积应用有一定的难度。

2. 喷施抗蒸腾剂　落叶后和 2～3 月份气温开始回升时 GB 防寒蜡 20 和 40 倍液、TCP 抗蒸腾剂 200 和 400 倍液、高脂膜 60 倍液等防止水分蒸发。修剪造成的伤口及时涂抹保护剂。

对 1～3 年生幼树的旺条，可用猪肉皮从基部向上撸抹一下，使枝条上黏附一层油膜，防止抽条效果也很好，但涂抹不可过多过厚。否则，太阳曝晒后油脂融化，可渗进枝条皮孔或叶柄痕处造成组织坏死，导致死枝甚至死树。

二、花期冻害

（一）主要表现

甜樱桃为落叶果树中开花最早的树种，花期冻害（即晚霜冻害）是甜樱桃最主要的低温伤害。我国甜樱桃主要生产区山东、辽宁南部近年经常发生花期冻害，北京、山西南部，陕西铜川和甘肃天水也经常发生，江苏北部、河南等地也时有发生。花期冻害是引起甜樱桃大幅度减产主要原因之一，主要表现为冻芽、冻花、冻果。

1. 冻芽 萌芽时花芽受冻较轻时，柱头枯黑或雌蕊变褐；稍重时，花器死亡，但仍能抽生新叶；严重时，整个花芽冻死。

2. 冻花 蕾期或花期受冻较轻时，只将雌蕊和花柱冻伤甚至冻死；稍重时，可将雄蕊冻死；严重时，花蕊干枯脱落。

3. 果实冻害 坐果期发生冻害，较轻时，使果实生长缓慢，果个小或畸形；严重时，果实变褐，很快脱落。

（二）预防措施

甜樱桃花期冻害的预防原则包括栽植时做好避霜规划、选择抗寒性强的品种、推迟物候期避过冻害高发期、保持果园热量、促进上层空气对流等。主要的措施有：

1. 建园位置 最好选择地势高、靠近大水体、黏壤土或沙质黏壤土的地块建园。避免在山谷、盆地、洼地等地区建园，这些地区霜冻往往较重。

2. 选择抗冻品种 甜樱桃花期受冻的临界温度为－2℃，在－2.2℃温度下半小时，花的受冻率10%；温度降至－3.9℃，冻害率达90%；在－4℃的温度下半小时，几乎100%的花受冻。其临界温度因开花物候期而异，一般是随着物候期的推移，耐低温能力逐渐减弱，甜樱桃在花蕾期的耐低温能力强于开花期和幼果期。因此，最好选择拉宾斯、早红宝石、萨姆、佐藤锦、艳阳等抗寒力较强的品种。

3. 延迟萌芽开花期　尽量选择在霜冻高发期过后萌芽开花的品种，如拉宾斯、萨米脱、斯得拉、甜心等。此外还可以通过树干涂白、早春浇水等措施延迟萌芽期和花期。在萌芽前全树喷布萘乙酸甲盐（250～500 毫克/千克）溶液或 0.1%～0.2%青鲜素液可抑制芽的萌动，推迟花期 3～5 天。

4. 增强树体抗寒力　通过合理负载、合理施肥浇水、科学修剪、综合病虫害防治等措施，增强树势和树体的营养水平，提高抗寒力。

5. 改善果园小气候

（1）*熏烟法*　熏烟是目前应用最为广泛的一种方法。在最低温度不低于−2℃时，果园内熏烟能使气温提高 1～2℃。每亩设置生烟堆至少 5～6 堆，应设在上风头，使烟布满全园。生烟堆高 1.5 米，底直径 1.5～1.7 米，堆草时直插或斜插几根粗木棍，垛完后抽出作透气孔。将易燃物由洞孔置于草堆内部，草堆外面覆 1 层湿草或湿泥，这样烟量足，且持续时间长。熏烟材料可用作物秸秆、杂草、落叶等能产生大量烟雾的易燃材料。发烟堆以暗火浓烟为宜，使烟雾弥漫整个果园。烟堆要在气温将要降至 0℃之前点燃，一直发烟至早晨日出。形成的烟幕在果园中形成一种“温室”，阻止地面放热。

（2）*加热法*　国外主要利用果园铺设加热管道，利用天然气加热，或利用煤油灯加热的方法，提高果园温度，防御低温。山西省我国绛县在甜樱桃花期低温预防上实现了新突破，在花期−6.4℃低温下仍可获得较高的经济效益。具体做法如下：

在樱桃园西北面用采条布和玉米秸建起风障，在每株樱桃树下放置一个蜂窝煤的炉胆，当防冻警报响起后，用煤油喷灯点燃炉膛下层的玉米芯，玉米芯上加块蜂窝煤，一个人 1 小时可点燃 2 亩樱桃园的蜂窝煤炉，在发生冻害的晚上一个煤炉用 4 块蜂窝煤，每块蜂窝煤 0.25～0.30 元，按 2 个晚上计算，两个晚上的燃油和煤共需 2.2～2.6 元，只相当 0.1～0.2 千克樱桃的费用；两个蜂窝煤炉的炉胆（只需炉胆，不需外加炉壁）只需 1.5～2.0 元，可多年使用。

(3) 吹风法　风机主要是针对辐射霜冻而采用的一种防霜方法。每个果园隔一定距离竖一高 10 米左右的电杆，上面安装吹风机，霜冻来临前打开风机，将离地面约 20 米的暖空气与近地面的冷空气进行置换，正常运转后能够使近地温度提高 3℃左右，提高树体周围气温，从而避免冻害发生。风机上装有温度及风速实时监测装置，并能够在温度达到设定值时自动启动。但是费用较高，安装费约 19 万～25 万元，每小时耗费 190～250 元的燃料。

(4) 喷水法　春季多次高位喷水或地面灌水，降低土壤温度，可延迟开花 2～3 天。喷灌降低树体和土壤温度，可延迟开花 7 天以上。根据天气预报，在霜冻发生前 1 天灌水，提高土壤温度，增加热容量，夜间冷却时，热量能缓慢释放出来。浇水后增加果园空气湿度，遇冷时凝结成水珠，也会释放出潜在热量。因此，霜冻发生前，灌水可增温 2℃左右，有喷灌装置的果园，可在降霜时进行喷灌，无喷灌装置时可人工喷水，水遇冷凝结时可释放出热量，增加湿度，减轻冻害。

已经发生冻害的果园，应采取积极措施，将为害降低到最低限度。对保留的花采取人工授粉或壁蜂辅助授粉，喷钼酸钠（毫克/升）、硼（0.3%）、尿素（0.3%），以提高坐果率。

三、花期高温

花期高温主要为害是开花进程加快，缩短了有效授粉期，引起花器官发育不正常、畸形花（如无雌蕊等）多、坐果率低、落果严重，造成大幅度减产甚至绝产。在 5～25℃下，甜樱桃花粉

管生长随温度升高而加速，但温度的升高使胚珠衰老的速度大大快于花粉管生长速度的提高。在高温条件下花粉管还未到达珠孔之前，大部分胚珠已衰老，丧失受精能力。

预防花期高温为害主要措施有：在高温（高于28℃）来临之前，或发现叶片开始卷曲时，要及时引水进果园，地面浇水，或者高位喷灌，降低冠层温度、增加空气湿度；加强管理措施，提高树体的贮藏营养，形成饱满的花芽。

四、遇雨裂果

甜樱桃果实膨大期或成熟期遇雨裂果，在我国甜樱桃产区时有发生，轻者影响产量和品质，重者绝收。裂果的数量和程度，因品种特性和降雨量而不同。研究认为，吸水力强、果面气孔大、气孔密度高以及果皮强度低的品种，如艳阳、水晶、宾库等裂果重；在果实膨大期，裂果指数随着单果重的增加而增加。减少或避免甜樱桃裂果的主要技术措施有：

1. 选择抗裂果品种与适宜砧木 甜樱桃裂果与环境条件密切相关，应选择适宜当地气候条件的优良品种作为主栽品种。品种间的裂果程度显著明显，在果实其他品质相差不大的前提下，可选择抗裂性强的品种，多年来表现不易裂果的品种有沙蜜脱、黑珍珠、斯帕克里、斯得拉等，裂果极轻的品种有美早、拉宾斯、萨米脱、早生凡、意大利早红等。也可根据当地雨季来临时期，选用雨季来临前果实已经成熟的早熟品种或中早熟品种，如早红宝石、意大利早红、红灯、芝罘红等，使成熟期避开雨季，从而避免裂果。在选择品种的同时，也应考虑砧木的影响。

2. 避雨栽培 详见第十章第一节。

3. 保持相对稳定的土壤湿度 适时适量灌水，及时排水，维持稳定适宜的土壤水分状况，尤其是保持花后土壤水分的稳定，是防止裂果的有效方法。使土壤含水量保持在田间最大持水量的60%～80%，防止土壤忽干忽湿。干旱时，需要浇水，应少水勤浇，严禁大水漫灌。果园能应用喷灌，尤其微喷最好，既减少了用工量，又提高了水分利用效率。没有条件的果园可采用根系分区交替灌水技术，既满足树体需水要求，又不至于使土壤水分过多。

4. 增施有机肥，叶面喷钙肥　樱桃果实成熟早，从开花到果实成熟一般是40～60天，每年秋季施足有机肥，春季樱桃萌芽后开花前可少量施一次化肥，促进开花坐果，以后果实整个生长期靠有机肥平稳的提供营养，这样就可以降低裂果并能提高果实品质。

谢花后至采收前叶面喷施200倍的氨基酸钙或600倍的硼钙宝、氨钙宝4次，能减轻甜樱桃裂果。

5. 化学预防　采收前2周喷施20% Matrix和0.5% $CaCl_2$，裂果率分别比对照降低20%和15%。

第八章 优质大果技术

第一节　促进花芽分化

甜樱桃的花芽分化包括生理分化期和形态分化期两个阶段，花束状果枝和短果枝上的花芽在硬核期就开始分化，果实采收后10天左右，花芽开始大量分化，整个分化期需40～45天完成。叶芽萌动后，长成具有6～7片叶簇的新梢的基部各节，其腋芽多能分化为花芽，第二年结果。而开花后长出的新梢顶部各节，一般不能成花。在进行摘心或剪梢处理的树上，二次枝基部有时也能分化成花芽，形成一条枝上两段或多段成花的现象。7～8月份是甜樱桃花芽形态分化的关键时期，若营养不良，会影响花芽质量，甚至出现雌蕊败育花。这一时期在我国各甜樱桃栽培区一般是高温多雨季节，但遇高温、干旱的年份，常使花芽发育过度，出现大量双雌蕊花，形成畸形果。

除了通过加强土肥水管理，构建合理的树体结构，提高树冠内部和外部叶片光合性能，还应通过开张角度、摘心、扭梢、环剥（环割或绞缢）、适度干旱、应用植物生长调节剂等技术措施，调节营养生长和生殖生长间的平衡，为花芽分化提供足够的营养物质。

1. 适时开张角度　开张角度是甜樱桃重要的成花措施，使枝条呈水平状态，光合产物运输速度减慢、输出量减少、自留量增多，有机营养积累多，对花芽形成有明显的促进作用。同时对甜樱桃整形、营养生长、生殖生长及树体光能利用等具有重要的调控作用。

对于幼树中心干上发出的新梢，待新梢长到20～30厘米时，用牙签（或衣服夹子）及时将新梢撑开（或坠开）80°～90°，保持中心干的生长优势，同时结合开张角度平衡树体，强旺梢早开角，中弱梢晚开角。保持枝条充实、芽眼饱满、增加贮藏营养，为翌年形成更多的优质叶丛枝打下良好的基础。成龄树一般在9～10月份实行一次性开角，开角过早，新梢前端易上翘生长，为解决这一问题，可采取S形铁丝开角器（可自制）多次变换位置开角，确保新梢接近水平。

大粗枝开角，由于枝粗较难开角，可于农历正月，在大粗枝下部适当位置锯割2～3个楔形口，然后采取铁丝牵拉的方式，将楔形口对死，固定好铁丝。当年伤口即可愈合，在那翁、大紫品种上采用此法，没发现流胶现象。

2. 摘心 甩放枝条梢端萌发的“五叉头”新梢及背上新梢留7片叶以上摘心，促使下部形成腋花芽。要注意，摘心太矮（或太短）时，下部芽能全部形成腋花芽，冬剪时一般在摘心部位短截，第二年结果后易形成“死橛”。所以，要根据结果后是否去留此枝，选择摘心高度（长短）。对于中心干上萌发的新梢，根据培养主枝（或结果母枝）的需求，对多余的新梢可采取多次摘心的方式，促其成花，提早结果。一般当外围新梢长到30～50厘米时，留20～30厘米进行1～2次摘心，可有效地促发中短枝，增加枝量，促进形成花芽。

3. 扭梢 扭梢阻碍了叶片光合产物的向下运输和水分、无机养分向上运输，减少枝条顶端的生长量，相对地增强枝条下部的优势，使下部营养充足，有利于花芽形成，是甜樱桃促进花芽形成的主要技术措施之一。对于背上或生长势较强的新梢，当新梢30～40厘米，基部4～5片叶处半木质化时，轻用手捏住新梢的中、下部反方向轻轻扭转180°，伤及木质部，使新梢下垂或水平生长。扭梢工作可随时进行，主要集中在5月

底至6月初。但要把握好扭梢的时间，扭梢过早，新梢嫩，易折断；扭梢过晚，新梢已木质化且硬脆，不易扭曲，用力过大易折断。

4. 环剥　环剥一般在盛花期进行，传统的环剥技术主要在主干上进行，环剥的宽度为主干直径的1/20～1/15，具体环剥宽度还应根据树体的生长势、上一年的结果情况而定，树势强旺的植株环剥宽度适当大些；反之，宽度则应窄些。但是连续的主干环剥给树体造成很大的伤害，树体急剧衰弱，且不能对各主枝间进行适当的调节。因此，应根据树体的生长势和各主枝间生长发育状况进行局部环剥，并根据不同的目标，不同时期进行。

5. 适度干旱　通过起垄栽培、节水灌溉和避雨栽培的有机结合，控制灌水量，从控水的角度控制新梢的生长，达到节水控冠的目的，从而利于营养生长向生殖生长的转化，促进花芽分化。

6. 应用植物生长调节剂　现代甜樱桃丰产栽培，前期促使树体快速成形，后期一般都采取喷布植物生长调节剂，控制旺长，促进成花，提早丰产。通常在第三年的5～6月份叶面喷布15%多效唑200倍液1～2次或果树促控剂PBO180～200倍液1～2次，具体喷施次数，根据上一次喷后树体长势情况而定。

7. 花芽分化前增施氮肥　在花芽分化前1个月（在烟台5月中下旬）适量增施氮肥，如碳酸氢铵、磷酸二铵等，能够促进花芽分化和提高花芽发育。

8. 保叶　结合病虫害和水分管理，保护好叶片，为树体生长发育、开花结果提供营养物质。

第二节　提高坐果率

根据甜樱桃生产中存在的问题，结合甜樱桃不亲和组群、自花结实品种的培育和授粉品种的配置等研究进展，提高坐果率的栽培措施如下：

一、合理配置授粉树

依据S基因型选定授粉品种，栽植时要合理进行授粉品种配置。一般主栽品种占60%，授粉品种占40%。对于小面积的园片，可选择3～4个品种混栽；大面积的园片，应栽植多个品种，按成熟期不同，安排适当的栽培比例，主栽品种和授粉品种分别成行栽植，以便于在采收季节分批采收和销售。

二、壁蜂授粉

大部分甜樱桃品种必须异花授粉才能结果，生产中自然授粉受天气的影响较大，而人工辅助授粉则需大量的劳动力，随着劳动力价格的不断提高，生产成本也大幅攀升。壁蜂授粉是一种能够替代人工辅助授粉的科学授粉方法。对减少用工、降低生产成本、保障产量、提高质量、增加效益意义重大。

（一）关于壁蜂

壁蜂是一类野生的蜜蜂，种类很多，全世界野生壁蜂有70多种，经过诱集、驯化，可用来为果树授粉的近10种。目前生产中广泛应用的主要是角额壁蜂和凹唇壁蜂。据研究：壁蜂授粉比自然授粉效果高出1.4～5.6倍。

壁蜂1年发生1代，1年中有300多天在巢内生活，自然界仅生活35～40天，卵、幼虫、蛹均在管内发育，以成蜂滞育状态在茧内越冬，滞育必须经过冬季长时间的低温和早春的长光照感应，才能解除滞育，当室内存茧处或自然界温度回升至12℃以上，茧内成蜂就苏醒、破茧出巢、访花、繁殖后代。如果自然界气温已到，而果树尚未开花，则须将蜂茧存放于 0～4℃冰箱内，延续滞育期，到开花时，再取出蜂茧释放。

一般雄蜂羽化出巢较早，多停留在巢箱附近，等待雌蜂出巢，即行交配，雌蜂即寻找适宜巢管，向底部堵泥，然后采花粉送入管内，形成花粉团在其上产卵 1 粒，再衔泥封堵，一个管一般产 5～8 粒卵，多的可达 13 粒，最后将管口封住。雌蜂产卵量 50 多个。

凹唇壁蜂，开始飞行活动的气温是 12～14℃（角额壁蜂为 14～16℃），凹唇壁蜂在早上 7 时开始访花直至下午 7 时左右，才停止活动，以上午 9 时至下午 3 时（温度 18～25℃）飞行最为活跃。每天工作 12 个小时，1 天可访花 4 000 朵。

雌蜂在自然界活动 35～40 天，雄蜂活动 20～25 天。壁蜂的飞行距离可达 700 米左右，但访花营巢主要在 60 米范围内。

（二）放蜂方法

1. 巢管制作　用芦苇或纸作管，管的内径粗细因蜂种大小而异，凹唇壁蜂宜 7～9 毫米，管长 16～18 毫米。用利刀将芦苇管割开、一端留节，一端开口，管口磨平或烫平，没有毛刺或伤口；或用 16 开的报纸以普通铅笔作心卷成紧实细管，一端用黄泥调成半干用来封底。管口染成红、绿、黄、白 4 种颜色，比例 20∶15∶10∶5，巢管 50 支捆成一捆。底部平，上部高低不齐。

2. 巢箱　巢箱有硬纸箱改制、木板钉制和砖石砌成三种。体积均 20 厘米×26 厘米×20 厘米，5 面封闭，一面开口，巢顶部前面留有 10 厘米的檐，保护巢管不被雨水淋湿。纸箱外包一层塑料膜以挡风雨。巢管在箱中的排放方法：

巢捆式：在箱底部放 3 捆，上放一硬纸板，突出巢管 1～2 厘米，上面再放 3 捆，其上再放一硬纸板，两侧再放纸板，使巢捆固定，不活动。

阶梯式：将单个巢管每 30 支整齐地粘贴在硬纸板上，管口前留出 1 厘米宽的硬纸板，上层的硬纸板边缘与下层巢管口齐，以 8～10 层巢管呈阶梯状叠在巢箱内。管口前 1 厘米的硬纸板上是供每天撒授粉树花粉用的。壁蜂出巢时，体毛将花粉带到花朵上授粉，这适用于无授粉树或授粉树缺乏的果园。

3. 蜂茧盒 选医用装注射针剂的纸盒，长、方均可，清洁无异味，在盒的一侧穿 3 个直径约 6.5 毫米的孔，供蜂破茧后爬出。盒放在巢管的上面。

4. 巢箱设置 一般每亩放 2～4 个巢箱，每箱 100～200 管，箱底距地面 40～50 厘米。箱口应朝向东南，宜放在缺株或行间，使巢前开阔。山地果园宜放向阳、避风处。箱下的支棍上涂上废机油防止蚂蚁、蜘蛛等侵害。巢箱前最好提前栽些油菜、萝卜、白菜等，弥补前期花源不足。

5. 放蜂时间 可分两次放蜂，第一次在花蕾分离少量花露红时，第二次在初花期。约在花前 7～8 天放茧，存放于 4℃的茧应在花前 15 天，放于 7～8℃或室内，一定要在开花时，有大量的蜂授粉，为使蜂出得快，可以将茧盒在水中沾湿，每天早上将空茧皮捡出，3～4 天内可以出蜂完毕，个别不出的，可用小剪刀将茧剪破帮助蜂出壳。也可提前使蜂出来，存放于冰箱盒里，开花时于傍晚将盒放入蜂箱，盒上的飞出孔用纸条粘住，早晨将纸条撕掉，蜂即马上出巢授粉。

6. 放蜂量 每亩 200～800 头。

7. 挖水坑 壁蜂要用泥土构筑巢室和封堵管口，可在距巢箱约 1 米远处挖一深宽 40 厘米的坑，底上铺塑料膜，在坑内一边放黏土，加水后，泥土潮湿，用细棍在湿泥上横向划缝作洞，也可将泥垒成缝或洞，引诱蜂进洞采泥。坑上用覆盖物掩盖一半。每 3～5 天加水 1 次。山地果园可在堰下，沟渠潮湿隐蔽处挖坑。蜂喜用半干半湿的土，太干太湿都不好。

8. 壁蜂的回收 落花 1 周后，可以收回巢管巢箱。直到巢前无蜂时，再将巢管巢箱收回。取巢管时如遭受震动，可造成幼虫死亡。必须轻拿轻放，可将巢管放入袋中，手提、肩挑运回，不可用自行车或机动车运输。在运输或存放时，管要平放，不能直立。巢管取回后，将管上的蜘蛛、蚂蚁清理干净，横放在尼龙纱袋内，挂在清洁阴凉通风的室内保存，切勿放在堆放粮食、杂物的屋内，以免遭到仓库害虫的侵害。冬季室内不能加温，待早春气温回升时，应将茧放入 0～4℃冰箱中继续冷藏，时间大致在春节前，此时将巢管剥开，取出蜂茧，每 500 头为一包，或装入罐头瓶内，置入冰箱。

三、人工辅助授粉

若遇阴雨天、风速多大或温度低于 15℃等不良天气时，蜜蜂活动性较差，此时应进行人工辅助授粉。在盛花期可用鸡毛掸子在不同品种的花朵上来回滚动，持续 3～5 天，可增强授粉效率，提高坐果率。

四、应用植物生长调节剂

研究表明，红灯花期喷 20 毫克/升 6-KT（6-糖氨基嘌呤）和 30 毫克/升赤霉素，坐果率高达 56.9%，比单独施用赤霉素提高 6.8 个百分点，比自然坐果率提高 21.2 个百分点。

五、根外追肥

盛花期喷施 150 毫克/升的钼酸钠能显著提高红灯甜樱桃的坐果率，坐果率分别为 41.40%和 39.96%，比自然坐果率分别提高 17.6 和 16.1 个百分点，效果极显著，也优于花期喷硼砂和磷酸二氢钾。此后，结合喷药叶面喷尿素和磷酸二氢钾

2～3次。

第三节　优质大果技术

一、提高单果质量

①增加树体贮藏营养，促生优质花芽。通过拉枝开角，摘心等措施缓和枝条长势，使营养生长向生殖生长方面转化。防好病虫，保好叶片；秋季叶面喷施1%～2%尿素＋20～40毫克/升GA_3，提高叶功能，促使叶片晚落。

②多施有机肥。除苗木定植前多施有机土杂肥改良土壤外，对于结果树每年秋季（9月份）施土杂肥（麦糠、麦秧、杂草、人粪尿、牲畜粪、泥土等沤制）5 000千克/亩，增加土壤有机质，改善土壤透气状况。

③果实发育期追施2～3次速效性肥料。

④保持幼果发育期的水分充足供应，尤其第二次果实迅速膨大期的水分平稳供应，可结合灌水，撒施碳酸氢铵。

⑤花期喷9毫克/升GA_3一次，促进幼果生长。

⑥谢花后至采收前，叶面喷施4次800倍的泰宝、高美施、氨基酸复合微肥或其他叶面微肥。

⑦疏果，控制负载。疏果能显著地增加单果质量。

⑧采收前3周左右喷1次18毫克/升GA_3，可极显著地增加单果质量。

⑨达到果实应有的成熟度时采收。果实色泽是紫色的品种，必须到紫红色时采收。鲜红色时采收的果实与紫红色时采收的果实，果个差别较大，而且风味也相差悬殊。

⑩保持树体健壮生长。保持外围延长新梢当年生长量40厘米左右，防止施用（土施或喷施）多效唑过多，造成树体不抽条。

二、预防畸形果

甜樱桃畸形果现象，主要表现为单柄联体双果、单柄联体三果，产生畸形果的花在花期也表现为畸形，雌蕊柱头常出现双柱头或多柱头。畸形果严重影响甜樱桃的外观品质及商品价格，甚至失去商品价值，为果农造成严重的经济损失。为防止畸形果的发生，主要采取以下措施：

1. 选择适宜的品种　据调查，不同的甜樱桃品种畸形果发生的程度不同，以大紫、红灯的畸形果率最高，达到43.1%和31.8%，养老、芝罘红的畸形果率最低，分别为7%和0，红艳、滨库、那翁、红丰在12.4%～17.8%。不同地区不同品种畸形果的发生率也存在差异，在实际生产中，选择栽培品种时应根据当地的气候条件进行选择。在山东地区，岱红、养老、芝罘红等为畸形果发生率较低的品种。

2. 调节花芽分化期的温度　在花芽分化的温度敏感期，若遇到极度高温，进行短期遮阳等措施降低温度和太阳辐射强度，可以有效减少双雌蕊花芽的发生，从而降低翌年畸形果的发生。另外，利用设施栽培，改变甜樱桃的生理生化变化，可以使花芽分化时期提前，从而避开夏季高温，也可有效降低畸形果的发生。

3. 及时摘除畸形花、畸形果　由于产生畸形果的花在花期就表现为畸形，因此在甜樱桃花期、幼果期发现畸形花、畸形果，应及时摘除，节约树体营养，减少畸形果的发生率。

第九章 病虫害防治技术

第一节　综合防治方法

在甜樱桃生产中，会有许多病虫为害樱桃的根系、枝干、叶片和花果，严重影响树体生长发育、结果、产量和品质，因此需要对这些病虫进行合理防治。通常，防治果树病虫害的方法有五种，即农业防治、生物防治、物理防治、化学防治、植物检疫方法，其具体内容为：

1. 农业防治　农业防治是在有利于农业生产的前提下，通过改变耕作栽培制度、选用抗（耐）病虫品种、加强保健栽培管理以及改造自然环境等来抑制或减轻病虫的发生。在果树上常结合栽培管理，通过清洁果园、施肥、翻土、修剪、疏花疏果来消灭病虫害，或根据病虫发生特点人工捕杀、摘除、刮除来消灭病虫。在甜樱桃生产中这种方法用得很多，几乎每种病虫的防治都能用到，如选择栽植抗病品种，冬季清理落叶落果、剪除病虫枝，生长季节人工捕杀天牛、茶翅蝽、金龟子、舟形毛虫等，合理肥水增强树体抵抗能力，合理修剪改善通风透光，抑制病害发生。

农业防治是综合治理的基础，其优点是贯彻预防为主的主动措施，可以把病虫控制在果园以外或消灭在为害之前。由于结合果树丰产栽培技术，不需增加劳力和成本，可充分利用病虫生活史中的薄弱环节，如越冬期、不活动期采取措施，收益显著。而且，农业防治有利于天敌生存，不污染环境，符合安全优质果品

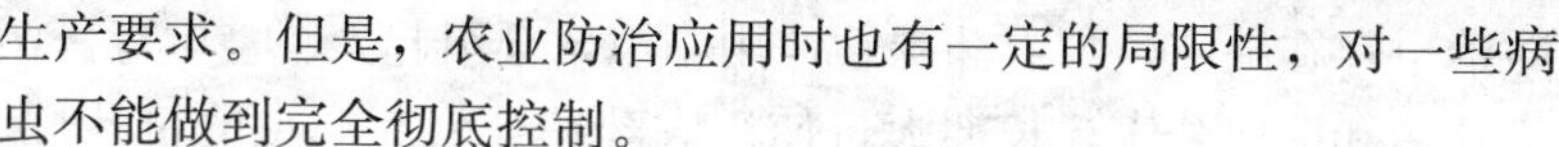

生产要求。但是，农业防治应用时也有一定的局限性，对一些病虫不能做到完全彻底控制。

2. 生物防治　生物防治是指利用活体自然天敌生物防治病虫，如以虫治虫、以菌治虫、以鸟治虫、以螨治螨等。目前我国主要用于防治害虫，可以大量人工繁殖释放的天敌有苏云金杆菌、微孢子虫、昆虫病原线虫、昆虫病毒、白僵菌、赤眼蜂、瓢虫、草蛉、捕食螨等。

3. 物理防治　利用各种物理因子（光、电、色、温湿度、风）或器械防治害虫的方法，包括捕杀、诱杀、阻隔、辐照不育技术的使用等。如黑光灯诱杀害虫，黄板诱杀叶蝉，果树涂白驱避害虫产卵，诱虫器皿内放置糖醋液诱杀果蝇，性诱剂诱杀卷叶蛾、食心虫等。

物理防治的特点是其中一些方法具有特殊的作用（红外线、高频电流），能杀死隐蔽为害的害虫；原子能辐射能消灭一定范围内的害虫；多数没有化学防治所产生的副作用。但是，物理机械防治需要花费较多的劳力或巨额的费用，有些方法对天敌也有不利影响。如黄板和黑光灯诱杀害虫的同时也会诱杀一些寄生蜂、草蛉等。

糖醋液的配制方法：取白酒、红糖、醋、水按1∶1∶4∶16混合在一起，加入少量有机磷杀虫剂，用棍棒搅拌均匀后，分装到玻璃罐头瓶或其他敞口容器中，悬挂到果园内。经常查看诱虫情况，捞出瓶内的虫体，根据诱集害虫的种类，还可以预测害虫的发生情况，指导防治。另外，性诱、光诱、色诱也能起到虫情测报作用。

4. 化学防治　利用各种来源的化学物质防治病虫的方法。目前主要指化学合成农药的防治。

化学防治的优点是杀虫作用快，效果好，使用方便，不受地区和季节性局限，适于大面积快速防治。在目前及今后相当长的一段时间内，化学防治仍然是综合治理的一个重要手段。但化学防治也存在缺点，如农药保管使用不慎，会引起人、畜中毒，污染环境和造成公害；长期大量使用农药还会引起病虫的抗药性，并杀伤自然天敌，导致次要害虫上升为主要害虫和某些害虫的再猖獗。因此，要注意合理用药、节制用药，选择高效、低毒、低残留的农药来防治有害生物。同时要考虑施药器械和方法，以便尽可能减少化学农药使用数量和次数，避免对人类、有益生物和环境的不良影响。

5. 植物检疫 植物检疫就是国家以法律手段，制定出一整套的法令规定，由专门机构（检疫局、检疫站、海关等）执行，对应受检疫的植物和植物产品进行严格检查，控制有害生物传入或带出以及在国内传播，是用来防止有害生物传播蔓延的一项根本性措施。又称为“法规防治”。

近几年，有人提出“生态防治”，利用可以改变有害生物习性的化学物质作为防治手段，充分利用农业生物群落中具有自身调节机制的生物活性物质，使生物防治与综合防治体系的其他部分合理结合，以控制害虫数量。包括信息型生物活性物质（昆虫生长、发育和繁殖的调节剂）和提供化学信息的活性物质（外激素和利他素）。其优点为：对昆虫无毒害，只破坏个体发育一定阶段的发育步骤或破坏种内或种间的化学联系机制，不损害天敌，对目标害虫有选择性，对人和高等动物安全；用量低，后效大。

第二节　主要病害及其防治

一、叶片穿孔病

1. 发病症状 主要为害叶片，也侵害枝梢和果实。叶片发病时初为黄白色至白色圆形小斑点，直径0.5～1.0毫米。随后逐渐扩展成浅褐色至紫褐色的圆形、多角形或不规则病斑，外缘

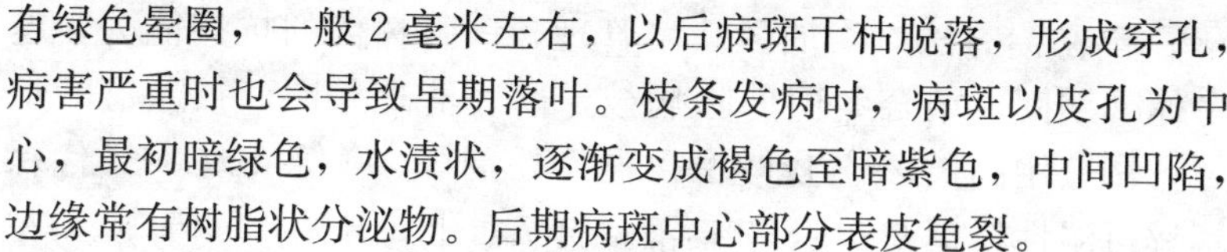

有绿色晕圈，一般 2 毫米左右，以后病斑干枯脱落，形成穿孔，病害严重时也会导致早期落叶。枝条发病时，病斑以皮孔为中心，最初暗绿色，水渍状，逐渐变成褐色至暗紫色，中间凹陷，边缘常有树脂状分泌物。后期病斑中心部分表皮龟裂。

2. 发病规律　病原菌主要在枝梢病部越冬。春季借风雨传播，露地 5 月份开始发病，生长季节可反复再次侵染。发病程度与树势强弱、降雨量情况，以及立地条件等有关。树势弱，降雨量多而频繁，地势低洼、排水不良，树冠郁闭、通风透光差的果园，发病重；反之则轻。不同品种间，雷尼等发病较轻。

3. 防治方法　①加强栽培管理，增强树体的抗病能力。越冬休眠期间，结合冬剪剪除病枝，彻底清理果园，扫除落叶烧毁。②樱桃树发芽前，喷布一次 4～5 波美度石硫合剂，消灭树体上的越冬菌源。发病期间，根据降雨早晚和降雨量的多少，在谢花后至采果前，喷洒 2～3 次农用链霉素 200 单位，或 80%大生 800 倍液。采果后，喷布 2～3 次 1：1：180～200 倍波尔多液。

二、褐斑病

1. 发病症状　主要为害叶片。发病初期，叶片表面出现针头大小的紫色斑点，以后扩大成为圆形褐色病斑。在潮湿条件下，病斑上产生黑色小点粒，病斑干缩后穿孔。后期在病斑周围形成绿色斑驳，最后在叶柄着生处产生离层，导致叶片提前大量脱落。

2. 发病规律　该病菌在发病的落叶上越冬，樱桃展叶后，病菌开始侵染叶片，5～6 月份开始发病，8～9 月为发病高峰期，引起早期落叶，影响来年产量。发病程度与树势强弱、降雨量多少以及品种等有关。果园密闭湿度大时易发病。不同品种抗病性不同，甜樱桃易感病，酸樱桃抗病。

3. 防治方法 ①加强栽培管理，增强树体的抗病能力。越冬休眠期间，结合冬剪剪除病枝，彻底清理果园，扫除落叶烧毁。②应用高效25%戊唑醇可湿性粉剂3 000倍液或80%代森锰锌可湿性粉剂600～800倍液，自7月上旬开始，间隔20天左右，连续喷施3～4次，可有效控制大樱桃褐斑病的发生为害。

三、叶斑病

1. 发病症状 该病主要为害叶片，也为害叶柄和果实。叶片发病初期，在叶片正面叶脉间产生紫色或褐色的坏死斑点，同时在斑点的背面形成粉红色霉状物，后期随着斑点的扩大，数斑联合使叶片大部分枯死。有时叶片也形成穿孔现象，造成叶片早期脱落。

2. 发病规律 叶片一般5月份开始发病，7～8月份高温、多雨季节发病严重。

3. 防治方法 ①加强栽培管理，增强树势，提高树体抗病能力；②清除园内病枝、病叶，集中烧毁或深埋；③发芽前喷3～5波美度石硫合剂；④谢花后至采果前，喷1～2次70%代森锰锌600倍液或75%百菌清500～600倍液，大生M-45可湿性粉剂800倍液等，每隔10～14天喷1次。

四、褐腐病

1. 发病症状 主要为害花、叶、幼枝和幼嫩的果实，以果实受害最重。花受害易变褐枯萎，天气潮湿时，花受害部位表面丛生灰霉，天气干燥时，则花变褐萎垂干枯。果梗、新梢被害形成长圆形、凹陷、灰褐色溃疡斑，病斑边沿紫褐色，常发生流胶，当环绕一周时，上部枝条枯死。果实受害，从落花后10天幼果开始发病，果面上形成浅褐色小斑点，逐渐扩展为黑褐色病

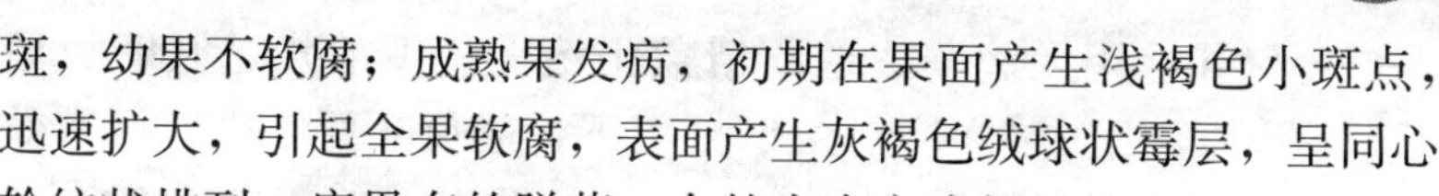

斑，幼果不软腐；成熟果发病，初期在果面产生浅褐色小斑点，迅速扩大，引起全果软腐，表面产生灰褐色绒球状霉层，呈同心轮纹状排列。病果有的脱落，有的失水变成僵果挂在树上。

2. 发病规律　病菌主要以菌核在病果和病梢上越冬。翌年4月，从菌核上生出子囊盘，形成子囊孢子，进行广泛传播。落花后遇雨或湿度大易发病。

3. 防治方法　①冬季修剪时，彻底剪除病枝、病果，集中烧毁。合理修剪，使树冠具有良好的通风透光条件。②樱桃树发芽前喷洒3～5波美度石硫合剂。初花期和落花后各喷一次50%速克灵可湿性粉剂1 000倍液或70%甲基托布津可湿性粉剂1 000倍液。采果前一个月，喷洒50%多菌灵可湿性粉剂500倍液。

五、灰霉病

1. 发病症状　大樱桃灰霉病是保护地大樱桃生产中发生较重的病害，主要为害果柄、果实、叶片。幼果受害初期呈暗褐色水渍状，病组织软腐，表面生白毛，之后变为灰色霉层，即分生孢子。果柄病菌侵染后也形成灰霉，病斑处易折断，导致幼果脱落。果实在近成熟期发病，果面先出现淡褐色凹陷病斑，病斑很快蔓延全果，导致果实腐烂。对于出现裂口的果实，病菌从伤口直接侵入，导致水崩口霉变使果实失去商品性。叶片感病后产生不规则的褐色病斑，有的病斑上有不规则状轮纹。

2. 发病规律　是一种真菌病害。以菌丝体、菌核及分生孢子梗随病残组织在土壤中越冬。大樱桃展叶后病菌随水滴、雾滴和各种农事操作传播，通过伤口及幼嫩组织皮孔侵入。棚内一般有2次发病高峰，分别为落花后、果实着色至成熟期。适宜发病条件为温度20～22℃，空气相对湿度在85%以上。因此，湿度大、光照弱、通风差易引起发病严重。

3. 防治方法　①加强管理，合理灌水与通风，严格控制棚温湿度（如选用无滴膜、地膜覆盖土壤、膜下灌水、及时放风等），把空气相对湿度控制在80%以下，避免叶面结露，可有效抑制灰霉病的发生和流行。②大樱桃落花期及时敲落花瓣、花萼，发病初期摘除病叶、病果，撤棚后彻底清除病残体，集中烧毁或深埋。③扣棚前结合整地土壤喷撒50%扑海因可湿性粉剂1 000倍液进行消毒；花前1周喷45%特克多（噻菌灵）悬浮剂3 000倍液；落花后及时喷布40%嘧霉胺悬浮剂1 000倍液或50%速克灵可湿性粉剂1 200倍液，隔7～10天再喷1次，可基本控制该病。

六、流胶病

1. 发病症状 发病部位主要在枝干伤口处，枝杈表皮组织分泌出树胶。春季发生，流胶处略肿大，皮层及木质部变褐腐朽，易感染其他病害，导致树势衰弱，严重时枝干枯死。

2. 发病规律 该病主要由枝干病害（腐烂病、干腐病、穿孔病等），虫害（天牛、吉丁虫等）和机械损伤，修剪过度造成伤口引起发病流胶；另外，由于自然条件冻害、日灼使部分树皮死亡引起流胶；再者由于土壤黏重，排水不良或施肥不当等诱发流胶病。

3. 防治方法 避免在黏性土壤地建园。浇水后要及时中耕、松土，改善土壤通气状况；尽量减少伤口，修剪时不能大锯大砍，避免拉枝形成裂口；搞好虫害防治以减少虫伤；秋冬季枝干涂白，以防止冻害和日灼。对已发病的枝干应及时彻底刮治，伤口用生石灰10份、石硫合剂1份、食盐2份、植物油0.3份对水调成糊状涂抹。

七、干腐病

1. 发病症状 多发生在主干及主枝上。发病初期病斑呈暗

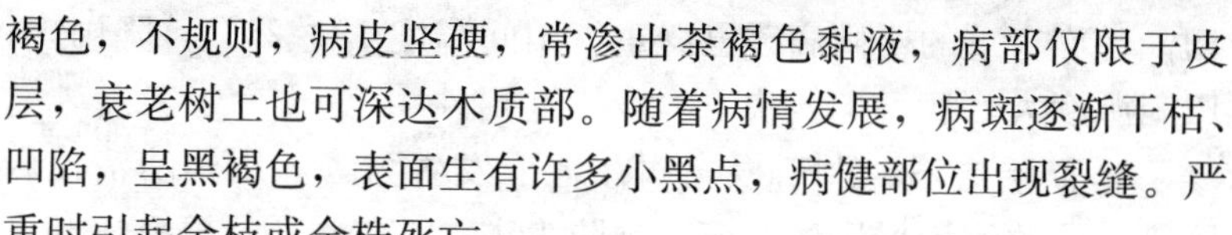

褐色，不规则，病皮坚硬，常渗出茶褐色黏液，病部仅限于皮层，衰老树上也可深达木质部。随着病情发展，病斑逐渐干枯、凹陷，呈黑褐色，表面生有许多小黑点，病健部位出现裂缝。严重时引起全枝或全株死亡。

2. 发病规律　该病 5～10 月均有发生。病菌在枝干的病组织内越冬，春季气温升高后，病菌产生的分生孢子借风雨传播，通过伤口、皮孔侵入，待温暖、多雨时发病。该病菌属于弱寄生菌，树势弱时发病重，树龄较大、管理粗放时，也容易发病。

3. 防治方法　①从增强树势入手，提高抗病能力。然后加强树体保护，减少和避免机械伤口、冻伤和虫害，控制病菌侵入。②发芽前喷洒 5 波美度石硫合剂，预防病害发生。发病后，及时彻底刮除病斑，用 10 波美度石硫合剂涂抹伤口消毒，并把刮下的病组织清理干净后烧毁。

八、根癌病

1. 发病症状　主要发生在樱桃树根颈与主根处，有时也发生在侧根上。主要症状是在根上形成大小不一、形状不规则的肿瘤。初期，表面光滑呈白色，后变成深褐色，坚硬，表面粗糙不平，呈菜花状，瘤体迅速增大、增多，大者直径达数十厘米。大樱桃感染此病后，轻者生长缓慢、树势衰弱、结果能力下降，重者全株死亡。

2. 发病规律　根癌细菌是一种土壤习居菌，在土壤未分解病残体中可存活 2～3 年。主要靠雨水和灌溉水传播；另外，地下害虫、修剪工具、病残组织及污染有病菌的土壤也可传病，带菌苗木和接穗是远距离传播的重要途径。病菌通过伤口侵入，修剪、嫁接、扦插、虫害、冻害或人为造成伤口，病菌都能侵入。发病条件与温度、湿度和降水等条件相关，冻害与发病关系密切，受冻害重的樱桃病害也严重。田间温度 18～26℃，降雨多，田间湿度大，病害扩展快，病情严重。

3. 防治方法 由于根癌病在地下发生为害，用药防治比较困难，因此防治根癌病应该以预防为主。首先选用抗病砧木和无病虫砧木，苗木栽植前，用 K84 生物杀菌剂 30 倍液蘸根消毒。田间樱桃树发病后，挖开根系，彻底清除癌瘤，用 K84 药液涂抹根系，并在周围浇灌一些 K84 药液。刮下的癌瘤组织，要及时清理干净、烧毁。

九、病毒病

（一）为害状

樱桃病毒病由植物病毒寄生引起的病害。植物病毒感染樱桃后，会打乱其细胞的正常代谢活动，使樱桃的生长和发育遭到破坏。不同病毒侵染症状表现各异，常表现为叶片窄小、叶缘不规则，叶面不平整、背面有衍生物；叶片出现斑驳、失绿、卷叶、扭曲、坏死、穿孔，易早衰黄化；开花迟缓，不坐果；果实表现为小果、果皮出现深色线纹斑块、着色期表现为花脸、成熟晚；树体流胶、树势衰退、丛簇，骨干枝甚至整株死亡等。病毒病一般造成果园减产 20%～30%，严重时可导致整个果园毁灭。

一般情况下，樱桃病毒必须在寄主细胞内营寄生生活，病毒只有在寄主活体内才具有活性；个别病毒可在病株残体中保持活性几天、几个月、甚至几年，少数植物病毒可在昆虫活体内存活或增殖。专化性强，某一种病毒只能侵染某一种或某些植物，但少数病毒可侵染多种植物。

樱桃病毒主要通过苗木、接穗、昆虫、土壤中的真菌、线虫传播，很少通过花粉与种子传播。传毒昆虫以刺吸式口器的蚜虫、叶蝉、椿象、飞虱、白粉虱等为主，它们在为害樱桃的同时将病毒从病株传到无病株上。病毒在樱桃树体维管束中随营养流

动方向而迅速转移，使树体周身发病。

随着世界甜樱桃的栽培和发展，病毒病逐渐成为影响其产量和品质的重要因素。据国外报道，樱属病毒病主要有 68 种，其中侵染甜樱桃的病毒 30 余种，主要有李属坏死环斑病毒（prunus necrotic ringspot virus）、李矮缩病毒（prune dwarf virus）、苹果褪绿叶斑病毒（apple chlorotic leaf spot virus）、樱桃锉叶病毒（cherry rasp leaf virus）、樱桃卷叶病毒（cherry leaf roll virus）等。

1. 李属坏死环斑病毒（PNRSV）　主要为害欧洲大樱桃、酸樱桃、桃、苹果、杏和洋李等李属和蔷薇属植物，还侵染烟草、西瓜、菜豆、豌豆、草木樨、莴苣、向日葵等草本植物。可以引起樱桃坏死环斑病和皱缩花叶病，其症状与病毒株系、寄主品种的感病性以及环境条件有关。常见症状包括线纹、坏死环斑、碎叶、带状叶、粗花叶甚至全株枯死，出现症状的叶片呈破碎状，部分会坏死和脱落，伴随着这些症状有时还会产生耳突。病毒可通过机械、种子、花粉、线虫等多种途径传播，也可以通过受侵染的苗木和接穗调运进行远距离传播。

2. 李矮缩病毒（PDV）　主要分布于欧洲、南美洲、北美洲、日本、澳大利亚和新西兰等温带李属果树栽培地区。可侵染杏、欧洲大樱桃、洋李、桃、灌木樱、圆叶樱桃、樱花、梨等大部分李属及梨属植物。PDV 常常引起樱桃黄花叶病、樱桃褪绿环斑病，造成樱桃树发育不良、叶片畸形、褪绿环斑、坏死斑和黄化花叶等症状。在苗圃中可显著降低嫁接成活率，使樱桃树势衰落。主要通过嫁接、种子、花粉传播。

3. 苹果褪绿叶斑病毒（ACLSV）　主要侵染苹果、欧洲大樱桃、洋李、桃、加拿大唐棣、木瓜、山楂、李、西洋梨、葡萄等 8 个属 19 种植物。ACLSV 在中国各果园发生普遍，单独或与其他病毒复合感染果树造成果树衰退病，果树的苗木及高接后大树的根、新梢、叶、花、果均表现症状。PNRSV 和 ACLSV

复合侵染会引樱桃坏死线纹病，在叶片上出现带状的褪绿斑最终坏死。ACLSV可以经操作工具和机械、接穗、种子传播。

4. 樱桃锉叶病毒（CRLV） 叶片发病症状主要表现为叶缘皱缩，有严重的缺刻现象，叶形极不规则。发病严重的树体表现出小叶、节间缩短、失绿黄化、叶脉白化、果实小等。在中国樱桃实生砧的甜樱桃树的衰弱症状枝干上，韧皮部和形成层发生褐变，短枝很快枯死，大枝逐步死亡，最后整株枯死。该病毒主要通过苗木、接穗、花粉、昆虫、线虫等传播。

5. 樱桃卷叶病毒（CLRV） 樱桃卷叶病毒引起樱桃卷叶病，植株主要表现为叶芽伸长和开花延迟而且生长脆弱，叶边向上卷起，类似枯萎，部分叶片在生长时期会变成紫红色或产生浅绿色的环斑。在同PNRSV、PDV造成的复合侵染时，能够引起樱桃树势的快速下降，叶子变小，出现脉明、流胶现象，被侵染的树会在5年内死亡。受樱桃卷叶病毒侵染的马哈利酸樱桃和欧洲甜樱桃的根茎上会产生病斑，也可以在树的木质表面，或在幼芽和初生根的鞘内，出现褐色的线形症状。

（二）发病规律

樱桃病毒在树体上普遍存在，可通过昆虫、嫁接、种子等传播，受侵染的树体一般不表现症状，多具有潜伏侵染期，当肥水不足和树势衰弱时容易表现症状。不同樱桃品种和砧木对病毒的耐性和抗性差异很大。

（三）防治措施

具体的防治措施如下：

①加强检疫，严防购买和出售带有病毒的苗木、接穗和种子。

②搞好苗木脱毒，繁育和栽植无病毒苗木。

③搞好病虫害防治，及时消灭蚜虫、叶蝉、蝽等刺吸式害

虫，防止它们传播病毒。

④合理施肥、灌水和负载，多施有机肥，培育壮树，抑制发病。注意排涝，雨后、浇水后要及时中耕松土，改善土壤透气状况和理化性状等。

⑤注意修剪和管理操作，使用后及时对工具进行消毒（用火烧或肥皂水浸泡），避免工具和器械传毒。

⑥目前尚无很有效的病毒防治药剂，但发病前后喷洒抗病毒制剂，可减轻发病程度。通过试验发现，樱桃树在发芽期喷洒防病毒剂盐酸吗啉胍与叶面肥甲壳素 2 次，可减轻发病指数，提高樱桃坐果率。同时，对于过度使用生长抑制剂的樱桃树，停止施用多效唑和 PBO 可逐渐恢复树体长势，减轻病毒病的发生。

第三节　主要虫害及其防治

一、小绿叶蝉

1. 为害状　以成若虫群集在叶片背面刺吸汁液，被害叶片表现为叶面失绿，产生数量不等的白色斑点，严重时斑点成片。影响叶片光合作用，导致树体营养不良，树势衰弱，叶片早落，严重影响樱桃产量和品质。

2. 发生规律　以成虫在落叶、杂草、树皮缝内越冬。樱桃发芽时越冬成虫开始出蛰上树为害。大樱桃展叶期和采果后，虫口密度最大，为害也最重。如深秋气候温暖，温度偏高，世代重叠严重。卵多产于叶背主脉两侧基部。成虫和若虫均在白天活动。

3. 防治方法　①秋季树干涂白、树干绑麻袋片或草绳，冬季解下绑缚的草把集中园外烧毁。清理枯枝落叶，集中深埋或烧毁。②在成虫发生期，田间树上挂黄色黏虫板诱杀成虫。③萌芽期至展叶期、5 月上中旬抽梢长叶期和 7～9 月采果后 3 个关键时期及时用药，药剂可选用 10%吡虫啉可湿性粉剂 4 000 倍液、2.5%溴氰菊酯乳油 2 500 倍液。

二、金龟子

1. 发生为害　金龟子俗称铜壳螂、瞎撞子。通常情况下，在甜樱桃上发生为害的金龟子主要有两种，即苹毛金龟子和黑绒金龟子，它们以成虫咬食幼芽、嫩叶和花蕾。幼虫为蛴螬，在地下取食幼根。一年发生 1 代，以幼虫和成虫在土壤内越冬，来年发芽时，成虫开始出土上树为害，出土为害期长达 1～2 个月。成虫有假死性、趋化性和趋光性，因此防治该虫时利用假死性人工振落捕杀，并用糖醋液和黑光灯诱杀。

2. 防治方法　春季成虫出土前，地面撒施 5%辛硫磷颗粒剂，每公顷 50 千克，撒后浅锄地面。成虫为害严重时，树上喷洒 50%辛硫磷乳油 800 倍液，或 5%高效氯氰菊酯乳油2 000倍液。夏季幼虫期，地面喷洒或浇灌昆虫病原线虫生物防治。

三、樱桃瘤蚜

1. 为害状　樱桃瘤蚜在叶片背面刺吸为害，受害部位呈淡绿色或稍带粉红色，致使叶片边缘向正面凸起，肿胀而形成伪虫瘿，到后期叶片被害处干枯。

2. 发生规律　以卵在枝条上越冬。春季发芽后越冬卵孵化，若虫在芽上为害，待展叶后转移到叶背面为害，生长发育为成蚜。谢花后为发生为害盛期，新梢停止生长后，产生有翅蚜迁往杂草或农作物上为害。10 月下旬产生有翅蚜迁回果树上，产生性蚜，交尾后产卵越冬。

3. 防治方法　在发生初期，可选用 10%的吡虫啉可湿性粉

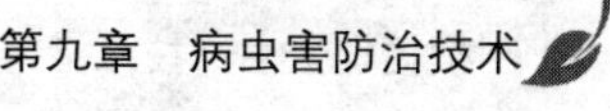

剂 3 000～4 000 倍液、3%啶虫脒乳油 2 000 倍液喷洒叶片。

四、山楂叶螨

1. 为害状　以成、若螨群集叶片背面刺吸为害，主要集中在主脉两侧。叶片受害后，在叶片表面出现黄色失绿斑点，并逐渐扩大，叶片背面呈锈红色。在叶片背面有吐丝结网习性，受害严重时，叶片呈灰褐色焦枯以至脱落。

2. 发病规律　1 年发生 5～10 代，以受精雌虫在树冠下的表土或树皮翘缝、树枝主干的分杈处以及剪锯口的翘缝中越冬。翌年在樱桃初花期，越冬雌虫开始出蛰，出蛰后即转移到叶片上吸食与产卵。6 月以后，随着气温升高繁殖速度加快，出现世代重叠。10 中旬以后，陆续进入越冬。

3. 防治方法　①秋季树干绑麻袋片或草绳，冬季解下绑缚的草把集中园外烧毁。刮除接口处翘皮，清理枯枝落叶，土壤封冻前浅翻根茎周围土层，消灭越冬螨。②果园内尽量不喷洒广谱性杀虫、杀螨剂，以减少对自然天敌伤害，有效利用叶螨的天敌，如瓢虫类、花蝽类、捕食螨类等对其种群数量进行控制。③发芽前，树上喷洒机油乳剂，消灭越冬成螨。夏季发生期，树上喷洒 1.8%阿维菌素乳油 4 000 倍液或 15%哒螨灵乳油 3 000 倍液，或 24%螺螨酯乳油 4 000 倍液。

五、绿盲蝽

1. 为害状　又名花叶虫、小臭虫等。近几年在大樱桃产区发生日趋严重，可为害大樱桃、枣、葡萄、苹果、石榴等果树，也为害棉花、蔬菜和杂草。以若虫、成虫刺吸幼芽、叶和花果汁液，造成叶片穿孔，形成网状、丛生、疯头。幼果受害，被刺处果肉木栓化，发育停止，果实畸形，呈现锈斑或硬疔，失去经济价值。

2. 发生规律 一年发生3～5代，以卵在断枝、杂草、樱桃枝条上叶芽和花芽的鳞片内越冬。翌年发芽期冬卵孵化，幼若虫为害新芽、新梢和花果。绿盲蝽成、若虫活动敏捷，受惊后躲避迅速，不易发现，并有趋嫩习性。4～5月份，若虫羽化为成虫继续为害，此后迁往附近的棉花、马铃薯、花生、蔬菜及杂草上为害。10月中旬前后，在果园中或园边的杂草上发生的最后一代绿盲蝽成虫，迁回到果树上产卵越冬。

3. 防治方法 ①结合冬季管理，及时清除田间、地边杂草，消灭越冬虫源和切断其食物链。②大樱桃萌芽展叶期，树上喷洒10%吡虫啉3 000倍液或4.5%高效氯氰菊酯2 000倍液。

六、茶翅蝽

1. 为害状 俗称它为“臭板虫”、“臭大姐”。可为害樱桃、桃、杏、苹果、梨、山楂、核桃等多种果树的叶片和果实。以成虫和若虫刺吸果实、叶片和嫩梢的汁液，为害叶片使叶片逐渐穿孔破碎，枝梢受害干缩，甚至枯死；果实受害呈凹凸不平，生长畸形，被害处木栓化变硬，不能食用。

2. 发病规律 1年发生1～2代，以成虫在树桩裂缝及石缝、墙缝等隐蔽处越冬。第二年春季，当气温上升到20℃以上时成虫陆续出来，取食为害幼果、叶片。成虫产卵于叶片背面，卵多集中成块，每块卵约30粒左右。幼若虫有群集的习性，3龄后开始分散取食为害。

3. 防治方法 ①人工捕捉越冬成虫，田间摘除卵块进行消灭。②卵孵化期和成若虫大发生时，树上喷洒48%乐斯本乳油2 000倍液或5%高效氯氰菊酯乳油1 500倍液，连喷2次，便可取得较好的防治效果。

七、梨网蝽

1. 为害状　又名军配虫、梨花网蝽，可为害樱桃、梨、苹果、桃、李、花红、海棠等多种果树。以成虫和若虫在樱桃叶背面刺吸汁液，被害叶片正面出现苍白色斑点，背面布满褐色排泄物。受害严重时，叶片变成褐色并引起霉污，易造成叶片干枯脱落，为害下部叶片重于上部叶片。

2. 发生规律　1年发生4～5代，以成虫在落叶、老翘皮下、枯草、土缝内越冬。樱桃展叶后，越冬成虫即出蛰，先在下部叶片为害，逐渐扩散到全株。越冬成虫产卵于叶背主脉两侧的叶肉内，若虫孵出后群集在叶背主脉两侧为害。2龄后渐次扩散到整个叶片背面。

3. 防治方法　①9月份在树干上绑草把或废果袋诱集越冬成虫，冬季解下集中园外烧毁。结合冬季修剪，彻底清扫落叶、枯枝、杂草，并耕翻树盘，破坏越冬场所。②发生初期，树上喷洒5%吡虫啉乳油2 000倍液或1.8%阿维菌素乳油4 000倍液，或2.5%溴氰菊酯乳油2 000倍液等。注意药液均匀喷洒在叶片背面。

八、桑盾蚧

1. 为害状　又名桑白蚧、桑介壳虫、桃介壳虫、树虱子。主要为害樱桃、桃、李、杏等核果类果树。以雌成虫和若虫群集刺吸枝干汁液，造成枝条和树干凸凹不平，使树体营养缺失，树势衰弱。2～3年生枝条受害最重，严重时整个枝条被虫覆盖起来，远望枝条呈灰白色，甚至造成死枝死树。

2. 发生规律　由北向南，1年发生2～5代，以受精雌成虫在被害枝干上越冬。当平均气温达到10℃时，雌成虫开始刺吸汁液补充营养。4 月下旬至 5 月上旬雌成虫产卵，若虫孵化后，分散到枝条背面、枝杈、芽腋及叶柄处固定取食。

3. 防治方法 ①冬季休眠期，结合冬季修剪，刮掉主干和枝条上的越冬雌虫，减少来年的虫口密度。②发芽前，树上喷洒5°石硫合剂或 40%杀扑磷乳油 1 000 倍液。桑白蚧卵孵化盛期喷施 48%毒死蜱乳油 1 500 倍液或 10%吡虫啉可湿性粉剂 3 000倍液。

九、梨小食心虫

1. 为害状 又称东方蛀果蛾、桃折心虫，简称“梨小”，俗称“打梢虫”。可为害樱桃、桃、苹果、梨、枇杷、李、杏、沙果、山楂、枣、海棠等果树。在甜樱桃上主要以幼虫从新梢顶端第三至第七片叶的基部蛀入为害，并往下蛀食，3 天后新梢逐渐萎蔫，最后梢端干枯，形成折心现象。当蛀食到硬化部分，又从梢中爬出，转移到其他新梢为害，蛀孔有虫粪排出。严重影响枝梢生长和树势。

2. 发生规律 1 年发生 3～4 代，以老熟幼虫在树冠下的表土或树皮翘缝、树枝主干的分杈处以及剪锯口的翘缝中结茧越冬。越冬幼虫于 4 月上旬化蛹，越冬代成虫一般出现在 4 月中旬至 6 月中旬。发生期很不整齐，田间世代交替现象严重。成虫白天静伏，傍晚或夜间产卵在樱桃嫩梢上。由于梨小食心虫有转移寄主的习性，因此在樱桃、桃、梨、苹果混栽的果园为害较为严重。

3. 防治方法 ①秋季在树干上绑干草诱集越冬幼虫，冬季解下绑缚的草把集中园外烧毁。冬季休眠期，结合冬季修剪，刮掉主干和枝条上的越冬幼虫，减少来年的虫口数量。生长期间及时摘除受害新梢，集中处理。②田间卵发生期，可释放松毛虫赤眼蜂进行生物防治。③在成虫发生期，树上悬挂梨小食心虫性诱

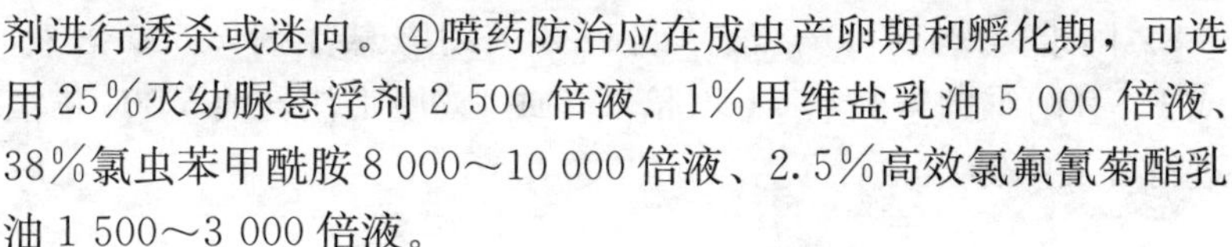

剂进行诱杀或迷向。④喷药防治应在成虫产卵期和孵化期，可选用25%灭幼脲悬浮剂2 500倍液、1%甲维盐乳油5 000倍液、38%氯虫苯甲酰胺8 000～10 000倍液、2.5%高效氯氟氰菊酯乳油1 500～3 000倍液。

十、苹小卷叶蛾

1. 为害状　又名棉褐带卷蛾、远东苹果小卷叶蛾、茶小卷叶蛾、舔皮虫，属鳞翅目，卷蛾科。可为害樱桃、苹果、桃、李、杏、海棠、柑橘、茶树。主要以幼虫为害叶片、果实，通过吐丝结网将叶片连在一起，造成卷叶，降低叶片光合作用。第一、二代幼虫除卷叶为害外，还常在叶与果、果与果相贴处啃食果皮，呈小坑洼状。

2. 发生规律　该虫由北向南1年发生2～4代。以2龄幼虫在果树裂缝或翘皮下，及剪锯伤口等缝隙内和黏附在树枝上的枯叶下结白茧越冬。越冬幼虫于桃树发芽时出蛰，先在果树新梢、顶芽、嫩叶进行为害；幼虫稍大时将数个叶片用虫丝缠缀在一起，形成虫苞。当虫苞叶片被取食完毕或叶片老化后，幼虫转出虫苞，重新缀叶结苞为害。幼虫活泼，卷叶受惊动时，会爬出卷苞，吐丝下垂。老熟幼虫在卷叶苞或果叶贴合处化蛹。成虫羽化后白天很少活动，在树上遮阴处静伏，夜间取食交配产卵。喜欢产卵于较光滑的果面或叶片正面。成虫具有较强的趋化性和趋光性，对糖醋液和黑光灯趋性较强。

3. 防治方法　①春季发芽前，清除枝条上的残叶带出园外烧毁。生长期及时摘除虫苞，将幼虫和蛹捏死。②成虫发生期，利用苹小性诱芯或糖醋液诱杀成虫，每亩放置3～5个糖醋液罐。③在越冬幼虫出蛰前后及第一代初孵幼虫阶段，喷洒生物农药Bt乳剂（100亿个芽孢/毫升）1 000倍液；以后各代卵孵化盛期至卷叶以前，选用2.5%高效氯氟氰菊酯乳油3 000倍液＋

1.8%阿维菌素5 000倍液，或25%灭幼脲悬浮剂2 500倍液，或1.8%阿维菌素乳油4 000倍液，或1%甲维盐乳油5 000倍液进行叶面喷雾。

十一、黄刺蛾

1. 为害状 俗名洋辣子、八角虫。以幼虫为害叶片，初孵幼虫群集叶背取食叶肉，形成网状透明斑。幼虫长大后分散开，取食叶片成缺刻，5、6龄幼虫能将全叶吃光仅留叶脉。

2. 发生规律 1年发生1～2代，以老熟幼虫在枝条上结茧越冬。翌年樱桃展叶后，幼虫开始化蛹，羽化出的成虫产卵于叶片背面，卵排列成块状。成虫夜间活动，有趋光性。

3. 防治方法 ①结合冬季修剪，用剪刀刺伤枝条上的越冬茧。幼虫发生期，田间发现后及时摘除带虫枝、叶，消灭幼虫。②生长季节，发生数量少时，一般不需专门进行化学防治，可在防治其他害虫时兼治。如果发生数量大，树上喷洒毒死蜱和聚酯类杀虫剂。

十二、桃红颈天牛

1. 为害状 主要为害桃、杏、李、梅、樱桃等，是核果类果树的主要蛀干害虫。以幼虫在枝干韧皮部和木质部之间蛀食，在木质部内可向上或向下蛀食，造成树干中空。被蛀食虫道塞满粪便，并有大量粪便排出，粪便呈粗锯末状。造成树势衰弱和树皮死亡，并引发流胶病，甚至导致主枝死亡及整树死亡。

2. 发生规律 2～3年发生1代，以大小不同龄期的幼虫在树干蛀道内越冬。幼虫到3龄以后向木质部深层蛀食，并在其中度过第二年冬季。老熟幼虫在木质部内以分泌物黏结粪便和木屑做茧化蛹。成虫白天活动，尤其中午前后更为活跃，可远距离飞行寻找配偶和产卵场所。一般多产卵于近地面 30 厘米处的树干树皮裂缝及粗糙部位，所以刚孵化的幼虫仅在皮层下蛀食为害，此时是挖除幼虫的有利时机。

3. 防治方法　①根据红颈天牛喜欢产卵于老树树皮裂缝及粗糙部位，应加强树干管理，保持树干的光洁。果树生长季节，于田间查找新虫孔，用铁丝钩挖幼虫。②夏季，用注射器把昆虫病原线虫灌注到蛀孔内，使幼虫感染线虫死亡。③在离地面 1.5 米以下，特别是 30 厘米之内的主干或主枝上，在成虫出现高峰期开始用 40%毒死蜱乳油 800 倍液喷树干，10 天以后再喷 1 次，毒杀初孵化的幼虫。对蛀孔内较深的幼虫用磷化铝毒签塞入蛀孔内，或者用注射器向孔内注入 80%敌敌畏乳油 5～10 倍液，并用黄泥封闭蛀孔口。

十三、金缘吉丁虫

1. 为害状　又名梨金缘吉丁，翡翠吉丁虫，俗称串皮虫。为害桃、杏、李、樱桃、梨、苹果、山楂等果树。以幼虫蛀食枝干，多在主枝和主干上为害，虫道呈螺旋形，不规则，枝条被害处常有汁液渗出，虫道内堆满虫粪，虫道绕枝一周后上部即枯死。被害枝上常有扁圆形羽化孔。

2. 发生规律　1～2 年完成 1 代，以大小不同龄期的幼虫在虫道内越冬。果树萌芽时开始继续为害，3～4 月份化蛹，5～6 月份发生成虫。成虫白天活动，有假死性，喜在弱树弱枝上产卵，散产于枝干树皮缝内和各种伤口附近。6 月上旬为孵化盛期，幼虫孵化后先蛀食嫩皮层，逐渐深入，最后在皮层和木质间蛀食为害。一般树势衰弱、土壤瘠薄、伤疤多的果园发生严重。

3. 防治方法　①甜樱桃发芽前，结合修剪，剪除虫枝，集中烧毁；或用铁丝钩杀蛀道内的幼虫。成虫盛发期，早晨振动树枝，捕杀成虫。②加强栽培管理，合理肥水和负载，增强树势，避免造成伤口，减轻害虫发生。③成虫产卵期，用4.5%高效氯氰菊酯乳油或20%氰戊菊酯乳油2 000倍液，或40%辛硫磷乳油1 000倍液喷洒枝干。在树干上包扎塑料薄膜封闭，上下端扎口，内装磷化铝片1～3片可以杀死皮内幼虫。

十四、樱桃果蝇

樱桃果蝇是指寄生在樱桃上的果蝇，其幼虫似蛆，蛀食成熟果肉，导致果实腐败，影响樱桃产量和质量，消费者看到白色蠕动的幼虫感到特别恶心，严重影响销售。近年来，随着我国甜樱桃生产规模不断扩大，樱桃果蝇已成为甜樱桃产业的主要害虫。

樱桃果蝇属双翅目果蝇科，在欧洲、北美樱桃产区为害严重，主要有：樱桃细实蝇（*Rhagoleis indifferens* Curran）、樱桃白带实蝇［*Rhagoleis cingulata*（Loew）］、樱桃实蝇（*Rhagoleis cerasi* Loew）、樱桃黑实蝇［*Rhagoleis fausta*（Osten Sacken）］等。欧美国家发生的樱桃果蝇，属实蝇属，成虫比家蝇要小，4～5毫米长，幼虫白色，没有腿，像蛆一样没有明显的头部，成熟时约5～6毫米长。蛹大约4～5毫米长、棕色、长椭圆形。

我国境内的樱桃果蝇，还不清楚属于哪一个种。但根据最近几年的报道，已经陆续鉴定出几个果蝇的种：在威海等地甜樱桃果肉中发现并由青岛农业大学鉴定出黑腹果蝇（*Drosophila melanogaster*）；阿坝州樱桃上混合发生黑腹果蝇和伊米果蝇；在天水发现并由北京大学鉴定出黑腹果蝇（*Drosophila melanogaster* Meigen）、铃木氏果蝇［*Drosophila suzukii*（Matsumura）］和海德氏果蝇［*Drosophila hydei*（Sturtevant）］，我国在樱桃中发现的果蝇为果蝇属，其中，黑腹果蝇为为害甜樱桃的优

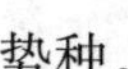

势种。

1. 发生规律 1年只产1代。以蛹在树下土壤越冬。成虫出现在5～8月，一般接近收获时达到高峰。在成虫出现和产卵之间一般要隔10天。每一雌果蝇可以产300～400枚卵，卵在4天至1周内孵化，蛆虫要在果实中取食1～2周。在1个果实中有不止1枚卵，一般1个果实中只有1个幼虫成熟。但甘肃省天水市果树研究所的郭建明和华盛顿州立大学的Timothy J. Smith却发现1粒果实上可以有多头果蝇为害。

果蝇在樱桃上的为害症状很隐蔽。从樱桃果蝇产卵于樱桃果实至孵化长出蛆，再到蛆发育的早期，从果实的外观看不出被寄生与否，直至蛆发育成熟，被寄生的果实发生下陷并变软，才出现被寄生的症状。樱桃果蝇的幼虫在果实中蛀食，使被感染的果实完全丧失商品价值。

2. 防治方法 果蝇不能为害尚处于青绿色的未熟果实，因此在果园中要关注最早成熟的品种，如发现要及时控制。在果实成熟期间，应用各种防治方法控制果蝇成虫发生。

集中销毁虫害的果实，在收获期摘除所有的樱桃可以消除果蝇的繁殖食料，因此减少下个生产季的果蝇数目。这些虫害的果实应该放在黑色塑料袋子中，强光下暴晒2周杀死蛆虫和卵、焚烧或深埋。

在成虫出现之前，用薄膜覆盖果园，防止成虫从土壤中爬出。

在果蝇成虫出现时常用的有信息素诱捕器，诱饵是一些气味引诱剂和性引诱剂等。据报道，用氨（碳酸铵、乙酸铵）、水解酵母或水解蛋白、糖和香蕉挥发物等气味引诱剂以及GF-120等性引诱剂做诱饵，在防治樱桃果蝇上应用较为广泛。

杀虫剂的应用也十分常见，尤其是各种Spinosad（多杀菌素）。应用杀虫剂的最佳时期是收获后的第一周。

第四节　大棚樱桃病虫防治

一、大棚樱桃病虫发生特点

1. 发生时间提前，为害期延长　通常情况下，大樱桃在3月下旬发芽，扣棚后1月下旬至2月上旬发芽，提前了60天作用。因此，一些病虫的发生也随樱桃的物候期而提前，其中桑白蚧、细菌性穿孔病表现最明显，山东省露地桑白蚧1年发生2代，保护地则可发生3代。

2. 个别病虫害为害加重　在扣棚期间，由于湿度大，通风差，加上谢花后花瓣不能及时脱离果实，所以为害果实和叶片的灰霉病加重。同时，为了减少化学农药对传粉蜜蜂和壁蜂的伤害以及农药对果实的污染，果实采收前一般不喷洒杀虫、杀菌剂，而且果实采收后，果农往往放松病虫害管理，造成夏秋季节桑白蚧、叶螨、小绿叶蝉和穿孔性褐斑病为害加重。

二、综合防控措施

1. 覆膜前　整形修剪，剪除病枝、病叶，清扫园中杂草枯枝，集中烧毁。用钢丝球或硬塑料毛刷刮除枝干上的桑白蚧和其他介壳虫。树上喷布3～5波美度石硫合剂，以防治越冬介壳虫和红蜘蛛，铲除树体上的病菌。

2. 覆膜后　发芽前。地面覆盖地膜，提高地温，降低棚内湿度。芽冒绿尖时，树上喷洒10%吡虫啉4 000～5 000倍液＋防病毒剂＋甲壳素，防治绿盲蝽、小绿叶蝉、病毒病等。

谢花期至成熟期。谢花时，人工摇晃树枝，促使花瓣及时脱落。及时合理通风，降低湿度，减少灰霉病和其他病害的发生。经常检查树体，发现病叶、病果、虫叶立即摘除，带出棚外集中

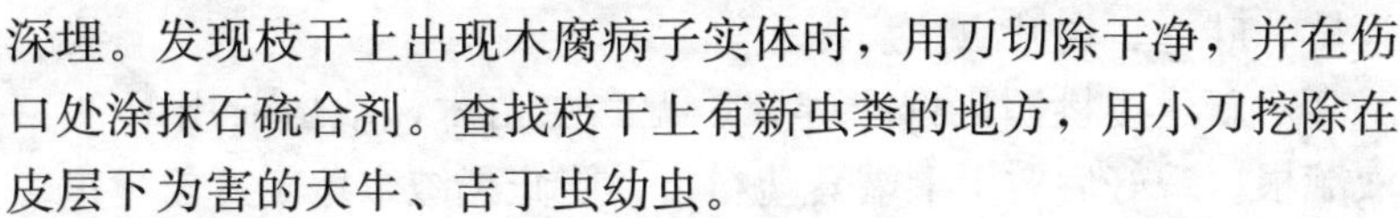

深埋。发现枝干上出现木腐病子实体时，用刀切除干净，并在伤口处涂抹石硫合剂。查找枝干上有新虫粪的地方，用小刀挖除在皮层下为害的天牛、吉丁虫幼虫。

在灰霉病发生初期，用50%速克灵可湿性粉剂1 000～1 500倍液喷雾进行防治。在细菌性穿孔病发生初期，喷洒硫酸链霉素可湿性粉剂3 000倍液进行防治。

3. 揭膜后　果实采收后，及时揭掉棚上和地面上覆盖的塑料薄膜。几天后，喷洒农用链霉素＋甲维盐＋吡虫啉，防治细菌性穿孔病病、红蜘蛛、卷叶虫、叶蝉和桑白蚧等。

防治枝干流胶病，把流出的胶块连同流胶眼切除，用石硫合剂或硫黄水拌黄泥糊上切口，此法可减轻流胶。

6～8月，每间隔20～30天喷洒1遍药剂防治病虫害，以便保持枝叶生长和花芽分化。喷洒药剂如下：

第一次：70%甲基托布津600倍液。

第二次：1∶2∶240波尔多液。

第三次：代森锰锌＋高效氯氰菊酯。

同时，田间查找为害枝干的天牛、吉丁虫蛀孔，人工用铁丝钩杀蛀孔内的幼虫，或用昆虫病原线虫灌注防治。

第五节　病虫害周年防治历

1. 11月上旬至翌年3月上旬（休眠期）　落叶后，结合冬季修剪，剪除病、虫枝，刷去枝干上的介壳虫。解下枝干上绑扎的诱虫带或草把，彻底清扫枯枝落叶和杂草，并埋于树下作肥料或集中起来作燃料，是消灭其中的越冬病虫。

2. 3月中旬至4月初（萌芽期）　芽萌动前，全园树上喷布1次5波美度石硫合剂。消灭在树体上越冬的蚜虫、红蜘蛛、介壳虫、病菌等。

芽萌动后期，树上喷洒吡虫啉或毒死蜱＋抗病毒剂，防治绿盲蝽、叶蝉、卷叶虫、病毒病等。

对新建樱桃园，选择健壮、无病虫苗木，栽植前用 K84 菌液蘸根。栽好后树干上端套塑料袋，防止黑绒金龟子、象鼻虫等为害。

3. 4 月中下旬至 5 月上旬（开花期至幼果期） 发芽后，加强对苹毛金龟子和黑绒金龟子发生情况监测。当发现虫量较多时，树上喷布 10%吡虫啉 4 000 倍液＋40%毒死蜱 1 500 倍液，可兼治蝽、蚜、叶蝉、介壳虫、卷叶虫等。如果虫量小就不要喷药，以免杀伤蜜蜂和天敌。

谢花后，喷洒 1 遍农用链霉素＋阿维菌素＋高效氯氰菊酯，防治细菌性穿孔病、叶螨、卷叶虫、梨小食心虫、叶蝉、蝽、介壳虫。7 天后再喷洒 1 次大生 M－45 可湿性粉剂 800 倍液＋速克灵 1 200 倍液，防治穿孔病、叶斑病、褐腐病、灰霉病。

4. 5 月中下旬至 7 月初（樱桃成熟期） 注意防治果蝇。果实着色前，田间悬挂糖醋液罐诱杀果蝇成虫，地面喷洒辛硫磷和毒死蜱药液；开始树上喷施纯植物性杀虫剂清源保（0.6%苦内酯）水剂 1 000 倍液 1 次，7 天后重喷 1 次。及时采果，防治果实过熟引诱果蝇。

5. 7 月至 10 月（果实采收后至落叶前） 果实采收后，应及时清除果园中的落果，烂果，集中处理，以消灭果蝇。然后树上喷洒 1 遍氯虫苯甲酰胺＋戊唑醇，可防治多种鳞翅目害虫、多种病害。间隔 15～20 天再喷洒 1 遍戊唑醇或 68.75%水分散粒剂恶唑菌酮·锰锌（易保）1 000～1 500 倍液喷雾。

经常检查病虫发生情况。发现天牛和吉丁虫新为害蛀孔时，人工钩杀和用药灌蛀孔。发现流胶病，进行刮胶涂药。

9 月下旬，在树干上绑扎诱虫带或草把，诱集树上害虫来越冬。

设施栽培技术

第一节　甜樱桃设施栽培概况

甜樱桃设施栽培是甜樱桃安全生产的一种特殊形式，是人们为了在不适宜或不完全适宜其生长的自然生态条件下，为了获取稳定的经济产量和质量较好的果品及较高的经济收入，在人工设计的保护设施内进行栽培，以改善其生长发育的生态条件，或创造一个完全适宜的生态条件，于不适季节或不利的环境条件下所从事的一种生产方式。设施栽培主要是通过一定的设施结构和覆盖材料及相应的配套技术，在可控环境下对影响甜樱桃生长发育环境因子（温度、光照、湿度、二氧化碳、土壤等）进行调控，从而实现安全、高效生产。目前，甜樱桃设施栽培按生产的性质可划分为以提早上市为目的的促成栽培和防止裂果为目的的遮雨栽培。促成栽培的设施主要有日光温室和塑料大棚，遮雨栽培的设施主要为遮雨棚。

一、甜樱桃设施栽培的作用

樱桃设施栽培的研究始于 20 世纪 70 年代的瑞士、意大利、德国、日本等国，目前，日本甜樱桃设施栽培面积约占甜樱桃总面积的 1/4，我国甜樱桃栽培最早是 1771 年由美国引入山东烟台的，1991 年山东烟台甜樱桃设施栽培取得初步成功，以后逐步完善，目前山东已成为甜樱桃设施栽培的主产区，辽宁、北京、河北、河南等地也有栽培。设施栽培对我国甜樱桃产业的健康发展具有非常重要的意义，主要表现在以下方面：

1. 提早上市 甜樱桃设施栽培可使其成熟期提前30～80天，提前供应市场，填补了鲜果市场空白，丰富了果品市场。

2. 提高果实品质 促成栽培设施下，环境密闭、稳定，防止了烟害、粉尘等环境污染，可以进行有效的病虫害防治，喷药次数和用量较露地栽培大为减少，提高了果实品质，有利于生产无公害果品。

3. 利于稳定生产 设施栽培可完全避免甜樱桃由于早春晚霜冻为害造成的严重减产，还可防止成熟期的遇雨裂果、干热风、鸟害、雹灾、大风等自然灾害为害，实现了丰产、稳产和安全生产。

4. 充分利用劳动力和土地资源 设施栽培可充分利用庭院、墙边、沟沿、坡地等闲散地块，因地制宜建造规模不等、大小不一的各种类型设施进行生产，同时果树保护地栽培密度大、空间利用率高，使土地资源得到充分的利用；此外，我国农村劳动力资源丰富，冬闲夏忙，而果树保护地生产是反季节性的，可改冬闲为冬忙，充分利用劳动力资源。

5. 打破地域限制，扩大栽培区域 设施栽培可人为调控环境因子，打破甜樱桃生产的地域限制，实现甜樱桃在次适宜区和非适宜区的安全、优质生产，扩大了种植区域。

6. 增加效益 近年来，我国甜樱桃栽培面积、产量迅速增加，但成熟期比较集中，加之贮藏保鲜技术较为落后，形成“旺季烂、淡季断”的局面，通过设施栽培实现反季节生产，果品价格较露地栽培高几倍甚至十几倍，大大提高了经济效益。

7. 丰富旅游和观赏采摘市场 甜樱桃除了可以生产鲜美的果品，还具有很好的观赏价值，设施栽培可提前开花结果，人们可以在早春赏花观果，丰富旅游和观赏采摘市场。

二、我国甜樱桃设施栽培的特点及存在的问题

（一）我国甜樱桃设施栽培的特点

1. 保护设施简单，投入较低　我国甜樱桃设施栽培的设施主要借鉴用于蔬菜的生产设施，有的略加改造而成。这类设施以竹木、砖土结构为主，建造成本较低，设施简单，技术含量低，多不需专业人员即可建造，虽然抗风、雪、霜等及环境调控性能较差，但符合我国的国情，易于推广普及。

山东省是甜樱桃促成栽培面积最大的地区，烟台福山、潍坊临朐、淄博沂源、泰安岱岳区、聊城冠县、枣庄山亭等地是甜樱桃促成栽培的集中分布区。大多对进入结果期的树进行扣棚生产。由于此时树体一般比较高大，建造日光温室的资金投入相对较高，因此进行甜樱桃设施栽培以塑料大棚为主，多采用临时性加温设备，较少采用日光温室，烟台、青岛等甜樱桃主产区多采用联栋式塑料大棚进行樱桃设施栽培。

辽宁省大连地区甜樱桃促成栽培绝大多数采用塑料薄膜日光温室，选用保温性能较好的塑料薄膜，竹、木、钢筋水泥骨架或钢架结构，土坯墙或砖石墙，覆盖草苫保温，单个温室占地约300～1 000 米^2，投资 0.5 万～1.5 万元。日光温室易于建造，在山地果区，农户利用梯田或山坡作后墙建造温室，不仅节省建棚投资，而且保温性能较好。农村庭院面积较大的地区，有的果农在庭院内建造温室，方便管理和保温。

我国甜樱桃遮雨栽培起步较晚，率先在山东烟台和辽宁大连开始应用，目前还处于试验和小面积应用阶段。出现了立杆篷布简易遮雨棚、钢竹结构遮雨棚、全钢大棚式遮雨棚、连栋型（水泥柱）遮雨棚等几种样式。

2. 促成栽培为主　甜樱桃设施栽培大多以促成栽培为主。由于早春为水果淡季，鲜果种类极少，贮藏的苹果、梨、柑橘等

品质降低，而促成栽培的甜樱桃恰好供应早春水果淡季市场，因此效益较好，这也是我国甜樱桃促成栽培得以迅速发展的最主要原因。

（二）我国甜樱桃设施栽培存在的问题

虽然甜樱桃设施栽培得到前所未有的发展，目前已成为部分地区农村经济的一个新的增长点，为广大农民脱贫致富开辟了很好的途径，但生产中仍存在很多的问题，对于这些问题应清醒地认识、冷静分析，找到合理的解决措施。具体问题如下：

1. 发展速度与产业化问题 甜樱桃设施栽培是劳动和技术密集型新兴高效产业，经济效益高，是进一步加快农业和农村经济发展的新的增长点，要抓住机遇，广泛宣传发动，积极地给以扶持，促进其健康发展。但有些地区不顾发展条件盲目发展，由于缺乏技术支持，造成巨大损失。

2. 对品种的特性缺乏系统了解 对某些品种的相关生物学特性，如休眠期、需冷量、花粉育性、花粉发芽力、适宜授粉组合、自花结实力、早期丰产性等不清楚，扣棚升温的时间带有很大盲目性，不能进行量化管理，坐果率低，产量低的问题十分突出。

3. 设施结构问题 设施结构老化、落后，科技含量低，对光、温、湿等环境调控能力差，发展潜力有限。设施建造不规范，存在照搬照抄现象，各地不能根据当地的气候特点合理设计建造，缺乏统一的标准规范与技术指导。

4. 缺乏配套技术 很多地区将露地栽培的管理技术直接应用于设施栽培，缺乏设施栽培配套技术，如打破休眠技术、提高坐果技术、越冬越夏树体和土壤管理技术、规范化整形修剪技术、设施栽培环境模型及设施内环境因素调控技术等。集中表现为扣棚后升温速度过快、花期温度过高、忽视棚内光照条件、二氧化碳施肥未引起重视、棚室内施肥不科学、果实采收后放弃管

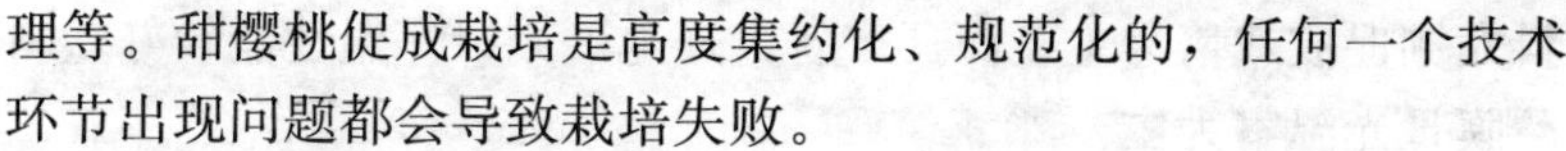

理等。甜樱桃促成栽培是高度集约化、规范化的，任何一个技术环节出现问题都会导致栽培失败。

5. 果实品质问题　设施生产的甜樱桃普遍表现为果实含糖量下降，风味淡，果实整齐度差，畸形果比率高。因此，应加强提高果实品质相应技术的研究。

三、我国甜樱桃设施栽培的发展趋势

目前，设施促成栽培的甜樱桃由于可以提前供应市场，成为馈赠亲友的高档礼品，销售价格高，经济效益好。甜樱桃设施栽培取得了长足的发展，但仍是供不应求，市场需求量很大，其规模必然不断扩大。设施栽培区域也将由过去的一家一户小面积、零星栽培向规模化、区域化发展，有利于形成良好的产业链，从而提高市场竞争力。设施栽培方式趋于规范，从利用结果期大树扣棚生产向矮化密植发展。经过多年的研究和实践，棚体建造、授粉树搭配、花期管理、温湿度调控、树体管理、病虫害防治等关键技术已相对成熟，为甜樱桃设施栽培提供了有力的技术支撑。甜樱桃设施栽培的发展有赖于相关领域和学科的推动，有赖于工业化为其提供必要的资金、材料和技术上的支持；同时也势必带动相关领域和学科的发展。因此，随着科学技术进步和生产者素质的提高，甜樱桃设施栽培仍将得到快速发展，最终达到栽培规范化、管理智能化、果品优质化。

第二节　促成栽培设施的主要类型及结构

甜樱桃促成栽培的设施结构类型主要形式是塑料大棚和日光温室。这两种设施具有较强的环境调节功能，主要利用设施本身的调节功能辅以人工调节，实现对环境因子的控制。山东省以塑

料大棚促成栽培为主，而辽宁省大连地区则以保温性能较好塑料薄膜日光温室为主。

一、塑料大棚

1. 简易大棚 跨度8～14米，脊高5～6米，长度30～60米。由立柱（竹、木）、拱杆、拉杆、吊柱（悬柱）、棚膜、压杆（或压膜线）和地锚等构成。中柱为水泥预制柱或木杆，纵向每1～3米1根，横向每排4～6根，间距2～3米。为减少大棚内遮阴面积，可使用“悬梁吊柱”形式。即用木杆或竹竿作纵向拉梁把立柱连接成一个整体，在拉梁上每个拱杆下设30厘米高的吊柱，下端固定在拉梁上，上端支撑拱架。拱架用4～5厘米宽的竹片或直径3厘米粗的竹竿制成，间距1米，固定在各排柱与吊柱上，两端插入地下。盖好塑料薄膜后，用8号铁丝或压膜线压紧薄膜，两端固定在地锚上。减少部分支柱，有利于光照，方便作业，造价较低，且仍具有较强的抗风雪能力。

2. 钢架结构 一般情况下，跨度8～12米，肩高4～5米，脊高6～8米，单栋面积多为1亩。每隔3.0～3.5米设1道桁架，桁架上弦用直径16毫米，下弦用直径14毫米钢筋，拉花用直径12毫米钢筋焊接而成，桁架下弦处用5道直径16毫米纵向拉梁，拉梁上用直径14毫米钢筋焊接两个斜向小立柱支撑在拱架上，以防拱架扭曲。上部盖一大块塑料薄膜，两肩下盖1米高底脚围裙，便于扒缝入风。压膜线与竹木大棚相同。该结构光照条件好，作业方便，利于保温，抗风雪能力强（图10-1）。

图10-1 钢架结构塑料大棚

3. 连栋大棚　山东省平度市主要采用连栋大棚栽培甜樱桃，即将多个单跨的塑料大棚通过天钩连接起来，形成较大面积的生产空间。克服了塑料大棚表面积大、冬季加温负荷高、操作空间小、室内光温环境变化大、土地利用率低等缺点。并配置自动卷帘机，从而减少了劳动力、提高了劳动效率（图 10 - 2）。

图 10 - 2　连栋大棚

结构特点：简易连栋大棚采用钢筋水泥柱作为立柱，立柱至少要埋入地下 50～60 厘米。立柱的行、株距分别为 2 米和 3 米。单栋跨度一般为 12～16 米，长度 60～80 米，棚顶高 4.5～5.5 米，肩高 3.5～4.0 米，棚向以南北向为宜。大棚一端设作业门，作业门的大小约为 1.5 米×0.7 米。架材主要有竹木混凝土结构和镀锌钢管混凝土结构。

竹木混凝土结构以 3～6 厘米直径的竹竿为拱杆，每排拱杆由 4～6 根支柱支撑，拱杆间距多为 1.0～1.2 米。一般在棚顶部、两侧设通风窗，大小为 0.8 米×0.5 米，间距 5～8 米。该结构建造简单，拱杆由多柱支撑，比较牢固，建造成本较低，容易推广，但是遮光较多，每年需更换竹竿，长期使用成本较高，且作业不够方便。

镀锌钢管混凝土以直径 22 毫米×1.2～1.5 毫米薄壁钢管制

作拱杆、拉杆、立杆（两端棚头用），经热镀锌可使用 12 年以上。用卡具、套管连接棚杆组装成棚体，覆盖薄膜用卡膜槽固定。在棚顶部的两侧（离棚顶东、西边各 2 米左右），利用两幅膜的压膜线交接处，每隔 6～8 米安装一滑轮组，用细绳连接压膜线与滑轮组相连，人拉动上、下两幅膜的压膜线来开关调节通风口进行通风换气。该结构装卸方便，一次性投资稍大，但坚固耐用，使用周期长，多年使用成本比竹木混凝土结构低 18.5%，且棚内光照充足，透光率高 5.9%～13.1%。

二、日光温室

（一）微拱式塑料薄膜日光温室

结构：跨度 8～9 米，脊高 3.0～3.5 米，后墙高 2.0～2.5 米，后坡长 1.4～1.7 米，土后墙、土后坡，前屋面由两道横梁支撑，竹木结构，骨架间距 60 厘米，用吊柱支撑，上面盖塑料薄膜后用压膜线压紧。特点：前屋面微拱形，采光效果优于一斜一立式日光温室，升温快，保温效果好，建造简便，投资少，实用价值高。使用寿命较短（图 10-3）。

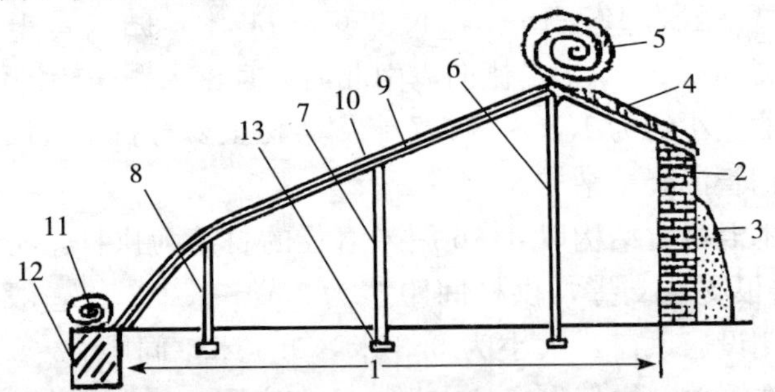

图 10-3　微拱式塑料薄膜日光温室

1. 跨度　2. 后墙　3. 防寒土（厚约 1 米）　4. 后屋面覆盖物　5. 草苫　6. 中柱　7. 二柱　8. 前柱　9. 拱杆　10. 薄膜　11. 纸被　12. 前防寒沟（宽 30～40 厘米、深 40～50 厘米）　13. 基石

（二）全钢拱架塑料薄膜日光温室

结构：跨度 8～9 米，脊高 3.2～3.5 米，后墙为砖砌空心墙，高 2.5 米。钢筋骨架，上弦直径 14～16 毫米，下弦直径 12～14 毫米，拉花直径 8～10 毫米，由 3 道花梁横向拉接，拱架间距 60～80 厘米，拱架下端固定在前底脚砖石基础上，上端搭在后墙上；骨架后部 1.5～1.7 米铺木板，木板上抹草泥，作为后屋面，后屋面下部 1/2 处铺炉渣作保温层，在保温层上部每隔 9 米设 1 通风口。温室前底脚处设有暖气沟或加温管。特点：室内无支柱，作业方便。采光好，通风方便，保温好，适于北纬 45°左右地区秋、冬、春季果树设施栽培。永久性温室，坚固耐用。造价高（图 10-4）。

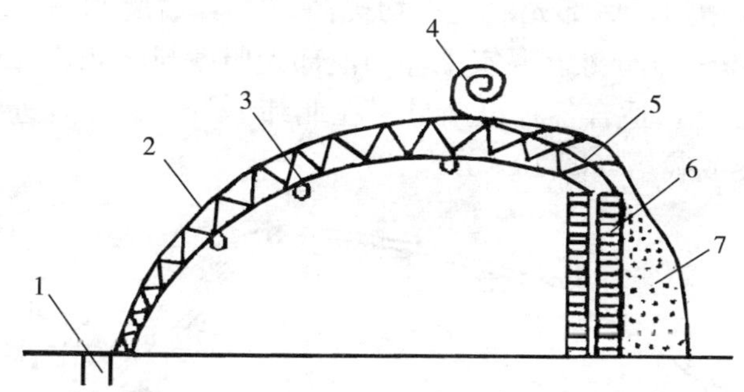

图 10-4　全钢拱架塑料薄膜日光温室
1. 防寒沟　2. 钢筋骨架　3. 横架　4. 草苫纸被
5. 后坡　6. 砖筑空心墙　7. 防寒土

（三）高光效节能日光温室Ⅰ型和Ⅱ型

甜樱桃促成栽培的设施结构类型随不同纬度地区的光照、气温等气候条件的不同而有所差异。北纬 43°以北，冬季气候寒冷，进行设施栽培需永久性加温设备，生产成本高。北纬 33°以南，冬季气候温暖，甜樱桃满足需冷量，解除自然休眠的时间较晚，影响提早扣棚。北纬 33°～43°地区能较早满足甜樱桃需冷量，一般不需或仅需成本较低的临时性加温措施，较适宜各种果树的保护地栽培。根据气候特点，该地区可以北纬 38°为界限划分为两部分，北纬 38°以北气候较寒冷，设施结构保温要求较高，针对这一地区气候特点研究提出高光效节能日光温室Ⅰ型；北纬 38°以南气候较温暖，设施结构保温要求相对较低，针对这一地区气候特点研究提出高光效节能日光温室Ⅱ型。

1. 高光效节能日光温室Ⅰ型和Ⅱ型 结构：南北跨度 9 米。东西长度 50～80 米。前后坡投影比 4∶1。前屋面半拱式。采光屋面角 30.8°，脊高 4.3 米。后墙高 2.5 米。后坡仰角 45°，后坡长 2.5 米。墙体复合厚度 1.5 米。竹木水泥结构或钢架结构。特点与适用范围：与第二代节能型日光温室比较，采光面积和有效栽培面积增加，后部光照度平均提高 20%，后墙和后坡受光时间延长 30～50 分钟。温室中部和前部光照度与其相当，棚温提高 10℃以上。适合各种设施果树在北纬 38°～43°地区进行冬季不加温促成栽培（图 10-5）。

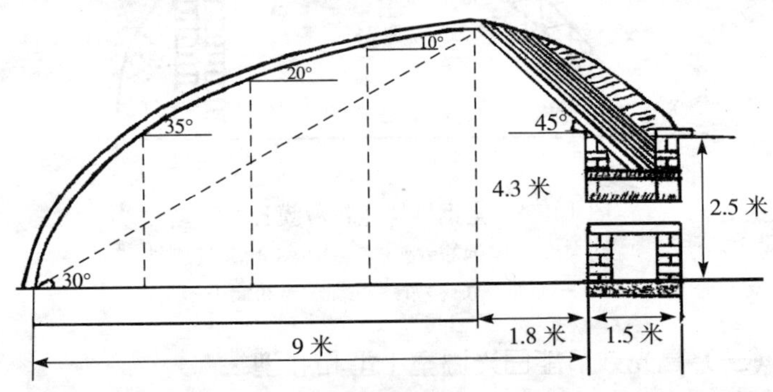

图 10-5 高光效节能日光温室

2. 高光效节能日光温室Ⅱ型 结构：南北跨度 11 米，东西长度 50～70 米。前后坡投影比 6∶1。采光屋面角 27°，脊高 4.84 米。后墙高 3 米。后坡仰角 50°，后坡长度 2.4 米。墙体复合厚度 1.0 米。竹木水泥结构或钢架结构。特点与适用范围：与第二代节能型日光温室比较，采光面积和有效栽培面积增加，后墙和后坡受光时间延长 40～60 分钟，后部光强平均提高 30%以上。温室中部和前部光照度与其相当，棚温提高 5℃以上。适合各种设施果树在北纬 33°～38°地区进行冬季不加温促成栽培（图 10-6）。

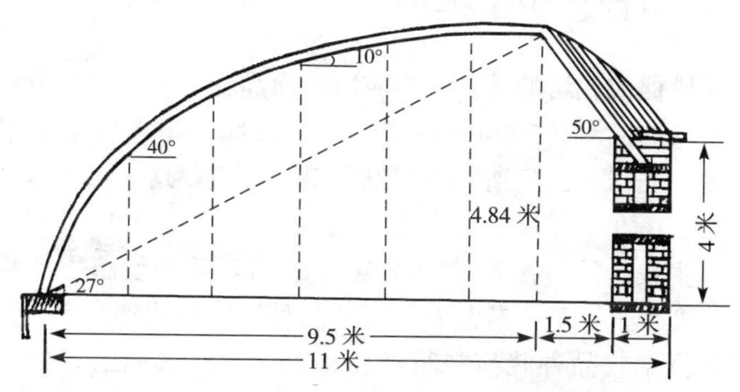

图 10-6 高光效节能日光温室Ⅱ型

（四）自动化日光温室

自动化日光温室是指采用计算机监测与控制系统对温室内的环境（空气温度、湿度、光照度、二氧化碳浓度、土壤湿度、灌溉水的 EC 及 pH 等）进行自动监测和显示，并根据桃树的不同生长发育时期的生理需要进行自动调节器控的温室。这种温室的特点是利用布置在温室内各种各样的传感器，感知室内温度、湿度、光照和二氧化碳浓度等参数的大小，此信号经过预处理放大后，再进行模数转换（A/O），把模拟量转化成数字量，以便于计算机分析处理。中央控制器将传感器的信号，进行分析、判断，然后根据实测值（由传感器反馈回来的信息）与设定值（人为输入的专家系统定值）的偏差时系统发出调整信息，该调整信息经过 D/A 转换后变成模拟量，再经过放大处理后控制各种执行机构，消除偏差以保证控制精度。

当前这种温室在国内还很少，大多数温室尚处于人工控制或半自动控制状态。但这种温室是发展的必然趋势。

第三节　甜樱桃促成栽培安全生产技术

一、品种及砧木选择

甜樱桃促成栽培的品种结构应以早熟品种为主，红、黄色搭配，据多年的品种比较和栽培试验结果表明，山东省主要以红灯、雷尼、先锋、拉宾斯、芝罘红等搭配为主，辽宁大连地区主要以红灯、美早、红艳、佳红、红蜜、明珠、8－129、7144－6等为主。主栽品种与授粉品种比例为3∶1，每个设施中授粉品种不少于2个，一般主栽品种与授粉品种以隔行栽植为宜，即每隔一或二行主栽品种栽植一行授粉品种。同时选用适宜的砧木（详见第四章第一节）。

二、选址及设施建设

甜樱桃具有不耐涝、不抗旱、喜温不耐寒、喜光性强、不耐盐碱等特点，因此应选择好大棚（或日光温室）土壤，以在土壤比较肥沃、土层较深厚、中性或微酸性壤土及沙壤土，地下水位低、排水良好，有水浇条件的地段建大棚（或日光温室）。地势低洼、土壤黏重地段，应适当进行土壤改良和平整土地。在东、西、南方向有高大建筑物或遮光物地段不宜建大棚（或日光温室）。

三、促成栽培甜樱桃的生长发育规律

甜樱桃促成栽培，在一年中从萌芽到落叶休眠，从休眠到萌

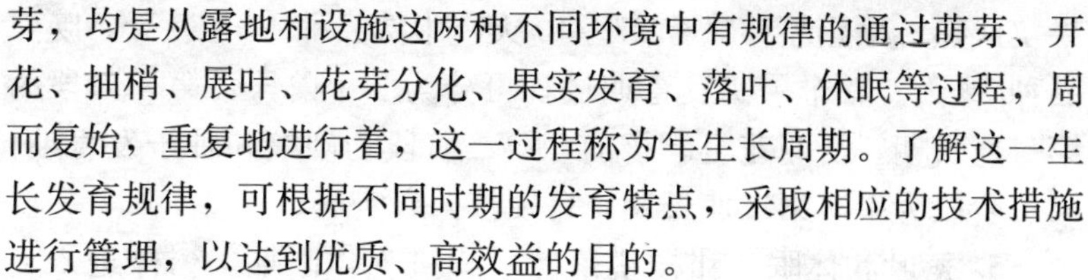

芽，均是从露地和设施这两种不同环境中有规律的通过萌芽、开花、抽梢、展叶、花芽分化、果实发育、落叶、休眠等过程，周而复始，重复地进行着，这一过程称为年生长周期。了解这一生长发育规律，可根据不同时期的发育特点，采取相应的技术措施进行管理，以达到优质、高效益的目的。

1. 萌芽与开花　甜樱桃当日平均气温达 10℃左右时，花芽开始萌动；日平均温度达到 15℃左右时开始开花。设施栽培条件下，整个花期 7～14 天，有时可长达 20 天以上。

2. 新梢生长与展叶　促成设施栽培由于受地温和气温不同步的影响（主要是土壤温度偏低），往往出现叶芽先于花芽萌发，或者叶芽和花芽同时萌发的现象，这种叶芽和花芽的“倒序”现象会影响开花坐果，因此，生产中应通过早期地膜覆盖等措施来提高地温，防止叶芽萌发与开花坐果竞争贮备营养，从而提高坐果率。

芽萌发后，有一个短暂的新梢初生长期，甜樱桃历时 7 天左右。开花期间，新梢仍继续生长，至谢花可长 5～10 厘米，此时，应通过摘心等措施控制新梢的生长，防止与果实竞争而造成大量落果。谢花后，新梢进入迅速生长期。结果树的新稍在果实成熟前生长渐趋缓慢，果实采收完揭除棚膜后则停止生长，然后立即修剪，待 25 天左右梢又重新生长。

3. 花芽分化　甜樱桃叶芽分化的特点是，分化时间较早，分化时期集中，分化过程迅速。一般在新梢第一次生长停止，果实采收后 10 天左右便开始大量（生理）分化。此后，转入形态分化期，历时1～2 个月。分化时期的早晚，与果枝类型、树龄、品种有关。花束状果枝和短果枝分化比长果枝与混合枝早，成龄树比幼旺树早，早熟品种比晚熟品种早。甜樱桃由于花芽分化期比较集中，分化迅速，因此对营养条件的要求较高。在营养条件不良时，会出现雌蕊败育。

4. 果实发育　甜樱桃的果实发育期很短，甜樱桃从谢花至果实成熟，早熟品种只有27～40天，中熟品种40～50天，晚熟品种50天。整个果实发育期过程可分为3个阶段：第一阶段为第一速长期，从谢花至硬核前；第二阶段为硬核和种子发育期；第三阶段为果实第二速长期，自硬核至果实成熟。

5. 落叶和休眠 甜樱桃落叶后积进入休眠期。树体进入自然休眠期后，需要一定限度的低温量才能解除休眠，进入萌芽。据高东升等的试验，甜樱桃打破自然休眠的需冷量为720～1 200C. U（冷温单位），仅次于葡萄；在华东以及华北气候条件下，其完成自然休眠的时间为12月下旬至翌年1月中旬。了解甜樱桃度过自然休眠的需冷量对保护地栽培有其重要意义。

表10-1 常见设施甜樱桃品种的需冷量（C. U）

品种	1998年		1999年		2000年	
	花芽	叶芽	花芽	叶芽	花芽	叶芽
红灯	1 170	1 170	1 240	1 200	1 190	1 190
那翁	1 210	1 200	1 200	1 200	1 240	1 240
大紫	1 100	1 150	1 190	1 100	1 150	1 100
红艳	1 100	1 100	1 200	1 100	1 100	1 100
抉择	—	—	1 000	920	970	970
早红宝石	—	—	940	900	910	900
乌梅极早	—	—	1 100	1 000	990	950
极佳	—	—	970	940	1 100	990

四、设施甜樱桃对生态环境的适应性

1. 温度 甜樱桃对温度条件的要求较严格，种类以及品种间有较大差异。甜樱桃喜温不耐寒，露地适于在年平均气温10～12℃的地区栽培。1年中，要求日平均气温高于10℃的时间在150～200天。冬季发生冻害的临界温度为－23～－20℃，有时

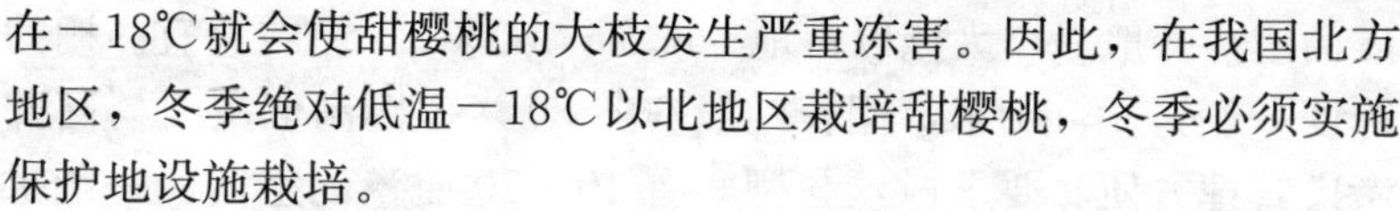

在－18℃就会使甜樱桃的大枝发生严重冻害。因此，在我国北方地区，冬季绝对低温－18℃以北地区栽培甜樱桃，冬季必须实施保护地设施栽培。

在年周期发育过程中，甜樱桃萌芽期的适宜温度在10℃左右，开花期的适宜温度为15℃左右，果实成熟期的适宜温度为20℃左右。花期发生冻害的临界温度，花蕾期为－5.5～－1.7℃，开花期和幼果期为－2.1～－1.1℃。6～9月高温干燥会造成第二年双子果、畸形果增多；高温高湿天气，引起树体徒长、树冠郁闭。

2. 光照 甜樱桃是喜光果树，在良好的光照条件下，树势健壮，果枝寿命长，花芽充实，花粉发芽力强，坐果率高，果实成熟早，产量高且品质好。光照条件差，树冠外围新梢徒长，冠内枝条衰弱，果枝寿命短，结果部位外移，花芽发育不良，花粉发芽率低，坐果少，果实成熟晚，产量低，品质差。

3. 水分 甜樱桃对水分状况敏感，既不抗旱，也不耐涝。一般分布在年降水量600～700毫米地区，光照充足，温度适宜。只要有灌溉条件的地区均可栽培，在生长季中干旱时要适时灌水，雨季要注意排水。涝洼地和地下水位高的地区，树体生长不良，果实成熟期间空气湿度大会造成裂果。

4. 土壤 甜樱桃最适宜土层深厚、土质疏松透气性好、保水力较强的沙壤土。甜樱桃的耐盐碱力差，适宜土壤酸碱度pH6.0～7.5，即微酸性和中性土壤。

五、甜樱桃促成栽培技术

（一）设施建造与定植

山东省甜樱桃促成栽培主要是对4～5年生形成一定产量的园地进行扣棚。通过低产樱桃园改造，移栽和高接或适当密植，建棚时间可以提前。棚的大小根据建棚的宽度、长度及树体的高度而定，一般一个大棚以占地666.7～1 000米^{2}左右为宜。棚的跨度一般为9～11米，棚长一般60～80米。棚高取决于树高并考虑管理方便。要求树顶与棚间有40～50厘米的空间，一般拱棚的顶高2.5～3.5米，肩高1.5～2.5米。

辽宁省大连以温室外袋装育苗、温室内矮密栽培为主，或者选择4～7年生树体生长良好的甜樱桃树于秋季落叶后上冻前或春季萌芽前进行移栽。移栽前在欲栽樱桃树的温室内按2米×3米或2米×4米株行距挖定植沟，沟宽1米、深0.5米左右，放入与土混拌的腐熟的农家肥、腐殖土等回填放水沉实待用。农家肥亩施4 000千克左右。挖树时，由树冠外围开始，逐渐向内，尽量避免伤根、伤大根，另外，樱桃树根系很脆，易折断，因而搬运时要格外小心，保护好根系，随起随栽，栽好后立即灌透水。远途运输时，要将根系蘸泥浆或保湿运输，以利成活。秋季栽植的树，冬季要注意培土防寒。

（二）扣棚升温

甜樱桃树体进入自然休眠后，需要一定限度的低温量才能解除休眠，升温后才能进行正常的萌芽，开花结实和果实成熟，因此，甜樱桃完成自然休眠之后才能覆膜。覆膜过早，发芽、开花不整齐，影响果实的产量和质量。通过自然休眠，要达到一定的需冷量。甜樱桃需冷量为7.2℃以下1 100～1 440小时，温度低时，时数少些。不同品种间略有差异。根据需冷量推测，山东烟台地区12月底至1月初可通过自然休眠。芝罘区只楚镇红灯樱桃，2005年1月15日覆膜，4月27日成熟，比露地栽培早33天。莱阳市沐浴店镇青岚口村芝罘红、大紫、红灯等品种，2006年1月7日覆膜，4月24日至5月1日采收，比露地早36天。福山区褚家疃村在2月底至3月初覆膜，成熟期仅比露地提早8天。具体适宜的覆膜时间，要根据大棚的设施条件和鲜果上市需求时期来确定。烟台、青岛地区，加温、保温条件较好的，于1

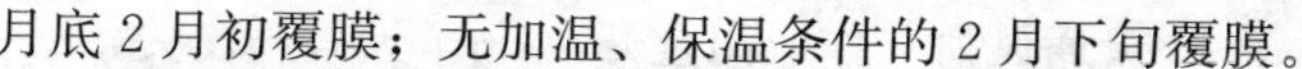

月底2月初覆膜；无加温、保温条件的2月下旬覆膜。

大连地区通常在10月中下旬后当外界气温出现0℃时要及时扣膜盖草苫，晚上打开通风口，白天合上通风口，盖上草苫，使温度控制在0～7℃，当累计低温达到1 000～1 200小时后才能完成树体休眠。不同品种休眠时间长短不一，大连市农业科学研究院果树研究所研究表明：红灯、红艳、8-129、红蜜需冷量为800～850小时，佳红、7144-6为950～1 000小时。因此必须在满足所栽植品种的最高低温需求量后才能揭帘升温。一般大连地区12月下旬开始升温，北部地区可稍早。升温前土壤灌1次透水，然后覆地膜；并且升温前后完成修剪工作，要求树高与棚高之间距离50厘米。直立、强旺枝拉至水平，内堂细弱枝短截回缩。

（三）环境因子调控

1. 温度调控　覆膜以后，棚内的气温升高快，地温则升高较慢。为了保持地下和地上温度协调平衡，可在覆膜的同时或提前用全透明地膜进行地面覆盖增温。覆膜1周内棚内白天气温18～20℃，夜间气温不低于0℃；覆膜7～10天后夜温升至5～6℃，白天20～22℃。要防止25℃以上的高温。

发芽至开花期，地温要求在14～15℃。棚内覆盖地膜可使地温提前10天达到14℃。气温夜间6～7℃，白天18～20℃。盛花期夜间气温5～7℃，白天20～22℃为宜，过高或过低均不利于授粉受精。此期要严格避免－2℃以下的低温和25℃以上的高温。谢花期白天20～22℃，夜间7～8℃。

果实膨大期，白天气温22～25℃、夜间10～12℃时，有利于幼果膨大，可提早成熟。果实成熟着色期，白天不超过25℃，夜间12～15℃，保持昼夜温差约10℃。严格控制白天气温不能超过30℃，否则果实着色不良，且影响花芽分化。

设施内温度主要靠开关通风口、作业门和揭盖草帘调控。大棚覆膜后，1～3 天通风窗、作业门全开，4～7 天昼开夜关，8～10 天晚上逐步盖齐草帘。后期棚内温度过高时，10：00～15：00要加强通风换气，控制不超过 25℃。日光温室升温第一周，草苫揭开 1/3 高度，以后每天逐渐升高；升温第二周，草苫揭开 2/3 高度，以后每天逐渐升高；第三周开始全部揭开草苫并打开通风口。

2. 湿度调控　土壤相对含水量要保持在 60%～80%。通常情况下，覆膜后、发芽期、果实膨大期各浇水 1 次。应注意最后一次浇水不能过多，否则容易发生裂果。浇水后及时中耕松土。

覆膜初期至发芽期，棚内空气相对湿度维持在 80%左右。空气湿度低，发芽和开花不整齐，也易受高温为害。此期可向树体喷水，增加空气湿度。开花期空气湿度以 50%～60%为宜。过大、过小均不利于授粉受精。果实成熟期空气湿度以 50%为宜，太大不利于着色。日本温室甜樱桃栽培的经验是：自覆膜到发芽，中午棚内湿度为 60%～70%，发芽到开花 50%～70%，花期 50%～60%，坐果到果实膨大期 40%～60%，果实着色成熟期为 30%～50%。增加空气湿度可向地面洒水和树体喷水；降低空气湿度通过启闭通风窗、门等来完成。

3. 气体调控　甜樱桃促成栽培，因设施内在冬季严寒时期密闭保温，在阳光和水充足的情况下，设施内由于甜樱桃叶片的光合作用，使室内二氧化碳含量不断降低，影响甜樱桃光合作用的正常进行，从而影响樱桃树的生长发育。因此，及时补偿二氧化碳就显得很重要。目前在设施内主要采取施用固体二氧化碳或酸碱反应法补充二氧化碳以及在中午加大通风量等方法，将大气中含有较多的二氧化碳气体交换到设施内，使甜樱桃进行正常的光合作用，将二氧化碳和水合成大量的有机物，供给甜樱桃树的生长发育、开花、结果，为获得优质、高产奠定基础。

（四）土肥水管理

1. 土壤管理 设施栽培甜樱桃对土壤肥力要求较高，土肥水管理的中心任务就是不断培肥地力，提高土壤肥活程度，为壮树、高产、优质奠定基础。

土壤翻刨：保护地樱桃建园的土壤翻刨，有利于加深根系分布和促进根系生长发育，是壮树、稳产的一项技术措施。土壤翻刨一般以秋季施肥后进行为好，既有利于消灭部分在土壤中越冬的病虫害、改善土壤的透气状况、增加土壤含水量，也有利于根系的生长，增强根系对养分和水分的吸收能力。土壤翻刨深度以15厘米左右为宜。翻刨可与秋施基肥结合进行，将有机肥均匀翻入土内，有利于根系广泛吸收。在土壤翻刨时，要注意树冠内，特别是树冠周围，要刨得浅些。

中耕松土：中耕松土一般在灌水或降雨后进行。中耕松土不仅能切断土壤毛细管，保蓄土壤水分，而且提高了土壤透气性，促进根系吸收，扩大根系生长范围，同时还可以消灭杂草，减少养分和水分的消耗。

树盘覆草：保护地樱桃园覆草，对改良土壤理化性能，增加团粒结构，提高土壤肥力和保持土壤湿度等效果显著。试验证明，每亩每年覆草2 000千克左右，连续覆草3年，0～15厘米土层中的有机质含量可提高1%左右，土壤中的含水量提高70%。有效促进了坐果率和产量的提高。覆草一般以夏季为好。

2. 合理施肥 甜樱桃从展叶、抽稍、开花和果实发育到成熟都集中在生长的前半期。一年中，从展叶到果实成熟前，需肥量最大；采果后，花芽分化盛期需肥量次之；其余时间需肥量较少。因此，在甜樱桃促成栽培中，必须抓好秋季、花期前后和果实采收的几次施肥。

基肥：一般在落叶前（9月份）施用，施肥量占全年的

70%。这次施肥主要供给甜樱桃萌芽、开花和果实生长发育所需营养，对全年的养分供应起着主要作用。秋施基肥主要是鸡粪、猪粪、人粪尿、豆饼等有机肥。施肥量应根据树龄、树势及有机肥种类和质量而定。一般幼树和初果期树每株施充分腐熟的有机肥 15～100 千克，或每亩施优质有机肥 5 000 千克左右。施肥方法，可以采用环状沟施、行间开沟深施或全园撒施结合土壤翻刨。有机肥必须充分腐熟后再施。

追肥：甜樱桃开花期间和果实采收后 1～2 个月为花芽集中分化期间，需要养分多。因此，在花前或花后、果实采收后需进行追肥。每株结果树追复合肥 1.0～1.5 千克或追施充分腐熟的人粪尿 50 千克左右。并可进行叶面喷肥，花蕾期，喷布 0.3%硼砂或 0.3%尿素溶液，或 0.3%磷酸二氢钾溶液。喷布时间一般在下午进行，喷时要以叶背为主，喷布均匀。

3. 适时灌水 甜樱桃对水分反应敏感，既不抗旱，也不耐涝，特别是谢花后到果实成熟前是需水的临界期，更应保证水分供应。一般发芽后至开花前灌 1 次水。落花后花芽的苞片脱落，应避免浇水以防新梢徒长，或造成严重落花落果，或引起裂果。果实采收后结合追肥进行灌水，对树体恢复和花芽分化很重要。土壤结冻前再灌 1 次透水。

（五）树体管理

1. 花果管理 甜樱桃促成栽培成本高，经济效益也高。但由于设施内温度、湿度、光照等不良因素的影响，往往造成坐果不良，严重的落花、落果，使产量下降，经济效益降低。因此，采取农业技术措施在提高坐果率的基础上，再进行疏果和促进果实着色等花果管理技术措施是很有必要的。

（1）提高坐果率　必须在加强改土和保护地中的肥水，整形修剪、病虫害防治等综合管理的基础上，花期还应采取下列技术措施提高座果率：

①人工授粉。甜樱桃在建园时配好授粉树的基础上，开花时（包括自花结实品种）必须认真仔细地进行人工授粉，才能确保坐果良好。甜樱桃花量大，果农又尚未形成疏花的习惯，因此要通过采取花粉，然后进行人工点授的方法困难很大。目前生产中采用制作两种授粉器，在不需采取花粉的情况下进行人工授粉。一种是球式授粉器，即在一根木棍或竹竿（长短根据需要而定）的顶端，绑缠一个直径 5～6 厘米的泡沫塑料球或洁净纱布球，花期在授粉树及被授粉树的花序之间，轻轻接触擦花，达到既采粉又授粉的目的。球式授粉器适用于在分枝型结果枝组上授粉，但工作效率较低。另一种是棍式授粉器，即选用一根长 1.2～1.5 米、粗约 3 厘米的木棍或竹竿，在一端缠上 50 厘米长的泡沫塑料，外包一层洁净纱布，用其在不同品种的花朵上滚动，也可达到既采粉又授粉的目的。棍式授粉器适于单轴延伸型果枝组上应用，工作效率很高。棍式授粉器临时来不及制作时，也可用鸡毛掸代替。不论哪种授粉器授粉，自初花期开始，要进行3～5次授粉，以保证开花期不同的花朵都能得到充分及时的授粉。

②为保证甜樱桃早开的花也能授粉结实，国内外还利用上年采集的露地甜樱桃花粉，贮藏条件是－20℃的低温（冷冻箱），保持干燥，以供设施内授粉用。据山东省烟台果树研究所房道亮等试验：大紫、那翁、红灯三个品种每千克大铃铛花，出产带药壳干花粉的量分别是：24.1 克/千克、那翁 12.8 克/千克、红灯 17.68 克/千克。花粉冷藏前三个品种的萌芽率大体相似，为 32.1％～33.4％。贮藏一年后，刚从冷冻箱取出的花粉发芽率为 11.3％～12.6％；在室温下放置 6 小时后，花粉萌芽率为 22.9％～24.7％；放置 12 小时后时萌芽率为 22.9％～24.6％。因此，使用时，花粉从冷冻箱中取出后，在棚室条件下放置 4 小时后再用；若从冷冻箱中取出后立即授粉，坐果不好。

③在设施内也可试用中华蜜蜂或者壁蜂进行辅助授粉，使用壁蜂进行辅助授粉每亩棚室内放 300 头左右。

④花期叶面喷药。花期叶面喷布0.2%～0.3%硼砂溶液，可提高坐果率13%左右；喷布0.3%～0.5%尿素加0.3%磷酸二氢钾溶液可提高坐果率15%左右；花后5～10天喷10毫克/升坐果灵（LXL）溶液，均可促进坐果，提高产量和果实品质。

（2）疏花疏果　为增加甜樱桃的单果重和提高果实的整齐度，日本已采用疏花芽、疏花蕾或疏花以及疏果等措施。萌芽前疏花芽，一般1个长枝有7～8个花芽的花束状短果枝，可疏掉3个左右的瘦小花芽，保留饱满花芽4～5个。花芽萌发后至开花时再疏蕾或疏花。经过疏花芽后保留下来的花芽多者能开放3朵，疏蕾或疏花后，每个花束状果枝保留7～8朵花。生理落果后再疏除小果、畸形果。

（3）促进上色　棚内光照较露地差。果实开始着色时，可摘叶及铺挂反光膜改善光照条件，促进着色。摘叶时主要摘除直接遮盖果实的叶片，先摘发黄、残缺叶和小叶。摘叶不宜过重。反光膜可铺设在行间，或剪成条状挂在行间，增加反光量。

2. 整形修剪　适宜促成栽培的树形有开心形和改良纺锤形。开心形多用在温室前一两排树（或大棚两侧），树高控制在1.5米左右，干高30厘米左右，全树有3～5各主枝，无中心干，每个主枝上有5～7各侧枝，主枝与主干成30°～45°倾斜延伸，各级骨干枝上配置结果枝组。改良纺锤形多用在温室后两排树，树高控制在2～3米左右，干高30厘米左右，有中心领导干，在中心领导干上配置10～20个单轴延伸的主枝，下部主枝间的间距10～15厘米向上依次加大到15～20厘米，下部主枝较长，约1.5～2.0米，向上逐渐变短，主枝自下而上呈螺旋状分布，主枝基角80°～85°，接近水平。进入结果期的樱桃树修剪方法主要是摘心、拉枝（拿枝）、疏枝，促进形成结果枝，修剪关键时期在生长季，摘去主枝背上直立、旺长新稍，疏除过密枝，延长枝拉枝，缓和生长势。

（六）甜樱桃采收后的管理

由于促成栽培打破了甜樱桃固有的生长规律，露地樱桃尚未开花，设施内甜樱桃采收已近结束，所以自采果后到落叶前有近8个月的生长期，此期正是营养积累和花芽分化的关键时期，放松管理将会出现树势衰弱、花芽分化不良、花芽老化以及提早开花等问题，直接影响翌年的生长结果及产量，因此必须加强除膜后的树体管理，以实现设施生产的连年丰产、稳产、优质、高效。

1. 及时去除覆盖物　果实采收后，为使温室内温湿度尽快接近露地自然状况，采收近结束时逐渐加大放风量，放风锻炼不得少于15～20天，及早去除棚膜但防止撤膜过急。撤膜后及时罩遮阳网保护，防止夏季高温日晒灼伤叶片，遮阳网的遮光率要在30%以下。

2. 及时补肥　果实采收后，一方面树体消耗养分过大，另一方面花芽分化需要大量积累养分，因此，去膜后应及时补肥，追肥的种类以速效性肥料为主，如腐熟人粪尿，结果大树一般每株施用30～50千克或腐熟豆饼2～3千克或不含氯化物的氮、磷、钾多元复合肥1千克，采用沟施，沟深20厘米左右施肥后及时覆土。

3. 叶面追肥　除膜后，每隔15天左右叶面喷施绿兴1 000倍液（或活力素等）加尿素0.5%，隔次加磷酸二氢钾0.5%（2～3次）。以提高叶片光合能力，增加树体营养积累。

4. 适时灌水、中耕　追肥后立即灌水，以后根据土壤墒情和树体生长状况适时灌水。同时，雨季来临时，又要搞好棚内排水，因樱桃树不耐涝，以防积涝死树和出现严重的流胶病。每次灌水和雨后及时中耕松土及除草，深度10厘米左右。落叶后清扫棚内杂草和落叶，消灭病原。

5. 加强夏剪　由于樱桃成枝力弱且顶端优势极强，故应加强夏季修剪，意在增加枝量，防止结果部位外移，促进花芽分化。应在7月上旬以前完成，夏剪方法主要是摘心和拿枝，对主枝延长枝和中央领导枝留 30～40 厘米，剪 10～15 厘米，其余枝留 10～15 厘米，背上直立枝或强旺枝多次摘心或拿枝。

6. 预防高温伤害 预防夏季高温干燥对树体的影响，要及时喷灌水和打开通风窗。

第四节 遮雨栽培

目前甜樱桃生产中存在一个严重问题，即在接近成熟或采收前遇雨时裂果，这一难题在我国樱桃产区普遍存在，每年给果农带来巨大的损失，甚至颗粒无收。因此如何预防裂果是当前面临的一大主要难题。针对大樱桃生产中的主要问题，通过搭建大樱桃简易“遮雨棚”，可以廉价的成本把大樱桃裂果率控制在较低水平。

避雨设施总体的设计思路是用钢铁杆或木杆做成一个框架，然后用聚乙烯等塑料薄膜覆盖在整个框架上。一般在采前 3 周，即果实开始上色而且对裂果比较敏感的时期开始对树体进行覆盖，覆盖时期包括整个收获期。国内外的主要避雨设施有：

1. 简易遮雨棚 简易的防雨棚用水泥杆和沙条杆做支架，8 号铁丝做龙骨，塑料布做覆盖物。每 2 行树扣 1 个棚，棚高 5.5 米，侧高 2.7 米，离地面 1.8 米以下不扣塑料布，以便通风。在樱桃果实接近成熟前覆盖塑料布。其特点是安装简单，成本低。可以有效防止甜樱桃雨后裂果，减少损失。

2. 三线系统覆盖设施 挪威的遮雨设施是从只覆盖单棵树发展到覆盖所有行的树。20 世纪，斯旺研究中心对不同的覆盖系统进行了设计和试验，然后选出了一种三线系统的遮雨设施，几乎被所有的樱桃栽培者应用。这个系统的整体框架就是木柱支撑的一些线网络，这些线都与行相平行，每行树上方都拉一条与行平行的三线系统。行间每隔 12 米立 1 个高 5 米、粗 10 厘米的木头柱子，为了使柱子牢固，要机械或人工将柱子埋进土里 1.0～1.2 米，即地上的柱子高为 4 米，在每行的末端，要用 14

厘米粗的柱子，整个的支撑框架都是用的木头，每个柱子之间都是用木工活将他们连起来。

上方的遮盖物沿着这三条线可以往前或往后拉，顶部最高的线离地 4 米高（这条线在树的正上方，其余两条线在行间的正上方），比两边的高 0.5 米，因此沿着中轴看这个塑料覆盖物是个三角形。两边的线的水平距离为行间距减 0.1 米。树最高为 3.3 米，在前期的生长这高度是合适的。

编制的或压缩的塑料膜都可以用作覆盖材料，寻找结实的、轻的、便宜的材料很重要。每块覆盖物的长度与行间两个杆之间的距离相同（即每两个支柱之间用一个覆盖物），当覆盖物的两侧打上孔后，覆盖物的宽度应该是行间距减 0.5 米。覆盖物上孔的距离是 1 米 1 个，为了保证覆盖物更加安全、有力，在行的末尾打孔的距离为 0.5 米。每个孔上安装一个有弹力的橡胶绷带，再安装一个很紧的挂钩，将这些挂钩连在两边的线上，当覆盖物要拉动的时候这些挂钩就可以前后滑动。如果有鸟的时候就可以将一个大网子安装在那些最高的木柱子上面。

3. Rovero 覆盖设施　Rovero 是德国的一个覆盖系统，目前欧洲许多国家都在进行试验。它可以保护樱桃园免受雨和冰雹的伤害，由于塑料覆盖物的独特设计，它抗风能力尤其强。防冰雹的网子，宽是 50 厘米，它的一侧缝合然后跟相邻的塑料膜的一侧重叠，当刮风的时候，这些塑料长带就会打开，风就会从开口过去而不会损害塑料膜和整个框架。即使遇到强风，风也能从开口过去而不会损害塑料膜和整个框架。这种塑料膜是编制成的，品质就像防冰雹的网一样好。整个框架就是在每行树里均匀地立很多钢铁柱子，柱子上方拉一条绳将它们的顶部连起来。在树的上方盖两个连起来的塑料长条覆盖物，在行间的上方将两边的塑料覆盖物用别针或挂钩固定，固定间距为 0.5～1.0 米，在行的末端和其他位置加上网子可以完全防止鸟害。

4. Fruitsafe 覆盖设施　Fruitsafe 是一个生产不同覆盖系统

的德国公司，产品包括简单的设计覆盖系统和与温室有关的一些材料。一个钢铁做成的圆弓安装在一个高 4 米的钢铁柱子上，这些钢铁柱子在每行栽有树的中间均匀分布。这些钢铁柱子下面都被底座和闩子固定在地上，底座深 75～100 厘米，用混凝土固定。当果实变红时在弓的上方放上塑料膜用钩子固定，在弓的末端可以按上网子防治鸟害。

5. Haygrove 隧道式覆盖设施 Haygrove 隧道式覆盖模式生产于英国（UK），它们的思路是将温室技术在大田低成本推广，对一些经济效益高的蔬菜、花和小浆果在春、夏、秋尽进行栽培。这个覆盖结构是由不同宽度的弯弓和不同高度的支柱组成的，钢材都是提前镀过锌的，支柱间距 2.2 米，埋在土里 0.7 米。8.5 米宽的弓棚对樱桃比较合适，拖拉机完全能够进去，在热天和潮湿的天气完全可以通风，或者在季节延长时也可以完全覆盖。一些不同的覆盖塑料膜加上了光谱滤膜（UV），可在炎热的夏天降低热量。

6. Viking 隧道式覆盖设施 Viking 隧道式覆盖模式也生产于英国（UK），这些隧道式覆盖模式设计比较简单、便宜。像其他覆盖系统一样，固定的底座也是埋在地下 75 厘米深来固定钢铁支柱，每个支柱上连着一个弓，高 3.5 米，宽 3.9 米。拖拉机将塑料遮盖物从弓的上方拉过来用夹子固定在钢铁上，那些隧道小弓很灵活，倾斜度小了也可以。

7. Netzteam 覆盖设施 Netzteam 是瑞士的一个覆盖系统，这个生产商对防冰雹灾害很专业，但也提供樱桃覆盖系统。整个结构是由木头支柱构成的，支柱在栽有树的行里均匀分布。每行在支柱的上面拉一个线并垂直地固定在地下。将塑料覆盖物用特殊的设计安装在绳子的下面，并在行间的上方与两边的塑料覆盖物连接，这样就将树体覆盖了。这个设计通风效果很好，能抵抗任何强度的风，也可以安装一个防鸟网。

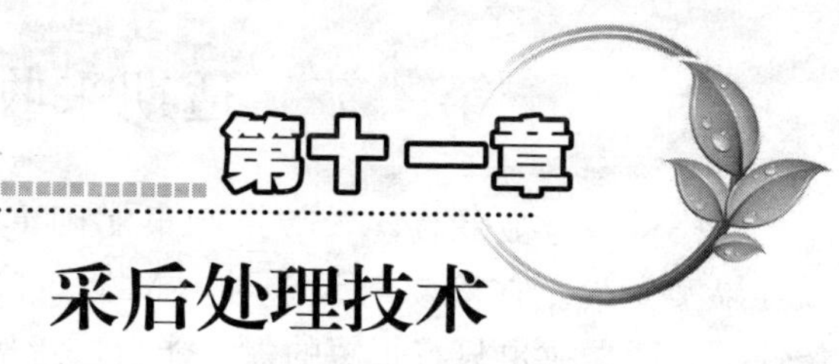

第十一章 采后处理技术

果品的采后处理技术是为保持和改进果品的商品质量并使其从农产品转化成商品所采取的一系列措施的总称，包括适期采收、采收方法、分级、包装、预冷、贮藏保鲜、冷链物流、货架处理等。选择适宜的采后处理技术措施能改善果品的商品性状、提高其价格和质量信誉，为生产者和运销经营者提供稳固的市场和更高的经济效益。

甜樱桃安全生产的目的就是为消费者提供丰富、优质、新鲜的果品，并且使果品生产者和经营者从中获得较大的经济效益。但由于甜樱桃品种繁多，生产条件差异很大，因而商品性状各异，质量良莠不齐。收获后的甜樱桃要成为商品参与市场流通或进行贮藏保鲜后再进入市场，只有适期采收，采后经过严格的分级、包装、冷链物流、贮运和销售之前的一系列采后商品化处理，其商品质量才能更符合市场流通及不同消费层次的需要。

甜樱桃的适期采收及采后处理技术的优劣，直接影响到采后甜樱桃的贮运损耗、品质保存、贮藏寿命及商品的货架期。由于甜樱桃的生产季节性强，采收期集中，而且脆嫩多汁，易于损伤、腐烂，往往由于采收时期和采后处理技术不当造成大量损失，使农民丰产不丰收。如不给予足够的重视，即使有较好的贮藏保鲜、冷链物流措施及先进的管理技术，也难以发挥应有的作用。

第一节　适期采收

甜樱桃一旦被采收，含酸量和果实硬度迅速降低，果梗衰败，果实变褐。在简易气调包装（MA）袋和气调保鲜（CA）条件下，甜樱桃也只有很短的保鲜能力，货架期也不长。

甜樱桃的采收是其安全生产的最后一个环节，又是其商品处理的最初环节，同时也是影响采后处理技术成败的关键环节。采收的目的是使果品在适当的成熟度时转化成为商品，应将园艺生产和经济结合起来考虑果实采收成熟度，采收速度要尽可能地快，采收时要力求做到最小的损伤和损失以及最小的花费。因此，采收时期、采收方法等必须引起足够的重视。甜樱桃的适宜采收期、采收成熟度、采收技术及使用的方法等在很大程度上影响其产量、品质和商品价值，影响采后处理的效果，直接影响其经济效益。

甜樱桃每年由于采收成熟度、田间采收容器、采收方法不适当而引起的机械伤损失达20%～30%，在采收后的贮运到包装处理等采后处理技术过程中也缺乏对产品的有效保护。采收的原则是适时、无损、保质、保量和减少损耗。适时就是在符合采后处理要求时采收。无损就是要避免机械伤害，保持完整性，以便充分发挥其固有的特性。

根据不同的采后需求，甜樱桃要在其适宜的成熟度时采收，采收过早或过晚均对果品品质、耐藏性和货架期带来不利的影响。采收过早不仅产品的大小和重量达不到标准，影响产量，而且果品的风味、色泽和品质也不好，不能充分显示该品种固有的优良性状和品质，贮藏期间易失水皱缩而失鲜，增加某些病害的发生，达不到适于鲜食、贮运、加工的要求，耐藏性也差；采收过晚，果品已经过熟，已经进入过衰老进程，不耐贮藏和运输，货架期过短。采收过早、过晚的果品在国内市场上不受欢迎，在

国际市场上竞争力弱。

在确定了甜樱桃的采后贮运销方式后，根据甜樱桃的特点、采后生物学特性和采后用途，市场的距离，分级包装加工等处理场所的状况，贮运物流条件，贮藏保鲜时期的长短，贮藏方法和设备技术条件因素来确定其采收成熟度、采收时间、采收方法。

一般就地鲜食销售的果品，可以适当的晚采；用做长期贮藏和远距离运输的果品，应当适当的早一些采收，甜樱桃属于有呼吸高峰的果品，应该在达到生理成熟或达到呼吸跃变前采收。采收工作有很强的时间性和技术性，应根据不同品种的特性，及时并且有经过专门训练的工人进行采收操作，才能取得良好的效果，否则会造成不必要的损失。采收以前必须做好人力和物力上的安排和组织工作，根据产品的特点选择适当的采收期和采收方法。

果品的表面结构是良好的天然保护层，当其受到破坏时，组织就是去了天然的保护力，容易受病菌的感染而造成腐烂。因此，果品的采收应避免一切机械损伤。采收过程中所引起的机械伤在以后的各个环节中无论如何进行处理也不能完全恢复，反而会加重运输、包装、贮藏和销售过程中的产品损耗，同时降低果品的商品性，大大影响货架期和贮藏保鲜效果，降低经济效益。因此果品的采收原则应是适时、无伤，保质保量，减少损耗，提高果品的货架、保鲜、加工性能及商品性能，提高经济效益。

甜樱桃果实采收期正值高温季节，属于鲜果中上市较早的一个树种，是一种高档的鲜食及加工型水果。其品种繁多，色泽艳丽，品质优良，味香甜浓郁。各品种的采收期集中在短短的几天内，成熟期比较集中，因此，各品种的采收期也随之相对集中。常温下，果实极易过熟、软化、褐变、腐烂，几天内便失去商品价值。

近几年，我国甜樱桃处于快速发展时期，随着栽培面积的扩大和产量的增加，甜樱桃的采后处理正逐渐被人们认识和重视。

1. 采收时期 成熟度是确定甜樱桃果实采收期的直接依据。生产中，甜樱桃的成熟度主要是根据果面色泽、果实风味和可溶性固形物含量来确定。黄色品种，当底色褪绿变黄、阳面开始有红晕时，即开始进入成熟期。对红色品种或紫色品种，当果面已全面着红色，即表明进入成熟期。多数品种，鲜果采摘时可溶性固形物含量应达到或超过15%。

甜樱桃果实发育期很短，果实从开始成熟到充分成熟，果实个头大小还能增长35%。在此期间，果实风味品质（如可溶性固形物含量）变化很大。另外，甜樱桃果实为呼吸跃变型水果，果实不含可转化成糖的淀粉，采后没有后熟过程，果实品质不会因放置而有所提高。因此，果实达到充分成熟时，风味、品质最佳。其糖分含量在采前充分积累，采后只能消耗，不再有其他物质转换成糖类。采收过早，果个也小，不能充分显示该品种应有的优良性状和品质，糖分积累少，着色差，抗性也差，产量也低，且贮运期易失水、失鲜、易感病，商品价值也低，没有市场竞争力。采收过晚，某些品种易落果，果肉松软，贮运过程中易掉柄，果实极易软化、褐变，衰老加快，不耐贮运。充分成熟的甜樱桃含糖量高，果皮厚韧，着色度好，从而提高了抗病性和耐贮力。采收期取决于甜樱桃的成熟度、特性和销售策略。根据其生物学特性和采后用途、与市场的距离、加工和贮运条件来决定其适宜的采收成熟度。

甜樱桃品种一般在5月下旬至6月上旬成熟，果实发育期短，果皮薄，肉质密度不是很大，常温下极易变质。6月下旬以后成熟的晚熟品种，质地较硬，可贮藏保鲜。所以，根据采收后的用途不同，樱桃果实在采收时期上也有所区别。黄色品种贮藏后外观易变锈色，可短期贮藏10～15天，存放时间长的品种易选择红色品种。对于新引进的品种，宜先做贮藏试验，不可盲目地用来贮藏。

采后就近上市销售的鲜果，应在充分成熟、表现出本品种固

有特色时采摘为好。用于贮藏和长途运输的甜樱桃应在此基础上提早3～5天（八九成熟）采摘。

宾库的采收成熟度通常通过果皮颜色确定。在华盛顿州，该品种果皮变成褐红时，就可以采收了。褐红的果实能够运往国内各地或出口，不存在太大的问题。受经济利益驱使，许多果农有的选择栽种成熟期早于或晚于宾库的新品种，有些则采用人工措施来左右果实成熟期，从而避免恶劣天气或赶上运输时期。无梗樱桃和某些新品种在褐红时采收不是最好。例如许多果农种植拉宾斯延长采收期，该品种可能需要在果肉（而非果皮）变成深红时采收。不同品种应区别对待。无论是可溶性固形物（糖类）还是果实大小都不足以成为可靠的成熟度判定标准。可溶性固形物是叶果比率的反映而不是成熟度判断尺度，它是果农生产果实时需要考虑的一个质量因素。果实大小则是园艺操作，比如修剪、透光率和营养含量以及气候的结果。

法国研究组织（TIFL）或密歇根州立大学Dan博士研制的新型甜樱桃果皮色板都可以拿来使用，它们通过给出参照值来帮助采摘检查者规范果园采收的方法。Carlos. Crisosto博士观察了人们对处于不同红度的樱桃接受的情况，他发现消费者更喜欢深色樱桃和可溶性固形物高的樱桃。Kim Patten博士在观察不同成熟度的樱桃对凹陷的敏感性时发现采收成熟度高的果实比采收较早的果实凹陷伤更少，这一点先锋和宾库最为明显。采收成熟度影响着果品质量，也影响到采后管理。

研究发现有19％的水果在到达包装间之前就已经被碰擦伤了，这是采摘时造成的机械损伤。35％的水果有凹陷，果实的凹陷则是由于将果实放入采收容器时造成的。

用于贮藏保鲜和远途运输：采收后作为贮藏保鲜用的樱桃，一般应选择晚熟或中晚熟的品种，如先锋、萨米脱、拉宾斯、斯坦勒、友谊、甜心、红手球等品种。晚熟的品种果肉致密，硬度相对较大，适合于贮藏保鲜。采收时应在8成熟左右采收，可以减少在运输途中的烂果率，同时，可以提高贮藏质量、延长其保鲜时间。

当地鲜销鲜食：鲜食的甜樱桃一般要求口感香甜，色泽艳丽，果个大，所以，应在樱桃完全成熟时采收。选择一些早熟品种。采收后应在最短的时间内销售至消费者手中。

由于甜樱桃自身的某些特性所限制，樱桃在采收时不仅有时间上的谨慎选择，而且，对其采收的方法也相对比较严格。两者也直接决定樱桃在销售市场上的价值，影响其经济效益。

甜樱桃是多花品种，每花序坐果 1～6 个，因此，坐果早晚不同，成熟期也不一致，樱桃的成熟期因其在树冠中的部位和着生的果枝类型不同而不同。因此，要根据果实成熟情况，在采收时应该分期分批进行。一般是在凉爽天气或每天早晨采收，最好在晴天的上午 9：00 以前或者下午气温较低、无露水的情况下采收。

2. 采收方法 采摘时必须手工采摘，采摘时应带果柄。采收后进行初选，剔除病烂果、裂果和碰伤果。采收后的果实放入有软衬垫的容器内，要轻拿轻放。采摘后的樱桃果实不能在太阳的直射下放置。这样不仅影响樱桃果实的寿命，而且也有损于其商品质量，从而影响其经济效益。在田间地头堆码时间过长或长时间在阳光下曝晒的甜樱桃不能长期保鲜贮藏。

甜樱桃在采收时最关键也是最重要的一点就是“无伤采收”。无伤采收顾名思义就是在采收时，尽可能地将樱桃果实的损伤减少到最小程度或者无伤。由于樱桃果个小，皮薄，硬度相对较小，在采摘过程中很容易造成伤果。采摘时应用手捏住果柄轻轻往上掰动。注意应连同果柄采摘。在采摘过程中应配备底部有 1 小口的容器，容器不能太大，而且必须内装有软衬，以减少其机械碰撞。将采摘下的樱桃果实轻轻地放入容器内，从容器内往外倒时可以从底部流口处轻轻倒出。做到轻拿轻放。

采收后放置的最好方法是随采随即放入冷库中，这样有利于樱桃贮藏质量的提高和贮藏时间的延长。山东省果树研究所研制推广的移动式多功能自动保鲜库很适合在产地放置，它的整体移动性灵活，能够很好地解决樱桃采后即入低温等问题。而且，可以有效地减少运输途中的烂果率。

温度管理必须在果园就开始进行，高温时果实呼吸旺盛，糖类和酸类是果实用于呼吸的底物。甜樱桃果实在高温环境下变软迅速、果实硬度下降快，果实梗部褐变并且迅速失水萎蔫。

调查研究显示：将果实放置于阴凉处比直接放置于日光下，果实和梗部质量能得到良好改善。在日光下，中转箱里的果实温度会在 2 小时之内迅速升高到 35℃左右，在阴凉处果实温度则只有 20℃，接近果园的气温。果实梗部质量在高温日晒的情况下会很快劣变，在日光下暴晒的果实比在阴凉处果实软化得更快。

果堆表面覆盖湿的棉布、透湿塑料膜（或 Mylar）有助于保持果梗绿色和果实新鲜，有利于改善冷却能力。

樱桃风味成分复杂，糖和酸是重要的风味化合物。酸作为一种风味化合物，当果实未能适当冷却或冷链中断，果酸就会丧失掉。采后温度应尽可能地低，最好在 5℃以下。果实采后温度管理对果实色泽影响也是同样的。

采后处理技术基本模式：适期无伤采收→短途保鲜运输→恒温处埋（初选、分级、防腐处理、包装）、预冷→产地贮藏保鲜→冷链运输→保鲜货架销售（或销地保鲜周转）→消费者冰箱短期保鲜。

用于采后贮藏的甜樱桃，采摘前 7～10 天不宜灌水。采摘时遇雨，采摘的果实不宜贮藏，应尽快销售。

第二节　分级、包装、运输

甜樱桃在生长发育过程中，由于受多种因素的影响，其大小、色泽、成熟度、病虫伤害、机械损伤等状况差异很大，即使同一植株上的个体，他们的商品性也不可能完全一致，因此，甜樱桃大小不一，良莠不齐，需按不同需求进行分级，使商品标准化，或商品的形状大体趋于一致，有利于收购、包装、贮藏、加工、运输、销售。分级是甜樱桃商品化必需的环节，是提高商品质量和经济价值的重要措施，有利于按质论价，优质优价。

一、分级标准和方法

甜樱桃分级的标准因品种而异，一般是在果形、颜色、品质、病虫伤害、机械损伤等方面符合要求的基础上，再按大小进行分级，目前标准正在制定中。

分级的方法有手工分级和机械分级两种，生产上以手工分级为主，手工分级能减轻机械伤害，但主观意识上的误差和喜好往往导致产品级别标准出现偏差。机械分级可显著提高工作效率，消除人为因素，但投资大，易出现机械伤害。主要是依据果实大小、重量、外观品质及颜色等进行分级。

二、包装

任何一种消费产品在卖到消费者手里之前，其包装是这一买卖过程当中至关重要的环节。首先，产品包装在商业买卖当中的意义可以归纳：包装是向消费者介绍你的产品的首要媒介，包装影响消费者购买产品的量，复合产品包装是增加货架空间和销售的一个工具。

调查发现，产品包装已经从起初果农不乐意投资发展成为自愿、自发购买或设计适应市场需求的包装产品。包装意识的提高，不仅在运输过程中保护了产品质量，更重要的是，它增加了消费者的购买量。不仅是消费者乐意接受优质高档的包装，而且全国范围的甜樱桃零售包装也日趋完善。产品包装将来一定会成为零售利润策划中一个巨大的部分。零售商已经在多个方面寻找包装类型、容量来改善他们的生意。包装意识的提高，减少劳力费用和时间的重复使用，减小等级分类和采后重复处理的支出，减少终端人员失误，减少果实机械伤，改善贮藏中技术水平。

商品化销售的甜樱桃包装主要有箱内散装、不定量袋装、定量袋装和定量盒装。国外有调查显示：56%消费者选择袋装，40%的消费者选择定量盒包装，只有4%消费者希望购买散放甜樱桃产品。

袋装产品比盒装的产品的成本要低，一般选择透明的PE包装袋，每袋0.5～1.0千克，产品质量明显可见。盒装主要分为两类：托盘和纸盒包装。托盘以0.5千克为主，果实上面附有保鲜膜覆盖，该包装更适合于冰箱存放。纸箱包装以1～5千克不等，根据不同的需求，选择不同的容量，纸箱类型各异，纸箱内衬保鲜袋，并装有保鲜剂，能更好地保护果品的质量和品质。

优质的包装不仅减少了果品的损失，更增加了采后处理各个环节赢利的机会。零售商能够大量销售的产品，种植者拥有自己新型的介绍生产栽培情况的媒介，而消费者得到了实惠的果品。即包装架起了生产者、销售者、消费者之间的桥梁。

三、运输

甜樱桃是一种极易腐烂、过熟和褐变的果品。不仅采收要求严格，而且运输也不容忽视，无伤采收随之相应的便是无伤运输。无伤运输就是果品在运输的过程中不受到任何损伤。

甜樱桃在运输时首先要特别注意的是包装，包装时要进行严格的挑选和分级，剔除病烂果和机械伤果，可按照大小、颜色等分级后，将樱桃装在有软衬的容器内或者塑料周转箱内，箱体具较好的抗外界压力。短途运输，大部分运输工具都是小型机械车，分级、包装要做到和上述一样，应该特别注意防止日晒雨淋和捂热。要求通风散热。选择平坦道路，尽量减少颠簸，以免使樱桃受到挤压和碰撞造成烂果。

甜樱桃果实在采摘后一定是无伤运输及保鲜运输。保鲜运输首先是在樱桃产地将预冷处理后的樱桃果实直接运往销售地点，其次是经过一段时间保鲜后再运往销售地点。再就是销售地周转保鲜库运往销售市场。由于樱桃易腐烂，运输必须采取以下措施才能取得较好的效果。适期、适时采摘，严格挑选果实，尽量减少机械损伤。

长途运输要防雨防晒，还应注意通风散热以防捂包伤热。果实分级根据用途有不同标准，为便于销售可按颜色、单果重等分级。

研究发现，简易气调包装与通常带有孔的包装箱相比，经MA处理的果实色淡，腐烂率小，在某些情况下高酸，且比普通包装箱里的果实硬度高。在多于7天的船运当中，更易看出这些优点。

甜樱桃果实极易变软，不耐挤压，包装箱不可过大、过深。运输包装可选用装量为5～10千克的纸箱或聚苯乙烯泡沫箱，箱子高度一般以不超过12厘米为宜。销售包装可选用纸盒、塑料盒、塑料托盘或塑料袋等，可根据市场的需要进行调整。装量为0.25～2.50千克。作为贮藏保鲜用的果实更重要的是按成熟度分级，过熟果不能作为贮藏用果。果实的包装形式也分为采摘包装、运输贮藏包装和销售包装。采摘包装用小果篮（塑料、柳编均可），运输包装用塑料周转箱、纸箱等抗压力较强的包装物，箱内要衬软垫，如包装纸、聚苯乙烯泡沫等。销售包装可根据市场要求设计。采收后，直接装在内衬0.05毫米的PVC包装袋内的纸箱或塑料周转箱内，入库后打开袋口进行预冷，当果温降至0℃左右时扎紧袋口入贮。

甜樱桃采后应及时入冷库预冷，尽快将温度降至0～2℃，外运的果实最好当天采摘，当天分级包装，当天装冷藏车或冷藏

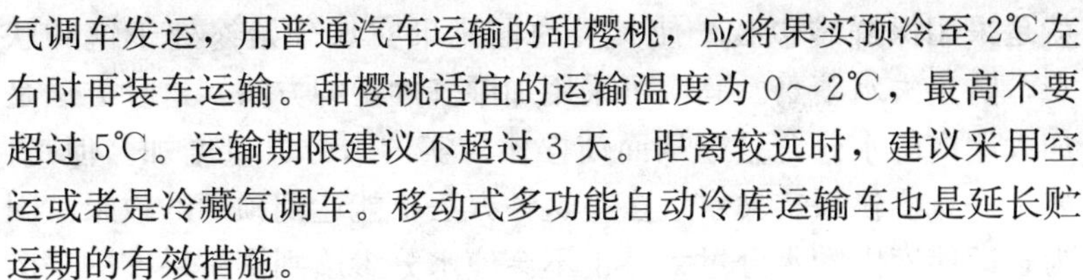
气调车发运，用普通汽车运输的甜樱桃，应将果实预冷至2℃左右时再装车运输。甜樱桃适宜的运输温度为0～2℃，最高不要超过5℃。运输期限建议不超过3天。距离较远时，建议采用空运或者是冷藏气调车。移动式多功能自动冷库运输车也是延长贮运期的有效措施。

甜樱桃果实的冰点为－2℃左右，但贮温过低不利于果实风味的保持。适宜的贮藏温度为－1～0℃，相对湿度90%～95%。适宜的气体成分为氧气3%～5%，二氧化碳8%～20%。不同的甜樱桃品种，其气体成分指标有所不同。

第三节　贮藏保鲜

一、贮藏保鲜的条件

1. 选择适宜的贮藏温度　樱桃适宜的贮藏温度一般在－1～0℃范围之内。适宜的低温贮藏可以有效地抑制其呼吸，延缓衰老，抑制病菌的生长。因此，樱桃果实在贮藏保鲜时温度控制是一个重要环节。樱桃在采收后由于存在田间热，必须及时预冷，迅速散去田间热。其主要目的是将其快速降温，抑制果实的呼吸，减少消耗，提高贮藏质量，延长贮藏时间。预冷的方法是将采收后的樱桃迅速放在－1℃的预冷间内，按照品种、等级、入贮时间的不同分别摆放，在摆放时箱与箱之间要留有一定的缝隙，以达到樱桃果实预冷温度均匀一致。当樱桃果实品温降至0±0.5℃时即为已冷透。将预冷后的樱桃果实放入库温为－1～0℃的冷库中。

2. 适宜的相对湿度　樱桃在贮藏期间防止失水萎蔫的一个重要措施就是保持樱桃果实的水分，如果库内的湿度过低，则极易使樱桃果柄枯萎变黑，表面皱皮和变褐，引起腐烂。樱桃果实适宜的贮藏湿度为90%～95%。保持樱桃果实本身水分不散失就是采用保鲜袋包装，使其袋内樱桃果实水分始终处于饱和状态，防止失水萎蔫。其次可采用加湿气加湿的方法，这种方法是加大库内的水分含量，从而使樱桃果实的水分含量增加。但是，如果一旦樱桃果实失水过多，这种方法不能达到预期的效果。因为，即使库内的水分过大，也不会使水分渗透到樱桃果实的果肉组织内部去，使已失水的果肉组织发生改变，皱缩的果皮变得光滑。所以，加湿气不是一种很理想的方法。最好的方法就是保湿装置保湿。保湿就是保持樱桃果实本身果肉组织的湿度，也就是水分。使外界环境的水分含量的饱和度要大于樱桃本身的水分含量或者等于樱桃本身的水分含量的饱和度。如果外界环境的水分含量小于樱桃果实本身水分含量，则外界环境会吸收樱桃果实本身的水分含量致使其失水萎蔫。目前，最简单、有效而且经济的方法就是采用保鲜袋“保水”。

3. 适宜的气体成分 如果采用气调库贮藏保鲜樱桃，库内的气体含量更是重中之重，一般库内气体指标为氧气：3%～5%，二氧化碳：10%～20%。如果二氧化碳浓度过高（超过30%）则很大程度上会引起樱桃果实褐变和产生异味。适宜的高二氧化碳和低氧环境可以有效抑制其呼吸，使樱桃果实本身的生命活动受到一定的抑制，使其处于一种休眠状态，保持樱桃果实本身的鲜活品质和营养。不同品种其对气体成分的要求有所不同，新品种贮藏要事先做好试验，才能确定适宜的气体成分。

二、贮藏保鲜的方法

甜樱桃贮藏保鲜的方法有冷藏法、冷库气调小包装贮藏法、气调库贮藏法和减压贮藏。生产上常用的主要是冷库气调小包装贮藏法。

甜樱桃贮藏不适用于大型的氨制冷的冷库，最适宜也是效果最好的是10～50吨的小型恒温冷库，自动化程度高、降温速度

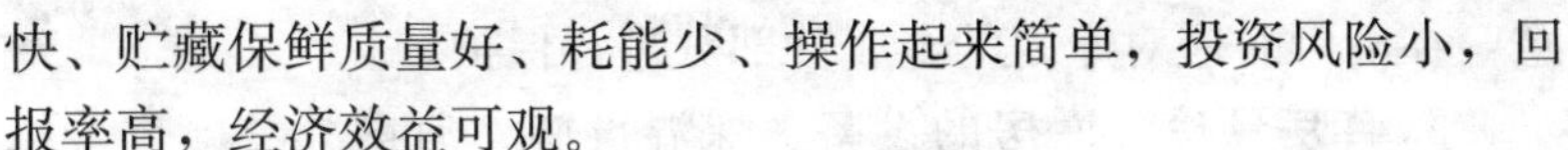

快、贮藏保鲜质量好、耗能少、操作起来简单，投资风险小，回报率高，经济效益可观。

（一）入贮前的准备工作

1. 入贮前 20 天对制冷设备、电气装置等进行保养和维护 检查机器运转情况、压力、温度指示情况是否正常，控制系统是否准确，有故障及时排除，保证设备和整个系统正常运转。用冰水混合液标定温度测头调整仪表零点，保证控温精度和准确度。

2. 库房消毒杀菌 入贮前 10 天应对库房进行全面的清理和打扫，使用过的库房进行彻底的灭菌。整个库房消毒前应对设备的金属部分和货架的金属部分进行保护，即用 2%～3%的安特福尔敏水溶液喷刷。库内工具或容器，如垫木、架子、托盘等用药剂（0.25%次氯酸钙）浸泡或刷白，起码要放在阳光下曝晒1～2 天。

库房消毒常用的方法是熏蒸法和液体药剂喷洒法。

（1）*硫黄熏蒸法* 按每立方米用 15～20 克计算全库用硫黄量，用锯末作助燃剂。将硫黄分成若干份放在库房的各个部位，用纸卷少量硫黄粉至浅盘中，可放锯末引火，不好燃时可用刨花加入少量酒精助燃。点燃后立即将明火吹灭，使其燃烧生烟，人迅速离开库房，关闭库房，24～48 小时后打开库门，开启风机通风换气，放出残气；或打开库门上的小门一定时间，放出残余气体，以库内无刺激气味为度。

聚苯板、聚氨酯等材料做保温的冷库一定要注意防火。用不燃性容器盛放硫黄，室外点燃，无明火后放入室内。

（2）*液体药剂喷洒法消毒* 常用药剂有：1%～2%福尔马林，84 消毒液，0.5%漂白粉等。将药剂按上述浓度配制好后，喷洒至墙面、地面、塑料包装箱货架等物品上晾干即可。消毒完毕后一定要晾干库内所有的配套设施，以免影响贮藏质量。液体杀菌消毒法最适于防火要求高的聚苯板保温库。

有条件的地方可使用冷库专用杀菌剂进行冷库杀菌消毒。注意：在消毒时应对库内的金属性部分进行保护。

3. 库房预冷 库房的设备、保温设施、消毒等经检查合格后，入贮前7～10天正式开机降温，使库房温度降至－1℃，要求将整个库体冷透并保持其稳定，有多个冷库单元时应同时降温预冷。

4. 必需器具 准备包装容器、保鲜袋、扎口绳等，有条件可准备一套气体成分测定的仪器。

5. 入库计划制定 计划入库量，选好收购园片、地点、入库资金和人员安排等。

（二）甜樱桃的贮藏管理技术

1. 甜樱桃果实预冷 预冷是樱桃贮藏的一个重要环节，其目的是快速降温，抑制樱桃呼吸，减少消耗。田间采收的樱桃应于当天尽快运至已彻底消毒、库温已降至－1℃的预冷间内，按品种、批次、等级分别摆放。果箱堆码成单排或双排，箱与箱之间要留有空隙。为使果实快速降温，每次入库量最多不要超过总库容量的20%。预冷库温设定在－2～0℃，（温度设定在上限0℃，下限－2℃），预冷标准为樱桃品温在0±0.5℃；一般时间为1～2天即能达到预冷目的。有多个冷间时，可以用某一间作为预冷间，只有一个冷间，可以划出预冷区位，小型冷间的预冷即冷藏的开始。预冷时要在包装箱内整体预冷，切忌倒出预冷，避免增加果实的碰压伤。如果采用聚苯泡沫箱，可采用箱体打孔，揭开上盖等措施，加速冷空气的对流。

预冷品温达到要求温度后，将库温调至0±0.5℃（上限＋0.5℃，下限－0.5℃），即可装袋。装袋整理要求在冷间内完成，进一步剔除不适宜贮藏的病果、伤果、过熟果、无柄果、畸形果等不适宜贮藏的果实。装袋后用扎口绳等扎紧袋口。存放樱桃要用保鲜袋包装，容量1～2千克，保鲜袋的选择以0.05毫米PVC专用保鲜袋为好，对于短期存放的樱桃为了节省到气体调

节作用。装袋后的樱桃放入周转箱，要按类别分开码垛。

气调库的樱桃预冷：如果有多间冷库，可辟出一间作为预冷库，待樱桃果品温达到要求时，把挑出适于气调贮藏的樱桃果移入气调库内，加保湿膜覆果，密封库门，调节适宜的气体成分即可。注意入贮气调库的果实要比入贮恒温库果实挑选更严格，这是由于气调库一经降氧气调气，不宜经常破坏已调整好的气体环境，有些果实腐烂不能及时检查发现。入贮果的好坏是气调贮存时间长短的关键因素之一。

如果没有预冷条件，可直接放入－1～0℃的恒温冷库中，分期分批入库，每一次入库量为总库容的10％。樱桃入库后工作人员穿上棉衣在冷库内对樱桃进行分级，挑选出病虫果、烂果等。按照果个要均匀一致的要求将樱桃进行分类。严格剔除不适合贮藏的病果、伤果、过熟果、无柄果、畸形果等不宜贮藏的果实。进行完上述工作后，立即将需要贮藏的樱桃装袋包装，选择适宜的保鲜袋和保鲜药剂对樱桃的贮藏也是非常重要的。通过实验，一般贮藏樱桃的保鲜袋宜选择0.03～0.05毫米PVC樱桃专用保鲜袋，每代所装樱桃重量为1千克效果比较理想，装袋后用绳子将袋口扎紧，装好后，放入塑料周转箱内按照类别跺成不同类型的码跺或者依次摆放在架子上。库温稳定在－1～0℃。应特别注意长期贮藏保鲜的樱桃千万不要放在纸质包装盒内进行长期保鲜，在出库前可换用包装箱或盒包装出售。

2. 温度管理　稳定的库温对樱桃的贮藏质量和贮藏时间影响很大。稳定适宜的低温能够很有效地保证贮藏质量。适宜的低温可有效地抑制樱桃呼吸强度，使新陈代谢降到最低限度，从而延缓其衰老，同时低温减缓了病菌为害，为樱桃保持其鲜嫩品质提供了基本条件。冷库理想的温度保持在0±0.5℃。通常，冷库气温波动幅度不大于2℃，樱桃品温波动幅度不大于0.5℃较理想。若库温波动幅度过大，易造成损耗增加、袋内结露，增加霉菌的滋生和樱桃腐烂的机会。挂机自动冷库通过温度设定可以达到理想要求，并带有上下限自动保护措施，预防温度过高或过低，要经常检查仪表运行状态。塑料周转箱箱体以带孔最好，通风降温效果良好。采用聚苯泡沫箱降温效果差，在预冷时应打开上盖，装入保鲜袋内的樱桃，可在箱体打孔通风。

3. 湿度管理 樱桃适宜湿度为90%左右，采用保鲜袋包装，袋内湿度能够达到理想指标。柔性气调库保湿，常规采用加湿方法增加湿度，效果一般不很好，最好的方法是采用保湿装置保湿的方法。贮藏环境的湿度应控制在90%～95%。

4. 气调贮藏 气调库贮藏是在冷库贮藏的基础上进行的一种贮藏保鲜方法。这种贮藏保鲜方法不仅温度要求严格，而且对气体成分要求也十分严格，他是利用高二氧化碳和低氧的气体成分来贮藏。即气调贮藏室在高二氧化碳、低氧和温度的双重控制下进行的。对樱桃的贮藏质量和时间都比冷库贮藏效果好，尽管如此，气调贮藏樱桃也有一定的局限性。首先，从经济造价上就比恒温冷库造价高，建造起来比恒温冷库繁琐。其次，由于气调库受气体成分限制比较大，从对樱桃贮藏的质量和时间上考虑，它的出库和进库要求稳定而且量大，在贮藏时，将整库入满后才能调节气体比例，也就是调节氧气和二氧化碳的比例（氧气：3%～5%，二氧化碳：10%～20%）调节好气体的比例后，在整个贮藏期不能随变将库门打开，因为樱桃对气体很敏感，如果气体成分比例稍有失衡，则会引起樱桃腐烂率大大增加，贮藏保鲜寿命受很大的影响，恒温冷库就相对比较简单。

采用气调库贮藏樱桃时，应特别注意选用小型的气调保鲜库，贮藏一些质量很好的精品型的樱桃进行贮藏保鲜。

气调库贮藏樱桃的方法在入库以及温度调节和装袋摆放都和恒温冷库一样，包括分级、分类。唯一不一样的也是气调库贮藏樱桃的最后一步就是气体成分的调节。将库内的气体调节为氧气：3%～5%，二氧化碳：10%～20%。应特别注意二氧化碳浓度不能高于20%，以免引起二氧化碳中毒和产生异味。

5. 减压气调贮藏法 减压气调贮藏即负压气调贮藏。在贮藏保鲜质量和时间上比气调贮藏保鲜效果好、时间长。

气调保鲜是基于混合气中相对于空气的低氧和高二氧化碳比例，对鲜活产品和病原微生物的生命活动进行有限的控制。负压保鲜则基于空气中各组分含量的绝对量减小，对保鲜起主要作用的氧气限量供应和有害气体的不断排除。负压气调保鲜则是把气调和负压两种方法相互补充，综合两种效应。即：按气调保鲜的方法，把密封库内的气体成分（主要是氮气、氧气、二氧化碳）维持在要求范围内，然后通过特定装置使密封库内的气压维持在一定的负压状态。

减压气调库贮藏樱桃果实就是将挑选、分级、整理、装袋后的樱桃果实放入减压气调库内，调节好氮气、氧气、二氧化碳的比例，使库内气体处于一种负压状态。保持樱桃果实的鲜活品质。

此方法操作比较麻烦，而且减压气调保鲜技术仍处于试验阶段，所以，一般不是很常用。

气体成分管理：适宜贮藏樱桃氧气的浓度为3%～5%，二氧化碳为10%～20%。选择的保鲜袋不同，温度和容量不同，氧气和二氧化碳的浓度也不同。越接近理想指标，保鲜效果越好。

定期检查：正常检查是观察樱桃的色、味等变化情况。最好有氧气和二氧化碳测定仪定期检测袋内气体成分。如果没有，则需要定期抽查几袋樱桃，打开袋口观察袋内樱桃的变化，检查是否有异味、变质，出现异样等，如发现问题，应及时出售。

6. 樱桃在贮藏保鲜时应特别注意的问题 选择质量好的樱桃，严格分级、分类。樱桃入贮质量要高，分级、分期是关键。及时预冷和保鲜，控制适宜低温，延缓衰老和防止腐烂。

适宜稳定的低温（－1～0℃）和适宜湿度（90%～95%）。均匀且稳定的库温，选择适宜的保鲜袋小包装和保湿装置，防止樱桃失水萎蔫，减少干耗，抑制枯柄和变褐。低氧（3%～5%）、高二氧化碳（10%～20%）气调贮藏。定期检查库内樱桃的贮藏情况。

根据入贮质量和管理条件，分短、中期贮存，分期分批入库，分期分批出库。出库销售应先销售短期贮藏的，其次是中期贮藏的，再就是销售长期贮藏的。

要注意经常观察温度仪表工作情况，避免因电力不正常或停电造成的库温升高。一旦停电或电压超出正常范围设备自动保护停机，要及时发现，及时采取相应措施解决。

第四节　加工技术

甜樱桃成熟期早、色泽艳丽、晶莹美观、果肉鲜美、营养丰富，是一种鲜食与加工兼用的珍稀果品。甜樱桃生产属于典型的劳动密集型产业，生产成本较高，且果实成熟上市时，恰逢市场水果品种短缺，市场价格及销售良好。目前，我国甜樱桃的消费以鲜食为主，加工为辅。从国外的经验来看，经过一段时间市场运行和甜樱桃果品上市集中的特点，加工产品也具有巨大的产品市场，市场前景广阔。

甜樱桃作为加工原料，根据不同的加工品种的特点，选择不同的樱桃品种，确定不同的成熟要求。樱桃酒、樱桃酱、樱桃汁主要是以红色品种为主，要求产品不仅色泽好而且口感要好，甜樱桃必须充分成熟，具有本品种应固有的色香味，使加工产品的色泽和风味口感达到最佳。樱桃蜜制、罐藏产品可以适当早采，八成熟左右即可。

一、甜樱桃果肉饮料的加工技术

甜樱桃果肉饮料的加工是果汁中保留有果肉微粒，外观混浊不透明。在生产中一般要经过均质处理，以增进果肉微粒在果汁中分布的均匀稳定。由于果汁中含有果肉微粒，故其风味、色泽和营养成分一般保存都比较好，是一种很有发展前途的高档型果汁饮料制品。

1. 工艺流程　原料的选择→清洗→去核→热烫→打浆→过滤→调配→脱气→均质→杀菌→灌装→封口→贴标→入库。

2. 技术要点

（1）原料的选择　剔除病虫果，选择色泽红艳、风味良好的果实，成熟度均匀一致的果实。

（2）洗果　在冷水中清洗果面污物。樱桃冲洗前应把果柄摘掉，去梗樱桃在清洗时应小心控制，尽量减少浸泡时间，使可溶性固形物的损失尽量减少。樱桃在生长期间使用农药量很少，有的几乎不用药，所以一般不需要用酸或碱浸泡。

（3）去核　去核可以提高榨汁时的出汁率。人工去核工作量大，机械去核，会造成大约7%～10%的损失。

（4）热烫　在不锈钢锅或夹层锅中加热至65℃约10分钟，以煮透为好。

（5）打浆　用网孔直径0.5～1.0毫米的打浆机打浆，果浆中加入浆重0.04%～0.08%的维生素C（L-抗坏血酸），防止果浆氧化变色。

（6）过滤　果浆通过60目的尼龙网压滤，除去粗纤维、较大的果皮、果块等。

（7）调配　按饮料中果浆含量在40%～60%，可溶性固形物（用折光仪测定）含量调至14%～16%，可用45%～60%的过滤糖浆调制。用柠檬酸调糖浆可滴定酸含量在0.37%～0.40%（以苹果酸计）。

（8）脱气、均质　果汁调配后进行减压脱气，以减少后面工序中的氧化作用。然后用高压均质机进行均质，使饮料中的果肉颗粒进一步细微化，增强其均匀度的稳定性。特别是用透明的包装材料包装时，均质尤为重要。

(9) 杀菌、灌装、封口 将调配好的果汁加热至93～96℃，保持1分钟，趁热装入杀菌后的热玻璃瓶中，或使用5104、5133罐（易开罐盖），也可使用纸塑制品包装盒。灌装温度不低于75℃，装后立即封口，在100℃沸水中杀菌15～20分钟。取出后分段冷水冷却至38℃。

3. 质量要求 用红色樱桃品种加工出来的混浊果汁颜色呈暗红色，黄色品种加工出来的混浊果汁呈黄白色。具有樱桃本身所具有的果香味，无异味。汁液混浊均匀，久置后允许稍有沉淀。原果浆含量不低于40%，可溶性固形物含量14%以上，酸含量0.37%以上。

二、甜樱桃澄清汁的加工方法

甜樱桃澄清果汁清晰透明，无沉淀。在生产时需进行澄清处理如加沉淀剂、精滤或离心等，以除去果肉微粒及沉淀物质等。澄清果汁稳定性较高，不易变质，但风味、色泽、营养成分损失一般比较严重。因其清凉可口，生津解渴，目前市场销售势旺。

甜樱桃果实软而多汁，易损伤腐烂，且收获期短，但必须在成熟期采收。它的贮藏期也短，除鲜食外，还可加工成樱桃果汁。

单一品种的甜樱桃不能生产出酸甜适宜、风味纯正的优质果汁。甜樱桃的果汁酸度太低，酸樱桃的果汁，酸度太高，而糖度低。采用酸、甜樱桃组合制汁，可制出酸甜可口，风味优良的制品。

为保证果汁有良好风味和颜色，要选择成熟度较一致的新鲜果实，如有腐烂，则产品常散发出类似苯甲醛的气味。如在成熟期采收和加工，可获得最佳品质和最高出汁率。否则，果汁不仅味酸，而且颜色差。

（一）工艺流程

原料挑选→洗果→压榨→过滤→调配→澄清→杀菌→灌装→分段冷却。

（二）技术要点

1. 原料的选择　剔除病虫果，选择色泽红艳、风味良好的果实，成熟度均匀一致的果实。

2. 洗果　在冷水中清洗果面污物。樱桃冲洗前应把果柄摘掉，去梗樱桃在清洗时应小心控制，尽量减少浸泡时间，使可溶性固形物的损失尽量减少。樱桃在生长期间使用农药量很少，有的几乎不用药，所以一般不需要用酸或碱浸泡。

3. 去核　去核可以提高榨汁时的出汁率。人工去核工作量大，机械去核，会造成7%～10%的损失。

4. 榨汁　清洗过的樱桃沥干后即可榨汁。果汁榨取可采用新鲜樱桃热压榨、新鲜樱桃冷压榨和樱桃解冻后的冷压榨。

（1）*热压榨法*　将清洗干净的樱桃置于不锈钢容器中加热到65.5℃，然后压榨取汁。此法可将樱桃大部分色素都提取出来，因此制备的果汁颜色鲜艳，像罐装樱桃。用盂马兰和早熟里克孟生产出的果汁为深红色，英格兰黑樱桃的果汁为暗红色。

用于压榨的水压机一般也适用于压榨樱桃的果汁。由压榨所得到的热果汁通过耐腐蚀细金属滤网或者平纹细布袋过滤。滤液冷却到10℃或10℃以下，放置过夜。用虹吸管吸出上层清亮果汁，与少量过滤助剂混合，再行滤之即得产品。此法使盂马兰生产果汁为62%～68%。

（2）*冷压榨法*　樱桃清洗沥干切块，冷浸渍后置于布式水压机压榨取汁。刚压出的果汁要迅速加热到87.7～93.3℃，灭杀微生物。然后将加热的果汁冷到37.7℃时，加入0.1%的果胶酶制剂，搅匀，保温3小时，再加热到82.2℃，冷却、过滤便得到清澈透明的果汁，此法制备果汁的产量为61%～68%。

冷压榨法的果汁颜色不如热压榨的果汁鲜艳，但风味极近似新鲜樱桃。

（3）*解冻樱桃的冷压榨法*　将采收后的樱桃冷冻贮藏，如需要制造果汁的时候，于室温下解冻，直到温度达到4.4～10.0℃，再用水压机压榨取汁。所得到的果汁也要用果胶酶制剂进行处理，并按以上冷压榨果汁的方法过滤。

采用这种压榨法可得到像热压榨果汁的深红色、冷压榨果汁的新鲜风味。

用热压榨法生产的樱桃果汁有较好的风味，因此可采用冷压榨果汁与热压榨果汁以1∶1或2∶1的比例相混合，其产品将更富有色艳味美。

5. 过滤　用滤布过滤、除渣。将澄清汁移入贮料桶中。

6. 调配　用浓度为70%的糖液将果汁糖度调制17%。用50%的柠檬酸溶液调果汁总酸含量至0.1%～0.2%，再在果汁中添加果汁重0.01%的苯甲酸钠。

7. 果汁的调整　为了改进樱桃果汁风味，需要对酸、甜度进行调整，使果汁风味接近于鲜果，但调整范围不宜过大。用含酸高的樱桃品种制备的果汁太酸，需要加入糖或糖浆增强其甜味。一般情况，加入糖量应使果汁糖白利度达到约17度，这样即可使酸味减弱，而又不减少果汁的酸度。甜樱桃的品种，含酸量过低，且多数生产的果汁颜色不深，如采用其制果汁，最好能与等量的酸樱桃果汁相混合，以增加果汁风味。

8. 澄清　采用明胶单宁法。在100千克果汁中加入4～6克单宁，8小时后再加入6～10克明胶，澄清温度以8～12℃为宜。单宁和明胶用果汁配成溶液加入。当果汁中的絮状物全部沉入底部，即完成澄清过程。用虹吸管吸出澄清液。

9. 杀菌、灌装、分段冷却　将调配好的果汁加热至90℃，趁热装入洗净消毒的热瓶中，立即封口。沸水中杀菌15～20分

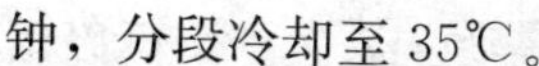
钟，分段冷却至35℃。

（三）质量要求

果汁为红色，透明无沉淀。具有樱桃鲜果香味，酸甜适口，无异味。果汁清澈透明，长期放置允许有少量沉淀。可溶性固形物含量17%。

三、糖水染色樱桃的加工技术

染色甜樱桃罐头以其特有的形、色、味成为罐头食品中的佼佼者，它既营养丰富，又是观感鲜明的点缀食品，深受国内外市场欢迎。

不同品种甜樱桃的染色以那翁最好，依次为宾库、大紫等。果实八九成熟时染色效果最好。

（一）工艺流程

选料→分级→清洗→染色→漂洗→固色、清洗→分选→装罐、加糖水→封口→杀菌→保温检查→成品。

（二）技术要点

1. 分枝　将结在一起的樱桃分成单枝，并剔出带机械伤、病虫害等不合格果。

2. 分级　按果实大小分成三级，即3.0～4.5克，4.6～6.1克及以上。

3. 清洗　在清水中漂洗干净，沥干水分。

4. 染色、漂洗　染色液配比为清水50千克、赤藓红25克、柠檬酸10克。将染色液倒入夹层锅中加热至75℃，再将25千克樱桃装于尼龙网袋中，连袋浸入染液，加热5～10分钟，使温度升至75℃保持15分钟，取出立即以流动水漂洗浮色。从第二锅起，染液用清水补充至原重，并补加赤藓红 12.5 克，再以碳酸氢钠调节 pH 为 4.5～4.7 后，继续进行染色。

5. 固色、水洗 将染色冷却后的樱桃，在 0.3%柠檬酸液中固色 10 分钟，酸液与樱桃之比为 4∶1，水洗 1 次。

6. 分选 将果实完整无破裂、染色红而均匀、带果柄的，按大小分开装罐。

7. 装罐 罐号 7114，净重 425 克，糖水 165～175 克。注入罐内的糖水中加入 0.15%的柠檬酸。

8. 排气及密封 抽气密封：53 328.8～59 994.9 帕。

9. 杀菌及冷却 杀菌式（抽气）100℃保持 5～15 分钟，冷却。

10. 染色液温度和染色时间的控制 樱桃染色成败的关键是染色温度和时间的控制。樱桃果实表面有一层蜡质保护层，染色前必须除掉。通常采用的浸碱脱蜡法对表皮腐蚀性强，而用石灰水脱蜡附加硬化法，往往需要 120 多天，对外皮损伤较多，而且染色后色泽暗淡，观感较差。采用热烫法，获得了满意的效果。即控制染色液温度，使除蜡质和染色同步进行，染色过程可缩至 3 分钟以下。

染色液的温度必须适当，试验表明染色液 80℃染色效果最佳，过高或过低都会出现染色不完全或果皮皱缩。不同品种要求的染色温度和时间略有差异。

11. 果实硬化处理与成品色泽的关系 为提高果实硬度，可用渗钙法处理果实。试验表明，果实表皮经不同程度硬化后，染色效果有所提高，但果皮皱缩也有所增加，因此，果实硬化工艺要慎重处理。

四、甜樱桃果酒的种类及加工方法

甜樱桃果实汁多肉软，多数不耐贮运，随着果酒市场的日益扩大，以甜樱桃为原料加工的果酒将有着广阔的市场前景。随着果酒在人们生活中的需求量增加，利用甜樱桃酿制果酒，将有广阔的市场前景。

甜樱桃种植业者在生产的过程中，由于种种原因会产生很多残次果品，此种原料可以用来生产樱桃制配酒，质量上乘的甜樱桃果实经过破碎取汁、发酵后，可制得樱桃果酒；用生产果汁、果脯的下脚料，经酵母发酵后，再与酒精脚料混合蒸馏，可制得樱桃白兰地酒。

（一）甜樱桃种植业者利用残次品生产的"农家乐"酒

甜樱桃种植业者在生产、采收、销售的过程中，往往产生很多残次品，弃之可惜，生产者可以利用此类自制"农家乐酒"，生产工艺简单，味道纯正，不加任何添加剂和防腐剂，自制自饮，变废为宝。主要方法如下：

为了使甜樱桃酒的颜色美观，可将不同成熟度和不同颜色的果品分别处理。

若果实为不完整的残次品，可将果实的腐烂部分去除，除去果梗、核并清洗干净后用市售的 ClO_2（不同厂家生产的产品使用剂量不同）按产品的说明进行预处理，然后用清水冲洗两遍，再把水沥干。用打浆机打浆，5 千克樱桃浆加入 1 千克白糖，搅拌均匀，等白糖完全融化以后装在洗干净（控干水分）的玻璃瓶子里。注意：瓶子不要装得太满，要留出 1/3 的空间，因为樱桃在发酵的过程中会膨胀，会产生大量的气体，如果装得太满，樱桃酒会溢出来。另外，为了不让外面的空气进去，在瓶盖上最好用塑料袋缠紧。置于 25℃左右的房间里静置 25～30 天，然后用滤网将果渣去除（在此操作过程中要严格消毒，不要把细菌带到酒里面去），上清液装入另外准备好的玻璃瓶中，即为短期贮存的"农家乐酒"。此种方法制配的酒不可久储。

若果实为完整的果品，可除去果梗清洗干净后用市售的

ClO_2（不同厂家生产的产品使用剂量不同）按产品的说明进行预处理，然后用清水冲洗两遍，再把水沥干。将市场销售白酒装入大口玻璃瓶中，将樱桃装入其中浸泡，以酒没过樱桃为好。樱桃的量可根据自己的喜好和瓶子的容量而定。一般 20 天左右即可饮用，也可长期避光保存。

（二）甜樱桃露酒

1. 加工方法 在樱桃制酒的种类中，樱桃露酒最为易操作制取。露酒又称配制酒，是以发酵酒或蒸馏酒为酒基，加入一定量的鲜果汁、果皮、芳香植物、鲜花或食用香精等物料配制而成。樱桃露酒有以下几个特点：

（1）营养丰富 酒度低。樱桃每 100 克鲜果中含碳水化合物 8 克、蛋白质 1.2 克、钙 6 毫克、磷 3 毫克、铁 5.9 毫克、维生素 C 12.6 毫克，并含有其他多种维生素。这些营养成分浸入酒中，使酒味酸甜可口，郁香醇厚。樱桃露酒的酒度一般为 12～16，是目前国内外果酒市场需求发展的方向。

（2）易操作 投资少。樱桃露酒与其他发酵酒、蒸馏酒相比，省却了酿造工艺中最复杂、最棘手的微生物发酵问题，因而工艺简单，生产周期短，容易操作。配制酒所用的设备较少，投资少，适合于小型企业和个体生产。

（3）成本低 销路好。配制酒的成本一般为酿造酒的 1/3～1/2，所以销售价格也低，易打开销路。目前，国内白酒市场萎缩，而果酒市场正在逐步扩大，销路看好。

2. 制作工艺

（1）工艺配方（100 升） 樱桃原汁 20 千克、酒精（86°）18 千克、砂糖 15 千克、甘油 0.2 千克、柠檬酸 0.3 千克、过滤水加至 100 升。

（2）工艺流程 樱桃原汁→调配对酒→澄清→调配→过滤、装瓶。

3. 操作要点

（1）樱桃原汁对酒　将樱桃原汁、水、酒精按2∶4∶1的比例混合均匀，浸泡7天。

（2）澄清　樱桃汁中果胶含量较高，使混合液混浊不清，容易产生沉淀，可加入樱桃汁用量的0.05%的果胶酶，搅拌均匀，静置6小时，进行澄清处理。

（3）调配　将上清液用钠型强酸性离子交换树脂柱，除去涩味，突出樱桃香味。调整糖度至12，酒精度至16，若酒精度提高，还应相应提高糖度；也可根据区域性消费者的生活习惯，配制出多种类型的樱桃露酒。

（4）过滤装瓶　将调整好的酒液密封贮藏3个月以上，过滤，装瓶即成成品。

4. 质量要求　色鲜，透明，味甜微酸，具有樱桃的典型风味。酒精度：16，糖度：12，总酸：0.6。

5. 注意事项　所选酒精只能使用符合国家标准的食用酒精，决不允许使用工业酒精或其他不合格的酒精代替，食用酒精主要是粮食和糖厂的糖蜜发酵蒸馏而得，其质量标准如下：

（1）感官指标　无色透明，醇厚柔和，无明显苦辣味及异味。

（2）理化指标（以无水酒精计）

总醛含量：<0.02毫升/100毫升；

杂醇油含量：<0.003毫升/100毫升；

总酯含量：<5毫克/升（以乙酸乙酯计）；

甲醇含量：<0.03克/100毫升；

不挥发物：<0.01克/100毫升；

食用酒精在总制前需脱臭处理，可采用活性炭吸附脱臭。

（三）樱桃果酒的生产工艺

1. 工艺流程　原料选择→分解果胶→过滤→主发酵→调酒

度→陈酿→换桶→调配→装瓶→消毒→成品。

2. 操作要点

（1）原料选择　剔除病虫果、腐烂果，除去果梗、果核，加入20%～30%的水，在70℃下加热20分钟，趁热榨汁。

（2）分解果胶　有果胶则果汁黏稠，不易过滤，须加入0.3%的果胶酶将其分解。果汁中加入果胶酶后，充分混合，在45℃下澄清5～6小时。

（3）过滤　先用虹吸法吸取上部的澄清汁，沉淀部分用布袋过滤。

（4）主发酵　果汁中先加入0.007%～0.008%的SO_2进行消毒，杀死或抑制不需要的微生物。再加入砂糖调整糖度至15以上，按果汁量的5%～10%添加酒母（人工酵母培养液），此阶段为酵母活性期，果汁中绝大部分的糖要在此时发酵消耗，至糖度降为7，再加糖发酵直到酒精度达到13时为止。

发酵时间的长短取决于温度、糖分和酵母。酵母发酵最适温度为22～23℃；糖分低、酵母量足时，在适温下一般4～5天就可完成发酵。通常情况下主发酵需7～10天。

（5）调酒度　主发酵后的酒度以调整至18～20为宜，酒度低易受病菌侵染，过高则影响陈酿。

（6）陈酿　将果酒装入橡木桶中，在12～15℃温度下贮存。

（7）换桶　陈酿期间，桶底部分产生沉淀，新酒与沉淀物长期接触，会影响酒的风味，所以要经常换桶。陈酿初期每周换1次，换过2次后可3～6个月换1次桶，每次均弃除沉淀。换桶时酒必须注满桶，同一桶中必须是同期、同类的新酒。果酒一般2年开始成熟，时间越长，香味越浓。

（8）调配　加蔗糖12%、饴糖3%、蜂蜜2%、甘油0.2%，用适量酒精补充陈酿中损失。

（9）消毒　果酒装瓶后，置入冷水中，逐步升高水温至70℃，保持20分钟，然后分段冷却至常温。

3. 质量要求 酒液透明、金黄、无沉淀，具备发酵酒特有的芳香和樱桃果实的香味。

4. 注意事项 进行主发酵时，酵母菌适应的糖浓度为20%，所以砂糖要分两次加入，第一次加60%，第二次加40%。由于樱桃中含氧化物质低，要保证酵母菌正常发酵所需的营养，可加入0.05%～0.10%的硫酸铵。在主发酵时，若测量其酒精度及含糖量不变化，说明尚未发酵，需调整温度，补加酵母液，以促使发酵。陈酿所用的橡木桶必须刷洗干净，桶口用石灰液或酒精消毒。

（四）樱桃白兰地的生产工艺

1. 工艺流程 原料→破碎→成分调整→接种→发酵→压榨→蒸馏→老熟→调配→装瓶→成品。

2. 操作要点

（1）调整 果皮、果渣中含糖量低，需加10%～19%的糖水，使汁液含糖量至12%以上。

（2）发酵 接种5%～10%的果汁酵母，把温度控制在34℃以下发酵，直至残糖量为0.2%以下时为止。

（3）压榨 将经过发酵的皮渣压榨，制得发酵液。

（4）蒸馏 用液体蒸馏器对发酵液进行蒸馏，便可得到质量较好的白兰地。也可用蒸馏粮食白酒用的甑锅蒸馏。

（5）老熟 将蒸馏酒精注入橡木桶中，用脱臭酒精调整酒度至40～45，密封贮存。橡木中的松香、醇氧化后生成的香草素物质是白兰地的酒香来源之一，要求在通风的地下室中贮酒，老熟时间至少3～5年，时间越长，白兰地颜色越好看，香气越浓郁，滋味越柔和。也可采用人工老熟法，即将新酒进行5～6天的热处理（温度40℃以上），再进行3～4天的冷冻（温度－20～－15℃以下）通过冷热处理可加速老熟。

（6）调配 加入糖浆，调整到要求糖度，加入用白兰地浸泡的核桃浸出液、茶叶浸出液和杏仁壳浸出液，以增加白兰地的香气及滋味。若酒度太高，可用蒸馏水稀释；若色泽太淡，可加糖色调整。

3. 质量标准

（1）感官指标　透明度：酒液透明，无沉淀；色泽：金黄色；气味：具有白兰地特有的芳香气味；滋味：微苦、芳香、爽口，不含杂味。

（2）理化标准　比重：0.955±0.003；酒度：40±0.5毫升/100毫升；总酸：0.03±0.01克/100毫升（以醋酸计）；总酯：0.08±0.01克/100毫升（以乙酸乙酯计）；杂醇油：0.2克/100毫升（以异戊醇计）；浸出物：0.7克/100毫升以下。

4. 注意事项　白兰地蒸馏时，要多去一些头酒，约占馏出酒总量的20%左右，尾酒要从馏出酒样的酒度降至10时开始截去。在自然老熟时，若无橡木桶而用其他容器贮酒时，需在容器中放入橡木块或橡木刨花，以增加樱桃白兰地特有的香气。

蒸馏出的樱桃白兰地若有异味，可加入0.01%～0.02%的高锰酸钾和0.3%～0.5%的活性炭处理。

五、樱桃蜜饯（川式）加工技术

1. 工艺流程　选料→去子→矾漂→水漂→撩坯→回漂→套色→喂糖→收锅→起货→粉糖→成品。

2. 技术要点

（1）选料　选八九成熟的桃红色甜樱桃（深红色过熟不宜使用）为坯料。鲜樱桃从下树到制作不得超过24小时，超过时需拌入白矾水（每50千克樱桃用500克白矾溶成矾水），以防止生虫变质。

（2）去子　樱桃选好后，逐粒去核。方法是用针具（将大针弯成三角形固定在竹筷或竹片上即成）从果粒尖部戳入，把果核

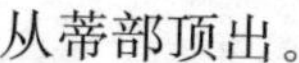

从蒂部顶出。

（3）*矾漂*　将白矾研成粉末，溶于清水（白矾与水的比例为1∶10）。再将去核樱桃置于白矾水中浸泡，时间为5～7天，其间每天翻动1～2次。待樱桃全部沉底、落红，呈黄白色，用手捏樱桃已略有硬度时即可捞出，入清水池中清漂。

（4）*水漂*　水漂1～2天，每天换水3次，至水色转清，口尝樱桃无酸涩味，樱桃颜色已经发白时，即可撩坯。

（5）*撩坯*　将果坯置于开水锅中，待水温再次升到沸点，果坯翻转后，即可捞起回漂。

（6）*回漂*　回漂1～2天，其间换水2～4次，至水色转清，即可套红。

（7）*套色*　有冷套和热套两种方法。冷套是回漂以后随即套红；热套则在回漂以后，再将果坯用开水适当加温，再滤起套红。一般以热套效果较好。套红所用色素不得超过国家标准。套红时要搅转色水，使果坯浸色均匀。

（8）*喂糖*　将套红后的果坯放入蜜缸，加入103℃的热糖浆（用蛋清水或豆浆水提纯后的精制糖浆）进行喂糖。经24小时后，将糖浆舀入锅内，再熬至103℃，糖浆浓度为35波美度，舀入蜜缸二次喂糖，仍需24小时。之后，再加糖浆熬至104℃（35波美度），舀入蜜缸第三次喂糖，时间仍为24小时。

（9）*收锅*　也叫煮蜜。将糖浆与果坯一并入锅，用中火煮至109℃（糖浆浓度达40波美度），手捏樱桃略硬。樱桃体表不皱缩、较饱满时，舀入蜜缸内静置3天以上（蜜置时间可长达1年，时间短了质量不佳）。

（10）*起货*　也称再蜜。先将新鲜糖浆（35波美度）加热熬至114℃时，再下樱桃入锅煮制。待糖浆温度再至114℃时，即可起入粉盆（上糖衣的设备），待果坯冷至50～60℃时，即可粉糖（上糖衣）为成品。

（11）*产品特点*　呈红玛瑙色，颗粒饱满，有透明感，口味甘甜，有原果风味，深受消费者的喜爱。

六、樱桃脯的加工技术

1. 工艺流程 原料选择→后熟→去核→脱色烫漂→糖煮→晾晒→包装→成品。

2. 技术要点

（1）原料 选用个大、肉厚、汁少、风味浓、色浅的品种，成熟度在九成左右，剔除烂、伤、干疤及生、青果。

（2）后熟 樱桃宜于傍晚采收，采收时要防止雨淋，并于室温下摊放在苇席上后熟一夜。切忌堆放过厚而发热，影响制品质量。

（3）去核 后熟一夜的果实，果核已与果肉分离，可用捅核器（用针在筷子上绑成等距离的三角形，内径约为樱桃直径的80%左右）捅出果核，注意尽量减少捅核的裂口。

（4）脱色烫漂 将去核的樱桃，浸入0.6%亚硫酸氢钠溶液8小时，脱去表面红色。对于红色较重的樱桃，脱色时间可适当延长。将脱色的樱桃放入25%糖液中预煮5～10分钟，随即捞出，用45%～50%冷糖液浸泡12小时左右。

（5）糖煮 将果实捞出，调整糖液浓度至60%左右，然后再煮沸，将果实进行糖煮，在温火中逐渐使糖渗入果肉，果实渐呈半透明状。

（6）晾晒 捞出果实，沥去表面糖汁，放入竹屉或摊放在苇席上，在阳光下曝晒。注意上下通风，防止虫、尘、杂物混入，并每天翻动。晒2～3天，果肉收缩后，可转入阴凉处通风干燥至不黏手时即可。也可在烤房中于60～65℃温度下烤干。

（7）包装 一般采用聚乙烯塑料薄膜袋封装。包装前应进行分级，按大小、色泽、形态分级包装。对颗粒不完整、大小不一致以及色泽较差的，另外分开包装。

七、樱桃酱的加工技术

1. 工艺流程　原料选择→煮制→浓缩→装罐→杀菌→冷却。

2. 技术要点

（1）原料选择　选择新鲜无腐烂的樱桃，洗净、去核，用组织捣碎机将其搅碎呈泥状（也可用绞肉机和菜刀代替）。

（2）煮制　将樱桃泥和水倒入锅中，用旺火煮沸后再开锅煮5分钟左右，随后加入白糖和柠檬酸，改用小火煮，并不断搅拌，以避免糊锅而影响果酱质量。

（3）浓缩　待小火煮15分钟后，将已经加热而充分溶解的明胶（用少量水将其浸泡后加热）均匀地倒入锅中，继续煮10分钟左右。取少许果酱滴入盘中，若无流散现象，即可关火，并同时加入香精搅拌均匀。

（4）装罐　将制成的樱桃酱装入干净容器中，盖上盖儿，放在阴凉通风处保存。

（5）杀菌　蒸汽式杀菌。100℃温度下保持5～15分钟蒸汽杀菌。

（6）冷却　在热水池中分段冷却至35℃，擦罐入库。

主要参考文献

曹珂，王力荣，朱更瑞.2007. 不同需冷量桃品种营养生长和光合特性研究［J］. 果树学报，24（3）：282-286.

陈河龙，易克贤，马蔚红，等.2009. 果园生草研究进展及展望［J］. 草原与草坪（1）：94-97.

丁锡强，孙衍晓，高峰，等.2009. 烟台市大樱桃生产的气象条件利弊分析及对策研究［J］. 河北农业科学，13（11）：19-22.

高东升，束怀瑞. 李宪利.2001. 几种适宜设施栽培果树需冷量的研究［J］. 园艺学报，28（4）：283-289.

高九思，陈玮，李卫东，等.2004. 苹果园生草利弊浅析及应对策略研究［J］. 河南科技大学学报：农学版，24（3）：42-44.

黄贞光.2010. 甜樱桃春季气象灾害的预防［J］. 果农之友（3）：19-20.

姜卫兵，韩浩章，汪良驹，等.2003. 落叶果树需冷量及其机理研究进展［J］. 果树学报，20（5）：364-368.

李爱海，汪景彦，程存刚，等.2007. 苹果园生草覆盖制现状与发展趋势［J］. 果农之友（9）：4-5.

李爱海，汪景彦，程存刚，等.2007. 果园生草、覆草技术要点［J］. 果农之友（10）：26.

李春琴，吴兆新，杨翠红.2008. 摘心对促进大樱桃幼树生长及成花试验［J］. 果农之友（2）：6.

李芳东，孙玉刚，安淼，等.2009. 浅谈果园生草［J］. 现代园艺（6）：61-62.

李芳东，孙玉刚，闫桂红，等.2009. 生草对果园生态影响的研究进展［J］. 山东农业科学（12）：69-73.

李化龙，赵西社.2010. 陕西黄土高原果业气候生态条件研究及应用［M］. 北京：气象出版社.

李会科，赵政阳，张广军.2005. 果园生草的理论与实践——以黄土高原南部苹果园生草实践为例［J］. 草业科学，22（8）：32-37.

梁录瑞，谢宏伟.2009.果园生草技术［J］.果农之友（4）：41-42.
刘丙花，姜远茂，彭福田，等.2007.花期喷激素对红灯樱桃坐果率的影响［J］.落叶果树（2）：10-11.
刘蝴蝶，郝淑英，曹琴，等.2003.生草覆盖对果园土壤养分、果实产量及品质的影响［J］.土壤通报，34（3）：184-186.
刘明清，张洪胜.2009.甜樱桃产业几个重点问题的研究进展［J］.烟台果树（3）：4-6.
刘仁道，刘建军.2009.樱桃不同品种需冷量研究［J］.北方园艺（2）：84-85.
刘晓娟.2009.乌克兰甜樱桃系列品种需冷量研究［J］.甘肃农业（2）：104-105.
吕德国，杜国栋，刘国成.2002.促花措施对日光温室甜樱桃幼树成花及坐果的影响［J］.沈阳农业大学学报，33（1）：17-21.
孟林.2004.果园生草技术［M］.北京：化学工业出版社.
乔永胜，王洪逵.2010.果园生草及其管理技术［J］.山西果树（2）：16-17.
秦志华，孙玉刚.2007.钼酸钠对红灯甜樱桃坐果的影响初报［J］.落叶果树（5）：50.
沈元月，郭家选，祝军，等.1999.早熟桃品种需冷量和需热量的研究初报［J］.中国果树（2）：20-21.
滕瑞海.2009.剖析大樱桃园产量低的原因［J］.果农之友（2）：24-25.
王力荣，朱更瑞，左覃元.1996.桃需冷量遗传特性的研究［J］.果树科学，13（4）：237-240.
王丽娟，刘林德，等.2011.烟台甜樱桃柱头的可授性、形态特征与坐果率研究［J］.植物学报，46（1）：11.
魏翻江，钟芳.2007.3种防寒剂防治甜樱桃幼树越冬抽条的效应［J］.中国果树（4）：17-19.
魏国芹，孙玉刚，安淼，等.2010.甜樱桃7个品种花粉数量和花粉萌芽率测定［J］.华北农学报（25）：56-60.
郗荣庭.1999.果树栽培学总论［M］.3版.北京：中国农业出版社.
夏永秀，廖明安，邱利娜.2010.甜樱桃裂果与防治研究进展［J］.中国果树（2）：55-59.
项殿芳，刘帅，李玉景，等.1996.环剥及叶面喷肥对大紫甜樱桃生长、结果效应的研究［J］.河北农业技术师范学院学报，10（3）：19-22.

谢辉，王宏年，徐加新，等.2004. 樱桃花期冻害防御技术研究［J］. 山东林业科技（3）：10－12.

许长新，张金平，郝宝锋，等.2009. 苹果园自然生草对苹果黄蚜及其天敌的影响［J］. 河北果树（6）：8－9.

杨天仪，李世诚，蒋爱丽.2001. 葡萄品种需冷量及打破休眠研究［J］. 果树学报，18（6）：321－324.

于绍夫，张凤敏，张福兴，等.2005. 甜樱桃产量构成研究初报（二）——5个品种果实发育动态和产量形成［J］. 烟台果树（2）：1－4.

翟广华.2008. 防止甜樱桃幼树抽条妙招［J］. 果农之友（12）：44－45.

张阁，朱国英，刘成连，等.2008. 甜樱桃果实果肉 Ca^{2+} 质量浓度变化规律及其与裂果的关系［J］. 果树学报，25（5）：646－649.

张雪苗，张青霞，李丽平，等.2006. 绿色食品苹果生产技术要点［J］. 中国果菜（6）：18－19.

张毅峰，李桂卿，李鹏升.2005. 防止红富士苹果幼树抽条的几项措施［J］. 山西果树.4：45.

张迎杰.2009. 果树花期冻害的预防和补救［J］. 果农之友（1）：14.

赵凤霞，姜远茂，彭福田，等.2008. 甜樱桃 ^{15}N 尿素的吸收、分配和利用特性［J］. 应用生态学报，19（3）：686－690.

赵海亮，赵文东，高东升，等.2007. 落叶果树需冷量及其估算模型研究进展［J］. 北方果树（6）：1－3.

邹养军，魏钦平，李嘉瑞，等.2007. 根系分区灌水对苹果生理功能的影响及控梢促花效应研究［J］. 灌溉排水学报，26（4）：28－31.

AHMED OUKABLI，AHMED MAHHOU. 2007. Dormancy in sweet cherry（*Prunus avium* L.）under Mediterranean climatic conditions. Biotechnol. Agron. Soc. Environ，11（2）：133－139.

BEYER M，KNOCHE M. 2002. Studies on water transport through the sweet cherry fruit surface：V. Conductance for water uptake［J］. J. Amer. Soc. Hort Sci，127（3）：325－332.

BEYER M，PESCHEL S，KNORGEN M，et al. 2002. Studies on water transport through the sweet cherry fruit surface：Ⅳ. Regions of preferential uptake［J］. Hort. Science，37（4）：637－641.

ELŻBIETA ROZPARA，ZYGMUNT S，et al. 2008. Influence of Various

Soil Maintenance Methods In Organic Orchard On The Growth And Yielding of Sweet Cherry Trees In The First Years After Planting. Journal of Fruit and Ornamental Plant Research (16): 17-24.

EREZ A, COUVILLON G. A, HENDERSHOTT C H. 1979. The effect of cycle length on chilling negation by high temperature in dormant peach leaf buds [J]. J. Amer. Soc. Hort. Sci. (104): 573-576.

KENJI BEPPU, TAKAYUKI IKEDA, et al. 2001. Effect of high temperature exposure time during - ower bud formation on the occurrence of double pistils in 'Satohnishiki' sweet cherry. Scientia Horticulture (87): 77-84.

MASAMI Y, ISAO S, MAKOTO I. 2002. Influences of Epidermal Cell Sizes and Flesh Firmness on Cracking Susceptibility in Sweet Cherry (*Prunus avium* L.) Cultivars and Selection [J] J. Japan. Soc. Hort. Sci., 71 (6): 738-746.

MICHAEL RUPERT, STEPHEN SOUTHWICK, et al. 1997. Calcium chloride reduces rain cracking in sweet cherries. California Agriculture, 5 (51): 35-40.

SAWADA E. 1931. Distribution of stomata on cherry fruit surface [J]. Agric. and Hortic. (10): 485-501.

SIMON, G. 2006. Review on rain induced fruit cracking of sweet cherries (*Prunus avium* L.), its causes and the possibilities of prevention [J]. International Journal of Horticultural Science, 12 (3): 27-35.

VALENTINA USENIK, FRANCI ŠTAMPAR. 2007. Effect of late season boron spray on boron accumulation and fruit set of 'Summit' and 'Hedelfinger' sweet cherry (*Prunus avium* L.). Acta agriculturae Slovenia, 89 (1): 51-58.

VERNER L. 1931. Physiological studies of the cracking of sweet cherries. [J]. Univ. Idaho Agric. Exp. Sta. Bull (184): 3-15.

VIOREL MITRE, IOANA MITRE, et al. 2010. Resistance of Several Sweet Cherry Varieties to Cracking under Heavy Rainfall [J]. Bulletin UASVM Horticulture, 67 (1): 482.

VITTRUP C J. CRACKING IN CHERRIES IV. 1972. Physiological studies of the mechanism of cracking [J]. Acta Agric. Stand (22): 153-162.

图书在版编目（CIP）数据

甜樱桃安全生产技术指南/孙玉刚主编．—北京：中国农业出版社，2012.1（2019.2 重印）
（农产品安全生产技术丛书）
ISBN 978-7-109-16443-7

Ⅰ.①甜…　Ⅱ.①孙…　Ⅲ.①甜樱桃－果树园艺－指南　Ⅳ.①S662.5-62

中国版本图书馆 CIP 数据核字（2011）第 273882 号

中国农业出版社出版
（北京市朝阳区麦子店街 18 号楼）
（邮政编码 100125）
策划编辑　黄　宇
加工编辑　廖　宁

中国农业出版社印刷厂印刷　　新华书店北京发行所发行
2012 年 3 月第 1 版　　2019 年 2 月北京第 3 次印刷

开本：850mm×1168mm 1/32　　印张：8.25　　插页：4
字数：208 千字
定价：20.00 元

早大果

秦林(莱州早红)

布鲁克斯

桑提娜

美　早

雷　尼

萨米脱

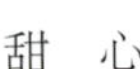

甜　心

友　谊

晚红珠

蜜蜂授粉

宽行矮化密植

日光温室

塑料大棚

叶片穿孔病为害状

褐斑病为害状

褐腐病为害状

流胶病为害状

根癌病为害状

小绿叶蝉（孙瑞红 提供）

小绿叶蝉为害状（孙瑞红 提供）

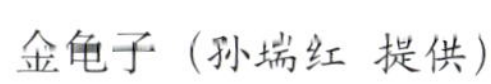

金龟子（孙瑞红 提供）

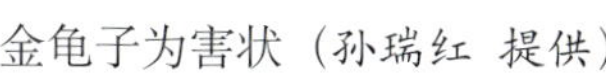

金龟子为害状（孙瑞红 提供）

山楂叶螨成虫（孙瑞红 提供）

山楂叶螨为害状（孙瑞红 提供）

绿盲蝽幼虫（孙瑞红 提供）

绿盲蝽为害状（孙瑞红 提供）

茶翅蝽若虫（孙瑞红 提供）

茶翅蝽为害果实（孙瑞红 提供）

病毒病花期为害状

病毒病为害叶片

桑盾蚧

病毒病为害果实

梨网蝽成虫（孙瑞红 提供）

梨网蝽为害状（孙瑞红 提供）

红颈天牛蛀孔（孙瑞红 提供）

红颈天牛蛀道（孙瑞红 提供）

樱桃果蝇幼虫及为害状